“十四五”职业教育国家规划教材

智能家居工程技术

（活页式）

主　编 ◎ 赵永富　聂兆伟　龚晓娟
副主编 ◎ 郑大刚　申成华　周方禄
参　编 ◎ 刘　佳　梅际华

西南交通大学出版社
·成　都·

图书在版编目（CIP）数据

智能家居工程技术：活页式 / 赵永富，聂兆伟，龚晓娟主编．—成都：西南交通大学出版社，2021.9（2024.1 重印）
ISBN 978-7-5643-8279-7

Ⅰ．①智… Ⅱ．①赵… ②聂… ③龚… Ⅲ．①住宅－智能化建筑－研究 Ⅳ．①TU241

中国版本图书馆 CIP 数据核字（2021）第 201681 号

Zhineng Jiaju Gongcheng Jishu
智能家居工程技术
（活页式）

主　编　赵永富　聂兆伟　龚晓娟

责任编辑／赵永铭
封面设计／GT 工作室

西南交通大学出版社出版发行
（四川省成都市金牛区二环路北一段 111 号西南交通大学创新大厦 21 楼　610031）
营销部电话：028-87600564　028-87600533
网址：http://www.xnjdcbs.com
印刷：四川玖艺呈现印刷有限公司

成品尺寸　185 mm × 260 mm
印张　18.75　　字数　434 千
版次　2021 年 9 月第 1 版
印次　2024 年 1 月第 2 次

书号　ISBN 978-7-5643-8279-7
定价　48.00 元

课件咨询电话：028-81435775

前言
PREFACE

智能家居是智慧城市的重要组成部分。建设智慧城市，是指通过采用物联网、云计算、人工智能、数据挖掘、知识管理等技术，提高城市规划、建设、管理、服务的智能化水平，使城市运转更高效、更便捷、更低碳。政府在构建公共领域服务框架的基础上，进入家庭的最好服务路径就是通过智能小区以及智能家居的建设，不断改善民众的生活环境，提高生活品质。家庭是每个城市的最小组织细胞，也是智能城市的最小节点。只有每个家庭都具备智能家居环境，实现与城市主体的有机相连和互动，智能城市才能良好地发展。

近年来，我国政府发布了关于促进信息消费、扩大内需的若干措施，大力发展宽带普及、宽带提速，加快推动信息消费持续增长，这为智能家居、物联网行业的发展打下了坚实的基础。随着国家政策的推进、技术的进步和行业的更新，各类智能家居产品开始进入普通家庭。基于物联网技术的智能家居系统已经在智能建筑中广泛应用，行业急需熟悉物联网技术的智能家居专业技术人才，急需大量智能家居系统工程的规划设计、安装施工、调试验收、运营管理和维修等专业人员。物联网工程技术、智能家居工程技术等已经成为电子信息类、计算机类相关专业的必修课程或重要的选修课程，也为职业院校人才培养和学生对口就业提供了广阔的行业和就业领域。

基于此，我们结合多年的职业教育经验和实际工作经验，以培养智能家居系统急需的规划、安装施工、调试验收、运营管理和维修等专业人员为目标，以党的二十大精神为指导，依据最新的《物联网智能家居 图形符号》（GB/T 34043—2017）、《物联网智能家居 设备描述方法》（GB/T 35134—2017）等国家标准和技术编写了本书。本书每个项目的学习目标涵盖了知识目标、能力目标、素养目标、思政目标，引导教材使用者树立正确的职业观、价值观，养成良好的工作习惯，提高项目质量，防范意外事故的发生。学习目标后加入本项目对应的知识准备内容，更好地体现教材的理实一体化，以帮助教材使用者在学中做、做中学。另外，编写团队在行业企业的企业专家、工程师、项目管理人员、一线技术支持人员等专业人员的支持下，制作了动画和微课视频资源，可以为教材使用者更有效学习提供辅助。同时将教材配套的微课和视频资源整合为二维码链接，加入到教材的对应位置中。并在本教材正文前制作了资源索引，方便教材使用者使用。

本书内容按照典型工作任务和工程项目流程安排，突出项目设计和岗位技能训练，按照知识从点到面、从理论到技术技能训练的方式展开。本书包含 10 个项目、43 个任务，介绍了智能家居工程设计、施工安装和调试验收等工程技术和技能方法。各个项目主要内容如下：

项目 1，智能家居系统认知与操作。结合智能家居实际工程案例（展厅），快速认识智能家居系统，掌握智能家居系统的基本概念、组成和相关知识。

项目 2，智能家居照明系统。介绍智能照明系统的基本原理、工程器材和工具，以及智能家居系统常用工程标准，训练学员对智能照明系统的识图、设备安装、布线和调试能力。

项目 3，智能家居安防监控系统。介绍智能家居安防监控系统的基本原理、组成、工程器材和工具，以及智能家居系统常用工程标准，训练学员对智能家居安防监控系统的识图、设备安装、布线和调试能力。

项目 4，智能家居环境控制系统。介绍智能家居环境控制系统的基本原理、组成、工程器材和工具，以及智能家居系统常用工程标准，训练学员对智能家居环境控制系统的识图、设备安装、布线和调试能力。

项目 5，智能家居家庭影音系统。介绍智能家居家庭影音系统的基本原理、组成、工程器材和工具，以及智能家居系统常用工程标准，训练学员对智能家居家庭影音系统的识图、设备安装、布线和调试能力。

项目 6，智能家居电动窗与窗帘系统。介绍智能家居电动窗和电动窗帘系统的基本原理、组成、工程器材和工具，以及智能家居系统常用工程标准，训练学员对智能家居电动窗和电动窗帘系统的识图、设备安装、布线和调试能力。

项目 7，智能家居家电控制系统。介绍智能家居家电控制系统的基本原理、组成、工程器材和工具，以及智能家居系统常用工程标准，训练学员对智能家居家电控制系统的识图、设备安装、布线和调试能力。

项目 8，智能家居工程布线系统。介绍智能家居工程布线系统的基本知识、基本技能、基本原理，以及智能家居系统线缆敷设要求、安装方法和常用标准，训练学员的智能家居工程布线施工能力。

项目 9，智能家居系统工程设计。介绍智能家居系统的设计原则、方法、流程、图纸绘制、相关知识、关键技术、工程标准，训练学员的智能家居系统工程设计能力。

项目 10，智能家居系统工程调试与验收。介绍智能家居工程调试、工程检验、工程验收、项目招投标等知识，训练学员对智能家居工程调试、验收、招投标文档编辑的能力。

在本书编写过程中，获得了来自相关职业院校、家居产品生产企业、方案提供商等的一线工作人员的帮助和支持，在此对他们付出的努力表示感谢。欢迎相关单位提供新技术和新产品信息，以便在本书改版时丰富内容，推动对行业人才的培养。同时，由于编者水平有限，书中疏漏之处在所难免，敬请读者批评指正。

工程技术索引手册

编　者

2022 年 12 月

本书数字资源

序号	项目	资源名称	资源类型	页码
1	项目 1	什么是智能家居	动画	004
2		智能家居系统的组成及特点	动画	006
3		智能家居应用系统	微课	008
4		现场总线	动画	016
5		智能照明控制系统	动画	036
6		ZigBee 技术	动画	038
7	项目 2	智能灯光	微课	049
8		射频识别技术	动画	050
9		智慧照明安装布线	动画	052
10	项目 3	传感器与报警器联动	微课	069
11		智能安防监控系统	动画	073
12		智能插座及安防监控布线	动画	073
13		枪机摄像头的安装	微课	075
14		球机的安装与配置	微课	075
15		以太网（Ethernet）	动画	080
16		智能门锁	微课	089
17	项目 4	RS485 传感器的连接与数据获取	微课	112
18		米家机器人	微课	118
19	项目 5	家庭影院的安装配置	微课	134
20		背景音乐安装与布线	动画	134
21	项目 6	智能窗帘	微课	165
22		自动窗帘布线	动画	165
23		Z-WAVE 技术	微课	170
24	项目 7	红外智能遥控器（米家智能遥控器）	微课	189
25	项目 8	智能家居综合布线设计流程	微课	207
26		智能家居系统的线缆敷设要求	微课	210
27	项目 9	智能家居工程技术设计图纸的识别	微课	237
28		家电控制安装与布线	动画	245
29	项目 10	招标投标流程	动画	287

目录
CONTENTS

项目 1　智能家居系统认知与操作

智能家居（Smart Home，Home Automation）或称智能住宅，是以住宅为平台，利用综合布线技术、网络通信技术、安全防范技术、自动控制技术、音视频技术将家居生活有关的设施集成，构建高效的住宅设施与家庭日程事务的管理系统，提升家居的安全性、便利性、舒适性、艺术性，并实现环保节能的居住环境。它在保持传统居住功能的基础上，摆脱了被动模式，成为具有能动性智能化的现代工具。智能家居不仅提供了全方位的信息交换功能，还优化了人们的生活方式和居住环境，帮助人们有效地安排时间、节约各种能源，实现了家电控制、照明控制、室内外遥控、窗帘自控、防盗报警、计算机控制、定时控制以及电话远程遥控等功能。

学习目标

【知识目标】

（1）掌握智能家居系统的基本概念。

（2）掌握智能家居系统的主要组成、特点及系统结构。

（3）熟悉智能家居工程常用标准。

【能力目标】

（1）掌握智能家居设备安装与接线。

（2）掌握智能家居系统装备安装与调试。

【素养目标】

（1）通过项目任务的实现，培养学生的团队协助、团队互助等意识。

（2）通过对 6S 管理标准[整理（SEIRI）、整顿（SEITON）、清扫（SEISO）、清洁（SEIKETSU）、素养（SHITSUKE）、安全（SAFETY）]和物联网行业标准的实践，培养学生的科学精神和态度。

【思政目标】

（1）树立理论联系实际、爱国、自信、进取的精神，培养民族自豪感、辨证思维、逻辑分析能力。

（2）在实现智能家居设备安装与接线任务环节中，引导学生树立精益求精的工匠精神。

知识准备

一、什么是物联网

物联网是新一代信息技术的重要组成部分，即“万物相连的互联网”，意指物物相连，万物万联。由此，“物联网就是物物相连的互联网”。这有两层意思：第一，物联网的核心和基础仍然是互联网，是在互联网基础上的延伸和扩展的网络；第二，其用户端延伸和扩展到了任何物品与物品之间，进行信息交换和通信。因此，物联网的定义是通过射频识别、红外感应器、全球定位系统、激光扫描器等信息传感设备，按约定的协议，把任何物品与互联网相连接，进行信息交互和通信，以实现对物品的智能化识别、定位、跟踪、监控和管理的一种网络。

物联网的本质还是互联网，只不过终端不再是计算机（PC、服务器），而是嵌入式计算机系统及其配套的传感器。这是计算机科技发展的必然结果，为人类服务的计算机呈现出各种形态，如穿戴设备、环境监控设备、虚拟现实设备等等。只要有硬件或产品连上网，发生数据交互，就叫物联网。

二、物联网的应用领域

因特网的出现给人类的生活和工作带来了极大的便利，提供了如 E-mail、WEB、FTP、IPTV 等服务，同时也为企业、学校、科研机构、政府部门提供各种信息服务和信息共享。随着物联网应用的普及，各种物联网应用系统大量出现。这些系统服务于各行各业，在提高各产业的核心竞争力方面发挥着重要的作用。

1. 智慧物流

智慧物流是指以物联网、大数据、人工智能等信息技术为支撑，在物流的仓储、运输、配送等各个环节实现系统感知、全面分析及处理等功能。当前，应用于物联网领域主要体现在三个方面，仓储、运输监测以及快递终端等方面，通过物联网技术实现对货物的监测以及运输车辆的监测，包括货物车辆位置、状态以及货物温湿度，油耗及车速等，物联网技术的使用能提高运输效率，提升整个物流行业的智能化水平。

2. 智能交通

智能交通是物联网的一种重要体现形式，利用信息技术将人、车和路紧密的结合起来，改善交通运输环境、保障交通安全以及提高道路资源利用率。运用物联网技术具体的应用领域，包括智能公交车、共享单车、车联网、充电桩监测、智能红绿灯以及智慧停车等领域。其中，共享单车、共享汽车、车联网是近些年来各大厂商及互联网企业争相进入的领域。

3. 智能安防

安防是物联网的一大应用市场，因为安全永远都是人们的一个基本需求。传统安防手段对人员的依赖性比较大，非常耗费人力，而智能安防能够通过设备实现智能判断。智能安防大大减轻了人的劳动，节约了成本，同时安全性也更高。目前，智能安防最核心的部分在于智能安防系统，该系统是对拍摄的图像进行传输与存储，并对其分析与处理。一个完整的智能安防系统主要包括三大部分，门禁、报警和监控，行业中主要以视频监控为主。目前我国在智能安防产品和系统方面已经非常成熟，如生产摄像机的海康威视、大华等公司已走在世界的前列。

4. 智慧能源环保

智慧能源环保属于智慧城市的一个部分，其物联网应用主要集中在水能、电能、燃气、路灯等能源以及井盖、垃圾桶等环保装置。如智慧井盖可以监测水位以及其状态，智能水电表实现远程抄表，智能垃圾桶自动感应等。将物联网技术应用于传统的水、电、光能设备，将这些设备进行联网，通过监测，提升利用效率，减少能源损耗。

5. 智能医疗

在智能医疗领域，新技术的应用必须以人为中心。而物联网技术是数据获取的主要途径，能有效地帮助医院实现对人的智能化管理和对物的智能化管理。对人的智能化管理指的是通过传感器对人的生理状态（如心跳频率、体力消耗、血压高低等）进行监测，主要指的是医疗可穿戴设备，将获取的数据记录到电子健康档案中，方便个人或医生查阅。除此之外，通过 RFID 技术还能对医疗设备、物品进行监控与管理，实现医疗设备、用品可视化，主要表现为数字化医院。如现在的社区慢病管理系统、婴儿防盗系统、特殊病人室内定位系统等就是物联网技术运用于医学的案例。

6. 智慧建筑

建筑是城市的基石，技术的进步促进了建筑的智能化发展，以物联网等新技术为主的智慧建筑越来越受到人们的关注。当前的智慧建筑系统主要是感知建筑内相关设备信息、将设备感知到的数据进行传输进而实现远程监控。智慧建筑不仅能够节约能源同时也能减少楼宇人员的运维。目前智慧建筑主要体现在用电照明、消防监测、智慧电梯、楼宇监测以及运用于古建筑领域的白蚁监测等。

7. 智能制造

智能制造细分概念范围很广，涉及很多行业。制造领域的市场体量巨大，是物联网的一个重要应用领域，主要体现在数字化以及智能化的工厂改造上，包括工厂机械设备监控、工厂的环境监控、生产精益管理等。通过在设备上加装相应的传感器，使设备厂商可以远程随时随地对设备进行监控、升级和维护等操作，更好的了解产品的使用状况，完成产品全生命周期的信息收集，指导产品设计和售后服务；而工厂环境检测主要是采集温湿度、烟感等信息，并根据采集到的相关信息做出相应的处理。

8. 智能家居

智能家居指的是使用不同的方法和设备来提高人们的生活能力，使家庭变得更舒适、安全和高效。物联网应用于智能家居领域，能够对家居类产品的位置、状态、变化进行监测，分析其变化特征，同时根据人的需要，在一定的程度上进行反馈。智能家居行业发展主要分为三个阶段，单品连接、物物联动和平台集成。其发展的方向首先是连接智能家居单品，随后走向不同单品之间的联动，最后向智能家居系统平台发展。当前，各个智能家居类企业正在从单品向物物联动的过渡阶段。有些公司已经初步实现物物联动，如小米公司的智能家居套装 UIOT，百度的度家智能家居平台已经实现物物联动。

什么是智能家居

9. 智能零售

行业内将零售按照距离，分为了三种不同的形式：远场零售、中场零售、近场零售，三者分别以电商、商场、超市、便利店、自动售货机为代表。物联网技术可以用于近场和中场零售，且主要应用于近场零售，即无人便利店和自动（无人）售货机。智能零售通过将传统的售货机和便利店进行数字化升级、改造，打造无人零售模式。智能零售通过数据分析，并充分运用门店内的客流和活动，为用户提供更好的服务，给商家提供更高的经营效率。如沃尔玛的扫码购大大提高用户的购物体验，同时也提高了经营效率。

10. 智慧农业

智慧农业指的是利用物联网、人工智能、大数据等现代信息技术与农业进行深度融合，实现农业生产全过程的信息感知、精准管理和智能控制的一种全新的农业生产方式，可实现农业可视化诊断、远程控制以及灾害预警等功能。物联网应用于农业主要体现在两个方面：即农业种植和畜牧养殖。

农业种植通过传感器、摄像头和卫星等收集数据，实现农作物数字化和机械装备数字化（主要指的是农机车联网）发展。畜牧养殖指的是利用传统的耳标、可穿戴设备以及摄像头等收集畜禽产品的数据，通过对收集到的数据进行分析，运用算法判断畜禽产品健康状况、喂养情况、位置信息以及发情期预测等，对其进行精准管理。

任务 1　智能家居系统认知与实操体验

【任务导入】

任务描述：

小王近期准备买房子，到了某楼盘售楼部后，销售人员向他推荐了户型，并重点强调了该楼盘的特色——“全屋智能”。小王对此感到很困惑：“什么是全屋智能呢？”“全屋智能包含哪些内容？”“如何操作智能家居系统呢？”带着这些疑惑，小王来到了某智能家居体验中心。

任务目标：

（1）认识智能电器。

（2）熟悉智能家居系统。

（3）能够操控智能家居系统。

【任务分析】

当前“全屋智能”已成为中高端小区楼盘的标配，购房者了解智能家居系统对该类楼盘的评价及选购具有莫大的帮助，本次学习的任务是熟悉智能家居系统、系统认知、布线认知、实操体验。

1. 智能家居系统概述

（1）智能家居系统的基本概念。

智能家居系统是指利用电脑、网络和综合布线技术，通过物联网技术将家中的多种设备，如照明设备、音视频设备、家用电器、安防监控设备、窗帘设备等连接到一起，并提供多种智能控制方式的管理系统。

（2）智能家居的起源。

1984 年，美国联合科技公司（United Technologies Building System）将建筑设备自动化、整合化概念应用于美国康涅狄格州哈特佛市的城市建筑中，出现了首栋“智能型建筑”，揭开了全世界建造智能家居的序幕。

从智能家居概念的提出到智能家居实体的面世，大致经历了以下三个阶段：

第一阶段：住宅电子化（Electronic Housing）。

20 世纪 80 年代初期，随着智能电子产品的大量应用，诞生了住宅电子化（Electronic Housing）概念。

第二阶段：住宅自动化（Home Automation）。

20 世纪 80 年代中期，随着智能电子产品的多种功能集成与综合应用，形成了住宅自动化（Home Automation）概念。

第三阶段：智能家居（Smart Home）。

20 世纪 80 年代末期，随着通信与信息技术的快速发展，出现了对各种智能电子产品系统进行监视、控制与管理的智能控制系统，在美国被称为 Smart Home，也就是现在智能家居的原型。

（3）智能家居系统的发展历程。

早期智能家居产品主要以灯光遥控、电器远程控制和电动窗帘控制为主，随着行业的发展，智能控制的功能越来越多，控制的对象不断扩展，对控制的联动场景要求更高，不断延伸到家庭入侵报警、可视对讲、视频监控、背景音乐等领域，可以说智能家居几乎涵盖所有传统的弱电行业。

从产品形态上来看，智能家居发展大致经历了三个阶段。

第一个阶段为智能单品阶段。

第二个阶段为产品联动阶段。

同类智能产品之间的信息交互，公司内部不同单品通过小型系统的搭建，实现产品间信息的交流。

第三个阶段为智能系统集成阶段。

智能系统集成阶段主要表现为不同品牌产品之间信息的交流。

（4）智能家居系统的特点。

智能家居系统的组成及特点

智能家居系统产品种类比较多，并且新技术不断融入智能家居领域，因此业界对智能家居的理解也略有不同，但其共性的特点有：

① 资源共享。

智能家居系统可以将家庭环境参数，如温度、湿度、光照度等信息发布到网络进行资源共享，为环境监测提供有效的信息，也可以将燃气表数据、水表数据、电表数据发送给资源提供商或消防部门，为费用的缴纳及资源管控、消防监控提供有效信息。

② 安装方便。

智能家居设备安装方便，可以直接替换原有设备，无须重新布线，只需要简单配置就可以根据用户需求安装在家中的任何位置。

③ 以家庭网络为基础。

无论是早期的家庭自动化系统，还是后来的 X-10，以及发展到现在的 ZigBee、Wi-Fi、蓝牙等，智能家居都是以家庭网络为基础，借助家庭网络设备实现信息互联互通。

④ 以设备互操作为条件。

智能家居系统将家庭中的各种通信设备、家用电器和家庭安防设备，通过网络实现集中本地或远程监视、控制和管理，并保持这些家庭设施与住宅环境协调工作。接入网络的设备，不仅支持设备之间的信息连通，还支持与控制终端设备的相互识别与操作，这样才能实现智能家居的预期功能。

⑤ 以提升家居的生活质量为目的。

当前，各种技术涌现，在智能家居领域各类产品繁多。消费者追求的不是日渐成熟的技术，而是一种生活品质的提升，因此智能家居的主要目的在于为用户提供安全、便利、舒适的家居环境，提高生活品质。

⑥ 控制系统多元化。

智能家居系统由多个子系统组成，能够集中控制，设备功能主要由控制系统决定，软件平台可以根据用户爱好自定义控制策略。当今，智能家居控制系统多种多样，且灵活性较强，用户可以根据自身的需求，选用最合适的控制系统，增加或减少系统，达到高效、个性化的应用。

⑦ 控制功能丰富。

智能家居控制系统功能丰富，有聚会模式、离家模式、回家模式等，也可以根据自身的爱好自定义模式。多样化的模式能满足不同的生活需求，用户在使用控制功能时，可根据需求任意调节。

⑧ 操作管理方便。

智能家居设备可通过配套的智能终端进行本地控制，也可以通过手机、平板电脑等智能终端同时进行本地和远程控制，操作简单，管理方便，能让用户更好地体验智能家居带来的便利。

（5）智能家居系统的主要组成。

智能家居系统就是把各个子系统整合管理控制，一般的智能家居系统由八大系统组成。

① 网络综合布线系统。

网络综合布线系统是通过网络双绞线、电缆、音频线、控制线等，把住宅内部的全部子系统或模块集中在一个控制器上或一个控制系统中，通过手机、平板电脑等智能终端设备控制和管理。

② 智能照明系统。

智能照明系统实现对住宅全部灯光的智能管理，包括定时延时控制、计算机本地及互联远程控制等。例如，使用手机、平板电脑等智能终端设备对灯光进行控制，实现遥控开关、灯光调光和一键场景等功能。

③ 背景音乐系统。

家庭背景音乐是一种新型背景音乐系统。简单地说，在任何一间房子中，均可以布上背景音乐线，通过 1 个或者多个音源，让每个房间都能听到美妙的音乐。

④ 安防监控系统。

安防监控系统包括门禁系统、入侵报警系统、视频监控系统等。其中，门禁系统主要是进行访客识别，控制人员的出入，同时该系统加快了智能锁的应用和普及，使得门禁系统具备防报警功能，起到保障家居安全的作用。入侵报警系统主要是各种探测器的使用，如人体红外探测器，可通过探测工作范围内人物的移动，预防不法分子的入侵，起到防盗作用，保证家庭财产和人身安全。烟感报警器、可燃气体报警器、水浸探测器等主要监测家庭内部的安全隐患，及时发现，及时预防。视频监控系统主要是摄像机的使用，方便用户远程实时查看家中情况（如看护老人和孩童等），保障家人安全。

⑤ 家庭影院系统。

在家庭环境中搭建的一个可欣赏电影以及享受音乐的系统，称为家庭影院系统。家庭影院系统可让用户在家即可直接欣赏影院效果的电影，让用户对智能家居有更直观的体验。

⑥ 电气控制系统。

电气控制系统是指用手机、平板电脑等实现对家用电器的控制，控制方式包括遥控和定控等，受控电器包括饮水机、插座、空调、地暖、电视机等。例如，控制电器开关或者插座避免安全隐患，控制空调或者地暖提供舒适温度等。

⑦ 环境控制系统。

环境控制系统可分为两部分：第一部分是根据室内的环境，启动空气净化器、加湿器、新风系统等设备；第二部分则是根据室外环境，通过控制窗帘、窗户开关等，调节室内光线、温度、湿度等环境因素，让环境更舒适健康。

⑧ 智能控制系统。

智能控制系统是指具有智能家居系统控制功能的控制器硬件和软件，通过控制主机实现对各种终端产品的控制。

2. 智能家居应用系统

智能家居应用系统

为了方便读者快速地认识智能家居系统，以安装有全套智能家居应用系统的智能家居体验馆为例，逐一介绍这些系统。

（1）智能家居电器控制系统。

图 1-1-1 为智能家居电器控制系统的设备和位置等，这些电器设备都能够通过手机、平板电脑等进行远程控制。例如，通过手机远程控制电热水器的水温设置、开关等，实现提前加热好洗澡水等功能；通过手机远程控制电视机电源插座，避免儿童长时间观看电视。

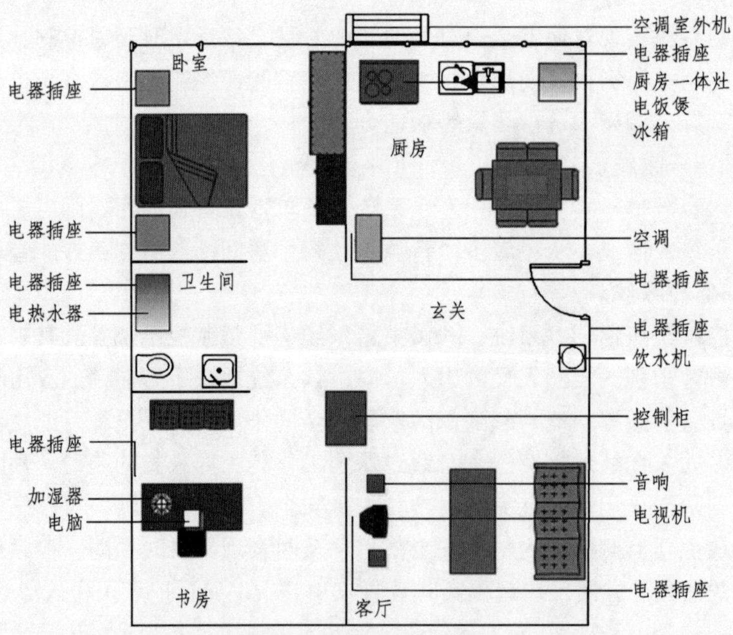

图 1-1-1　智能家居电器控制系统的设备和位置图

（2）智能家居照明控制系统。

图 1-1-2 为智能家居照明控制系统的智能面板和照明灯具设备与位置等，智能面板分别安装在房间出入口附近，可通过智能面板对灯具进行 1 对 1 控制，也可通过场

景设置对灯具进行场景控制。场景设置主要有【回家】、【离家】、【居家】、【工作】、【娱乐】、【就餐】、【就寝】等。主人既能通过门口附近智能面板上的情景按钮手动控制照明灯具，又能通过手机、平板电脑等远程控制照明灯具。例如，通过按下【离家】开关按钮，能够关闭全部照明灯具，避免长明灯。

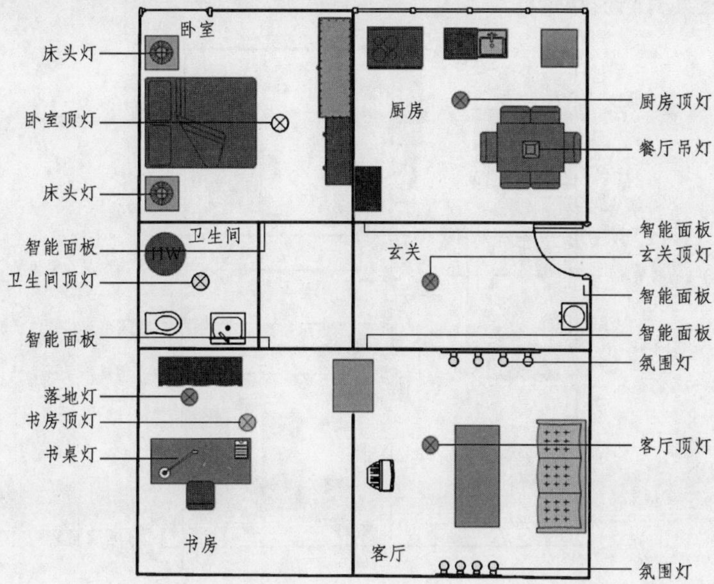

图 1-1-2　智能家居照明控制系统智能面板和灯具设备与位置图

（3）智能家居入侵报警系统。

图 1-1-3 为智能家居入侵报警系统的探测设备和安装位置等，当有人非法入侵时，前端探测器探测到入侵信号，通过报警主机发出报警信号。例如，家中无人时，把报警系统设置为【布防】状态，当有人从室外非法进入，或者在室内布防区域有人移动时，将会触发报警系统，警号鸣响，警灯闪烁，同时报警主机自动拨打主人电话。

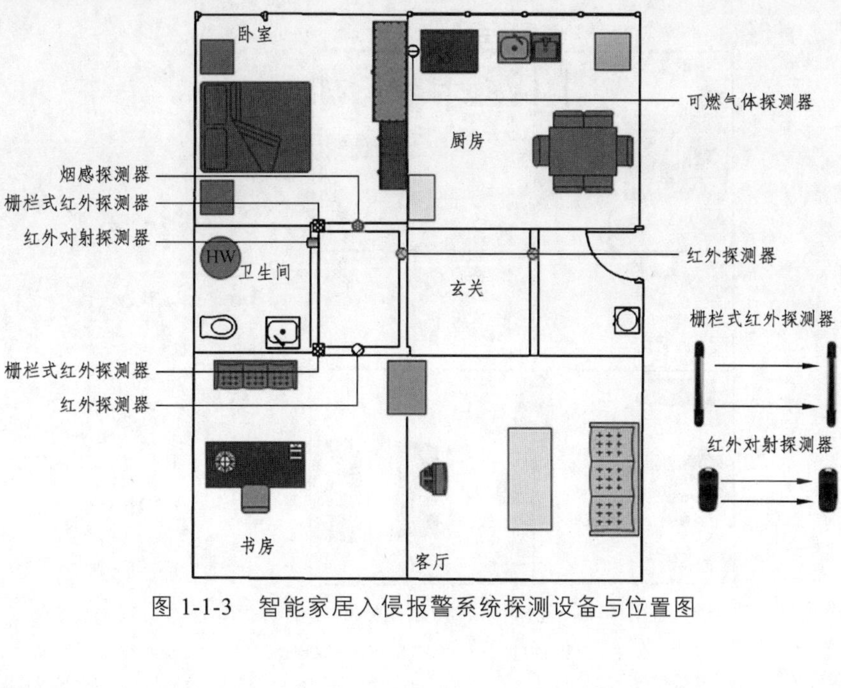

图 1-1-3　智能家居入侵报警系统探测设备与位置图

（4）智能家居视频监控系统。

图 1-1-4 为智能家居视频监控系统的摄像机设备和位置等，用户通过手机或者平板电脑，能够实时远程监控住宅内外的情况，既能看到摄像机的实时监控画面，又能远程控制摄像机的转动以及画面的放大。例如，远程监护老人和小孩等。智能家居视频监控系统还具有防盗功能。

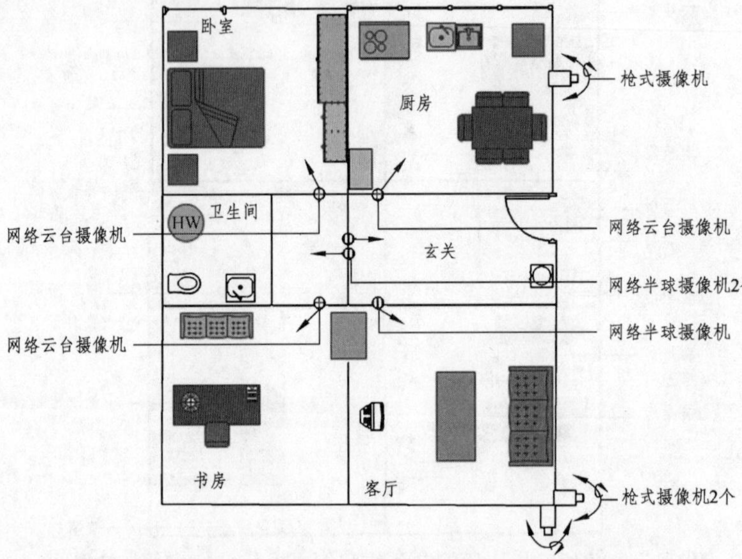

图 1-1-4　智能家居视频监控系统的摄像头设备与位置图

（5）智能家居门禁系统。

图 1-1-5 为智能家居门禁系统的设备与位置等，门禁系统主要是进行访客识别，起到保障家居安全的作用。例如，来访的客人在单元入口通过室外可视对讲门口机呼叫主人开门，主人在家里听到呼叫后，接通室内机可与客人进行视频通话，同意后通过开门按钮或室内机的开门按键进行开门。

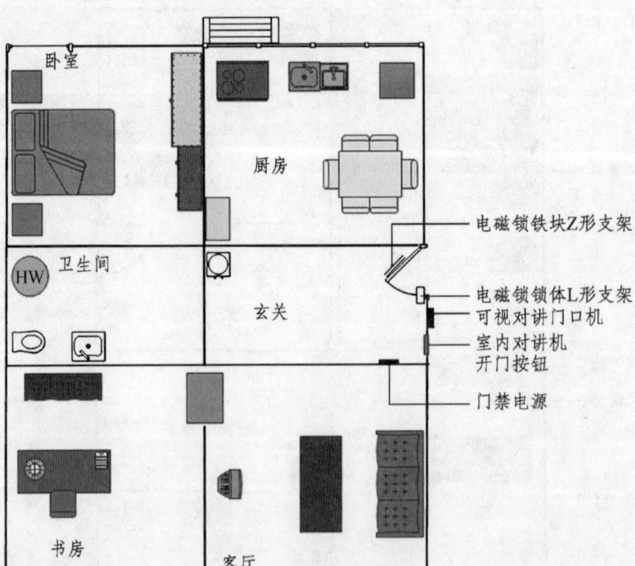

图 1-1-5　智能家居门禁系统的设备与位置图

（6）智能家居环境监测系统。

图 1-1-6 为智能家居环境监测系统的设备与位置等，环境监测系统能够监测室内的温度、湿度、光照等，并根据环境情况自动控制窗帘和窗户。例如，当太阳光线强度达到设定值时，窗帘会自动关闭遮挡阳光，当室外雨量和风速达到设定值时，平移推窗器会自动关闭窗户，使得居住环境更舒适健康。

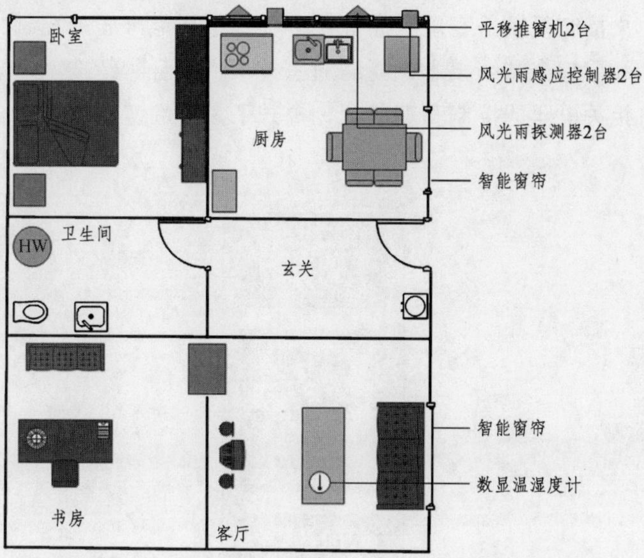

图 1-1-6　智能家居环境监测系统的设备与位置图

（7）智能家居家庭影院系统。

图 1-1-7 为智能家居家庭影院系统的设备与位置等，家庭影音系统将全部设备自带的遥控器，逐一学习到红外转发器上，再将红外转发器连接到无线路由器，搭建室内无线局域网，实现通过平板电脑或手机控制整个家庭影音系统的功能，同时设备原有的遥控器能够继续正常使用。例如，使用手机播放视频，并实现控制音量、快进、暂停、选择播放等功能，体验手机控制家庭影音系统的快乐。

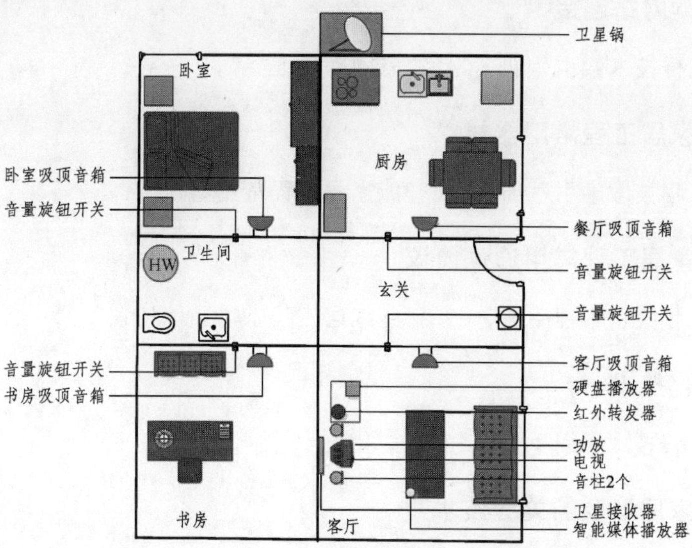

图 1-1-7　智能家居家庭影院系统的设备与位置图

（8）智能家居中央控制系统。

图 1-1-8 为智能家居中央控制系统设备布置图，主要配置有智能家居控制箱、安防报警控制箱、报警键盘、强电配电箱、POE（工业以太网）交换机、无线路由器、PDU（电源分配单元）电源等。为了方便教学与实训，可将全部设备集成在智能家居中央控制柜中。

智能家居中央控制系统是智能家居的核心，也是智能家居的控制平台，以家居电器为控制对象，利用综合布线技术、网络通信技术、安全防范技术、自动控制技术、音视频技术等将相关电器的控制高度集成，提升了家居的智能化、安全性、便利性、舒适化。

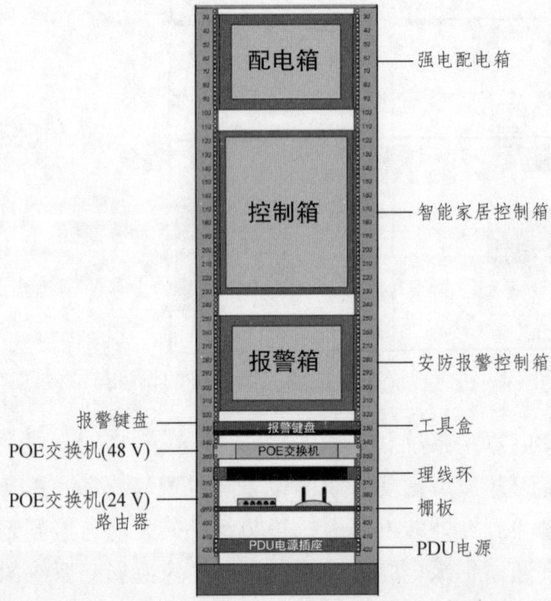

图 1-1-8　智能家居中央控制系统设备布置图

3. 物联网网络连接

详见《工程技术索引手册》“4 物联网网络连接”。

4. 智能家居工程常用器材

详见《工程技术索引手册》“5 智能家居工程常用器材”。

5. 智能家居工程常用通信协议

详见《工程技术索引手册》“7 智能家居工程常用通信协议”。

6. 智能化技术

详见《工程技术索引手册》“8 智能化技术”。

7. 智能家居涉及的关键技术

详见《工程技术索引手册》“9 智能家居涉及的关键技术”。

【任务实施】

任务实施见表 1-1-1。

表 1-1-1 任务实施

操作步骤	操作内容	注意事项
	操作前	
1. 评估与沟通		
（1）评估	• 评估环境：按照 6S 标准之整理标准（SEIRI），进行清洁、安全、适合操作。 • 评估设备：设备的完整性和状态，以及工具、辅料、耗材情况	
（2）沟通	• 明确客户需求、确认任务目标要求	
2. 准备		
（1）环境准备	• 按照 6S 标准之整顿标准（SEITON），进行环境准备。	
（2）物品准备	• 智能家居系统	
（3）人员准备	• 了解智能家居系统概念、基本组成、特点及结构。 • 熟悉 Visio、AutoCAD 软件	
	操作中	
1. 熟悉智能家居系统	• 对照智能家居应用系统设备及位置图，熟悉智能家居系统架构及组成	
2. 设备认知	• 智能家居体验馆包括 8 个系统：电气控制系统、照明系统、报警系统、视频监控系统、门禁系统、影音系统、环境控制系统、中央控制系统，认识各个系统中的设备，快速完成对智能家居系统的认知。 • 将智能家居系统的设备名称与实物逐一对应，认识每种设备的名称、规格型号、工作原理、主要功能、安装方法等	操作中要求学生遵循6S管理标准之素养标准（SHITSUKE）和安全标准（SAFETY）。
3. 布线认知	• 观察设备之间的布线路由和接线方式	
4. 实操体验	• 分别操作各个子系统的设备器材，体验本地开关控制、本地控制器控制、智能手机和平板电脑无线控制、远程电脑控制等，加深对工作原理和系统图的理解	异常情况及时准确记录并处理
	操作后	
1. 环境整理	• 按照 6S 标准之清扫标准（SEISO）、清洁标准（SEIKETSU）和安全标准（SAFETY），做如下环境整理工作： • 整理仪器、设备、工具。 • 清洁工位。 • 关闭电源。 • 打扫实训场所	
2. 实训报告	• 按照 6S 标准之素养标准（SHITSUKE）和安全标准（SAFETY），做如下报告整理工作： • 给出智能家居系统的特点。 • 给出智能家居的应用系统。 • 给出智能家居体验馆的全部子系统名称和对应的主要设备。 • 选择智能家居体验馆中的 1 个子系统，画出设备安装位置图。 • 描述智能家居系统的操作体验感受	

【任务评价】

任务评价见表 1-1-2。

表 1-1-2　任务评价

序号	任务描述	评分标准	分值	得分
任务 1	智能家居系统认知与实操	1. 智能家居系统的基本概念：定义、组成、特点，每错一处扣 2 分	10	
		2. 系统认知：说出全部子系统名称和对应的主要设备，每错一个扣 2 分	30	
		3. 布线认知：说出设备之间的布线路由和接线方式，每错一个扣 2 分	20	
		4. 实操体验：操作各个子系统的设备器材，共 8 个子系统，每个 5 分	40	
总得分		考核等级		

备注：考核满分为 100 分，60～69 分为及格；70～79 分为中等；80～89 分为良好；90 分及以上为优秀。

任务 2　智能家居设备安装与接线

【任务导入】

任务描述：

小李毕业后，应聘某科技公司售后工程师岗位，面试时，售后技术主管要求小李先展示设备安装、接线技能。

任务目标：

（1）掌握智能家居各设备的安装方式。

（2）掌握智能家居各设备的接线方式。

【任务分析】

设备安装与接线技能是科技公司招聘售后技术岗人员重要的考核点，要求从业人员能够准确地对照设备说明书，完成相关设备的安装与接线。需要从业人员掌握常用工具的使用、导线的连接与绝缘恢复、常用端子的连接等知识和技能。本任务主要学习智能家居各设备的安装方式、智能家居各设备的接线方式。

相关技术详见《工程技术索引手册》“1 智能家居工程常用工具的使用”“2 导线的连接与绝缘恢复”“3 常用端子的连接”。

【任务实施】

任务实施见表 1-2-1。

表 1-2-1　任务实施

操作步骤	操作内容	注意事项
	操作前	
1. 评估与沟通		
（1）评估	• 评估环境：按照 6S 标准之整理标准（SEIRI），进行清洁、安全、适合操作。 • 评估设备：设备的完整性和状态，以及设备、工具、辅料、耗材情况	
（2）沟通	• 明确客户需求、确认任务目标要求	
2. 准备		
（1）环境准备	• 按照 6S 标准之整顿标准（SEITON），进行环境准备。	
（2）物品准备	• 智能家居工程技术实训装置。 • 智能化系统工具箱。本实训中用到的工具主要包括电烙铁、带焊锡盒的烙铁架、焊锡丝。 • 物联网工具箱。本实训中用到的工具主要包括数字万用表、多功能剥线钳、测电笔、斜口钳、尖嘴钳、十字螺丝刀、十字头微型螺丝刀、一字头微型螺丝刀。 • 材料：M6 螺丝包 1 包，塑料理线环 20 个，ϕ8 mm 缠绕管 20 m，绝缘胶带 1 卷	

续表

操作步骤	操作内容	注意事项
（3）人员准备	• 熟悉常用工具的使用。 • 掌握导线连接及绝缘恢复的知识及技能。 • 熟悉常用端子的连接。 • 了解智能家居系统常用工程标准	
	操作中	
1. 控制器的安装与接线		
（1）控制器的安装	• 本实训装置中涉及的控制器均安装在指定导轨上，为了接线方便，安装时，应注意调光控制器和远程控制器的安装位置。 • 调光控制器需要接入零线，在控制箱中应处于双路断路器下方，便于接线；远程控制器需要插接网线，在控制箱中应处于接地端子排下方，便于网线的插拔	现场总线
（2）控制器的接线	• 各控制器之间采用手拉手方式连接，如图 1-2-1 所示（见表后）	
① 远程控制器	• 远程控制器的接口信息如图 1-2-2 所示，LAN（局域网）接线口接笔记本电脑或者路由器，将 CAN（控制器局域网）总线信号转换为 TCP/IP（传输控制协议/互联协议）信号，总线接线端口按顺序依次接入两芯电源线和两芯信号线，图 1-2-3 所示为本实训装置中远程控制器的接线图 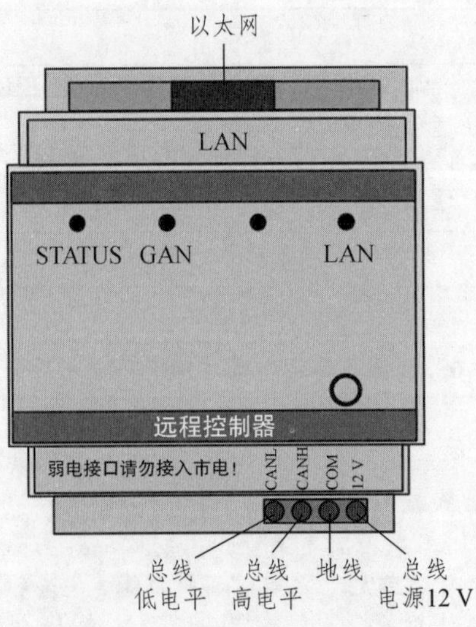 图 1-2-2 远程控制器接口信息	

续表

操作步骤	操作内容	注意事项
① 远程控制器	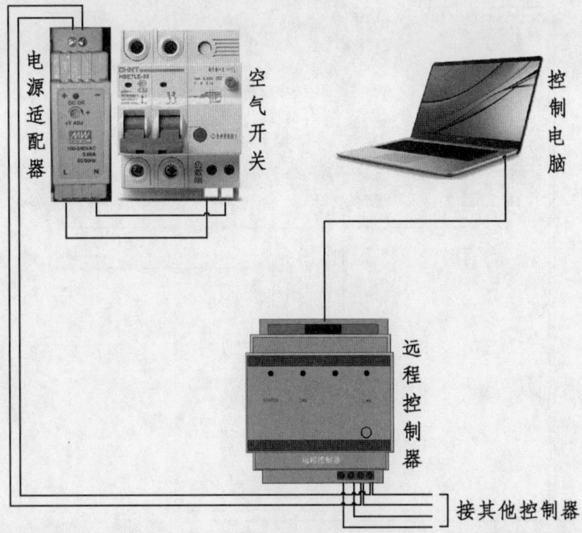 图 1-2-3 远程控制器接线图	
② 调光控制器	• 调光控制器内置 2 路可调电阻，接口信息如图 1-2-4 所示，1 路市电输入，2 路 220 V 输出接口，输出接口可接白炽灯、卤素灯或其他阻性负载灯具。总线接线端口按顺序依次接入两芯电源线和两芯信号线，图 1-2-5 所示为本实训装置调光控制器的接线图 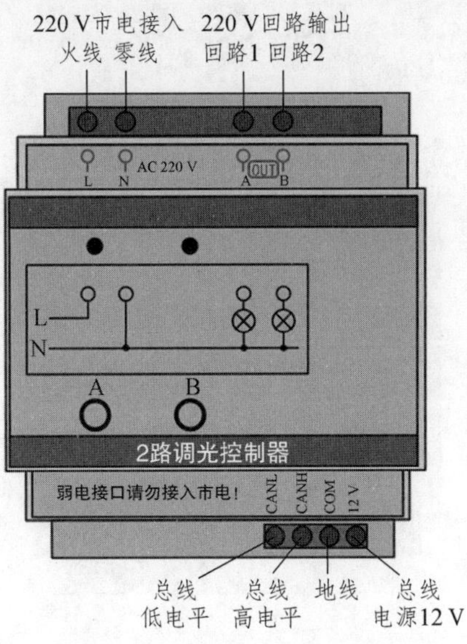 图 1-2-4 调光控制器接口信息	操作中要求学生遵循 6S 管理标准之素养标准（SHITSUKE）和安全标准（SAFETY）。

续表

操作步骤	操作内容	注意事项
② 调光控制器	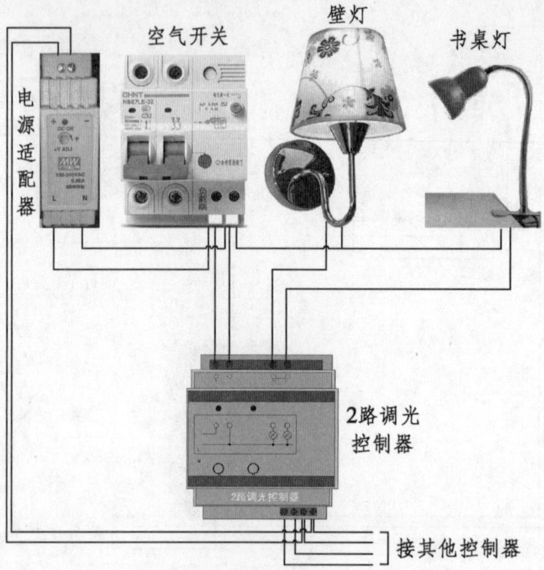 图 1-2-5　调光控制器接线图	
③ 四路开关控制器	• 四路开关控制器接口信息如图 1-2-6 所示，内置四路继电器，对应 A、B、C、D 强电接线口，每组接口第一个接线柱接入市电，第二个接线柱接入被控负载回路火线，灯光回路的零线并入市电零线。CAN 总线端按端口顺序接入智能总线，A、B、C、D 通道对应的按键也可用于该控制器地址的编程。图 1-2-7 所示为本实训装置中开关控制器的接线图 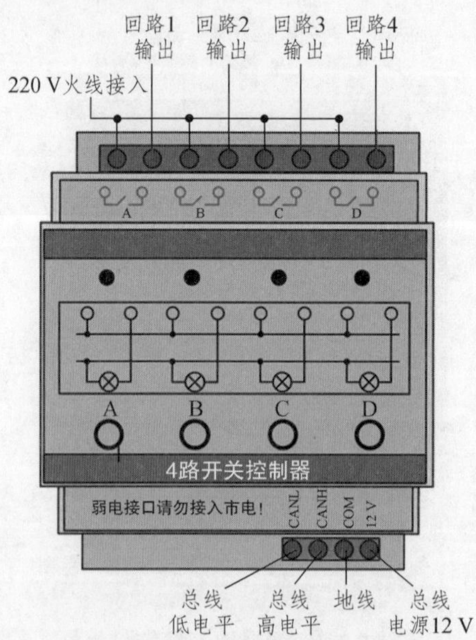 图 1-2-6　四路开关控制器接口信息	

续表

<table>
<tr><th>操作步骤</th><th>操作内容</th><th>注意事项</th></tr>
<tr><td>③ 四路开关控制器</td><td>
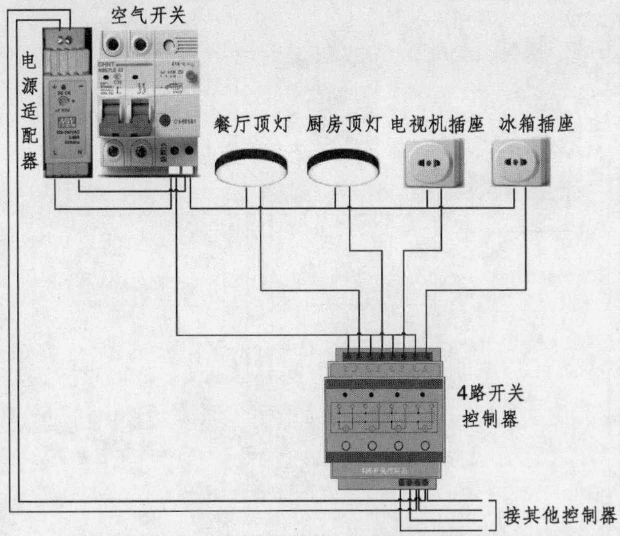

图 1-2-7　四路开关控制器接线图
</td><td></td></tr>
<tr><td>④ 窗帘/银幕控制器</td><td>
• 窗帘/银幕控制器接口信息如图 1-2-8 所示，内置 2 路转向开关，强电接线口接入市电火线，有 A、B 两组，每组 2 路共 4 路输出线路，每一组可接一个双向电机，交流电机的正转火线接入 FWD 出线口，反转火线接线 REV 出线口，零线并接入市电零线。CAN 总线端按端口顺序接入智能总线，图 1-2-9 所示为本实训装置中窗帘/银幕控制器的接线图

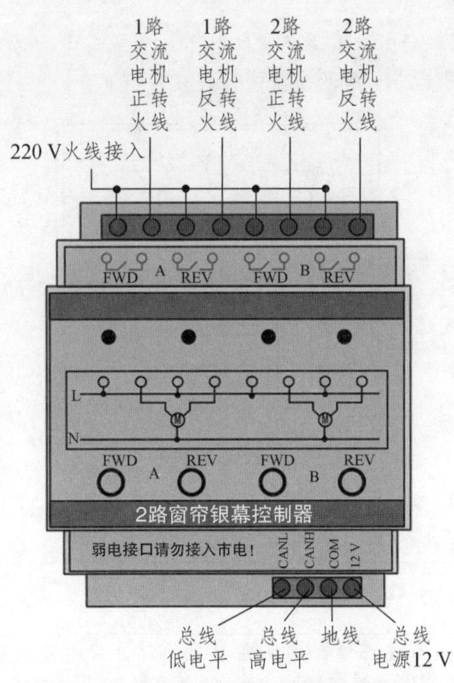

图 1-2-8　窗帘/银幕控制器接口信息
</td><td></td></tr>
</table>

续表

操作步骤	操作内容	注意事项
④ 窗帘/银幕控制器	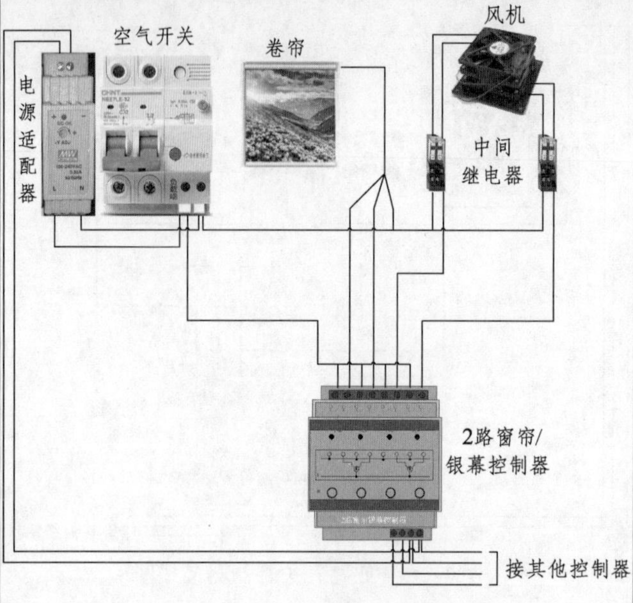 图 1-2-9 窗帘/银幕控制器接线图	
2. 智能开关的安装与接线		
（1）智能开关的安装	• 智能开关安装在 86 型安装底盒上，并通过底盒安装螺丝固定牢靠	
（2）智能开关的接线	• 各智能面板之间采用手拉手方式连接，如图 1-2-10 所示（见表后）。 • 将 CAN 总线端按端口顺序与导轨箱中的各种控制器连通，图 1-2-11 所示为智能开关接口信息 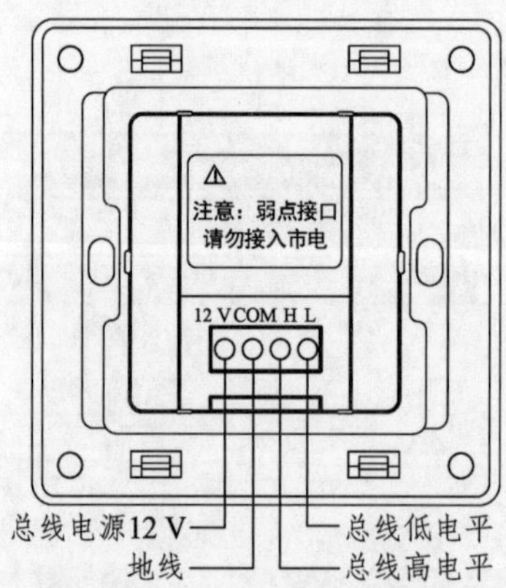 图 1-2-11 智能开关接口信息	
3. 照明灯具的安装与接线		
（1）照明灯具的安装	• 书桌灯通过螺丝固定在装置顶部，壁灯安装在实训装置左右两侧，顶灯集中安装在实训装置侧面壁灯下方。工程实训时，也可以安装在设备附近的工作台上	

续表

操作步骤	操作内容	注意事项
（2）照明灯具的接线	• 书桌灯通过自带的电源插头插接在配套的电源插座上，壁灯与顶灯都是通过延长设备自带电源线，将延长后的线接入智能家居控制箱中的火线排和零线排上	
4. 电动卷帘的安装与接线		
（1）电动卷帘的安装	• 通过卷帘安装支架将电动卷帘安装在设计位置，安装时应注意安装支架之间的距离，距离过小，电动卷帘卷轴安装困难，距离过大，卷轴容易脱落	
（2）电动卷帘的接线	• 电动卷帘的电机工作方式为双火线控制，接线方式如图 2-12 所示。 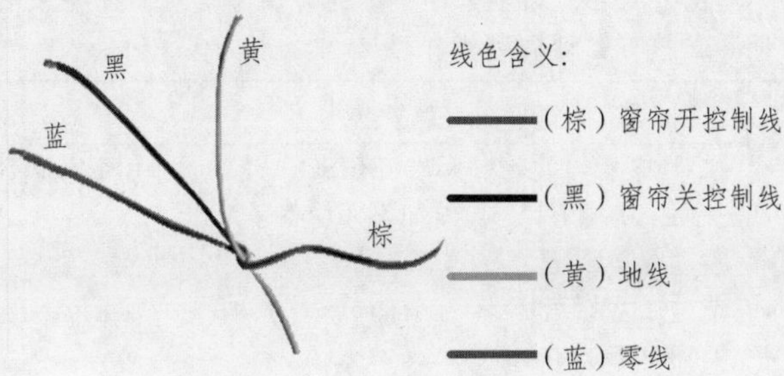 图 1-2-12　电动卷帘接线方式	
5. 换气扇的安装与接线		
（1）换气扇的安装	• 将 2 个风机、防护罩、钢丝网组装在一块，再将组装好的组件装在换气扇安装板上，盖上防护罩	
（2）换气扇的接线	• 模拟换气扇输入电压为 12 V，窗帘/银幕控制器输出电压为 220 V，因此需要一个 AC 220 V 的继电器来进行线路电气连接，图 1-2-13 所示（见表后）为模拟换气扇接线图	
6. 控制端线路连接	• 按照图 1-2-14 所示（见表后）的控制器与智能面板接线图，将各个控制器与智能面板连接起来	接线时，注意每种颜色的线对应不同的接口，还应注意接线时不要造成短路
7. 控制端与前端设备线路连接	• 把智能家居应用模型中的各个设备与智能家居控制箱连通，通过控制箱内的控制器来控制智能家居应用模型中的设备，以达到原理展示和教学演示的目的。 • 把机架外部设备与智能家居控制箱连通，包括电动卷帘、换气扇、书桌灯、顶灯以及卧室壁灯等设备	
8. 检查线路	• 完成接线后，依次测试各个设备的线路。把万用表旋钮旋转至通断模式，检测设备线路的通断，以确保所有线路通畅。 • 测量通断时，选择通断挡，将红表笔和黑表笔分别与线路的两端导线接触，若听到蜂鸣则可判断线路是导通的，否则是不通的。	

续表

操作步骤	操作内容	注意事项
8. 检查线路	• 测量电流的时候，选择合适的量程挡位，将万用表串联在被测电路中。测量前，应该断开电路，将万用表的红、黑表笔串联在被断开的两点之间，查看万用表的读数，该读数就是测量的电流值。 • 测量电压的时候，选择合适的量程挡位，万用表的黑色表笔接到负极，红色表笔接到正极，连接电路，查看万用表的读数，该读数就是测量的电压值	
9. 理线	• 按照实际要求，对预留的线进行分类整理，可采用缠绕管、波纹管、塑料理线环或标准 U 形理线环。安全起见，要对电源线进行防磨损保护，避免因为磨损而导致漏电或短路。理线完成后，既要保证整体的协调与美观，又要保证后期设备维护与实训的可操作性	
	操作后	
1. 环境整理	• 按照 6S 标准之清扫标准（SEISO）、清洁标准（SEIKETSU）和安全标准（SAFETY），做如下环境整理工作： • 整理仪器、设备、工具。 • 清洁工位。 • 关闭电源。 • 打扫实训场所	
2. 实训报告	• 按照 6S 标准之素养标准（SHITSUKE）和安全标准（SAFETY），做如下报告整理工作： • 总结各控制器的接线方法，并绘制接口信息图和接线图。 • 总结智能开关的接线方法，并绘制接口信息图和接线图。 • 总结电动卷帘的接线方法，并绘制接线图。 • 总结换气扇的接线方法，并绘制接线图	

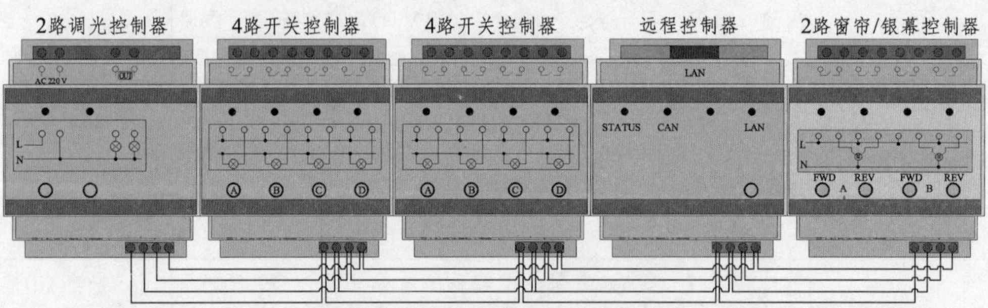

图 1-2-1　控制器连接方式

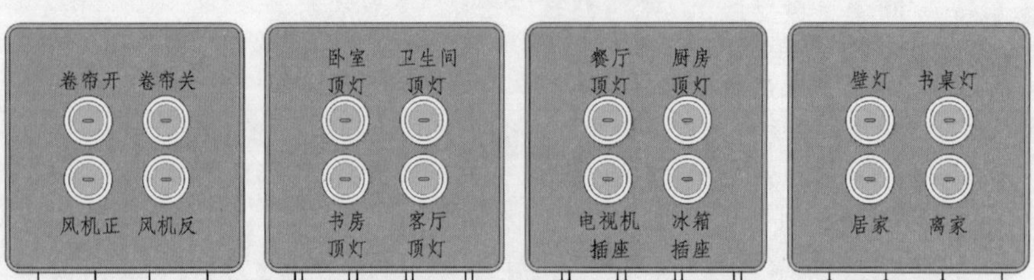

图 1-2-10　智能开关连接方式

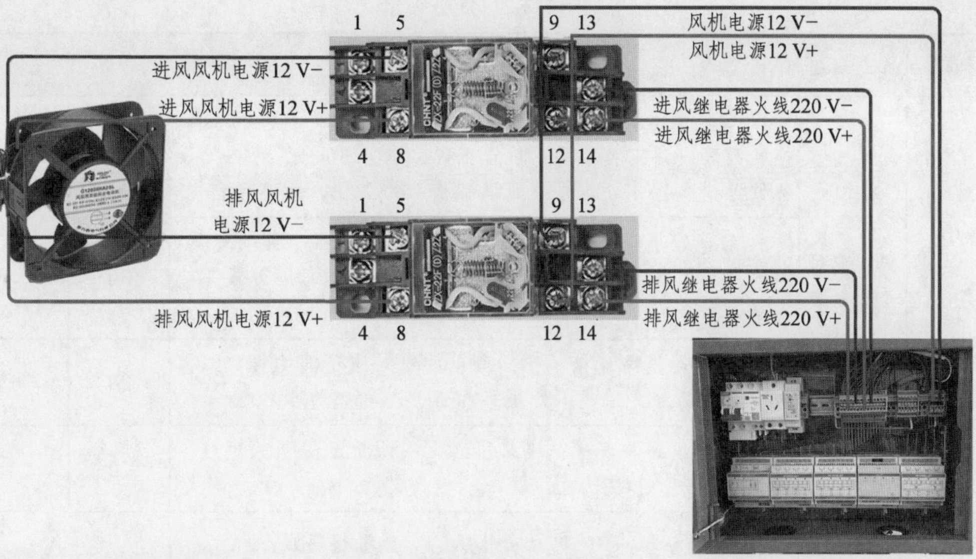

图 1-2-13 换气扇接线图

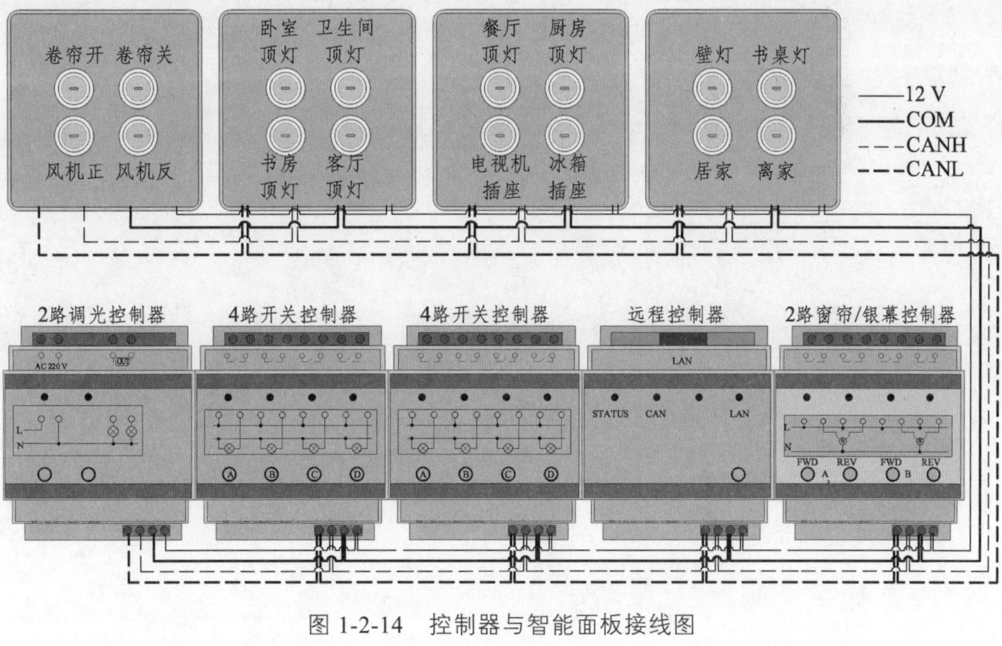

图 1-2-14 控制器与智能面板接线图

【任务评价】

任务评价见表 1-2-2。

表 1-2-2　任务评价

序号	任务描述	评分标准		分值	得分
任务 2	智能家居设备安装与接线	1. 智能家居设备的安装：控制器、智能开关、照明灯具、换气扇等设备安装牢固，位置正确，满分 30 分，每一处设备位置错误扣 3 分，每一处设备松动扣 2 分，扣完为止		30	
		2. 智能家居设备的连线：控制器、智能开关、照明灯具、换气扇等设备连线，连接正确，满分 30 分，每一处设备连线错误扣 3 分，每一处设备连线不牢扣 2 分，扣完为止		30	
		3. 控制端线路连接：不同颜色的线对应不同的接口，每错一处扣 2 分，造成一处短路扣 2 分，扣完为止		20	
		4. 检查线路与理线：线路不通，一处扣 2 分；未理线，一处扣 2 分，扣完为止		20	
总得分			考核等级		

备注：考核满分为 100 分，60～69 分为及格；70～79 分为中等；80～89 分为良好；90 分及以上为优秀。

任务 3　智能家居软件开发系统安装

【任务导入】

任务描述：

小李毕业后，应聘某科技公司售后工程师岗位，面试时，售后技术主管要求小李先展示软件安装技能。

任务目标：

（1）掌握智能家居软件开发系统相关软件的安装方法。

（2）熟悉智能家居软件系统。

【任务分析】

常用软件开发系统相关软件的熟练安装是售后技术岗人员重要的技能，要求从业人员能够对照软件安装说明书，完成相关软件的安装。本任务主要学习软件开发系统相关软件的安装方法。

【任务实施】

任务实施见表 1-3-1。

表 1-3-1　任务实施

操作步骤	操作内容	注意事项
	操作前	
1. 评估与沟通		
（1）评估	• 评估环境：按照 6S 标准之整理标准（SEIRI），进行清洁、安全、适合操作。 • 评估设备：设备的完整性和状态，以及工具、辅料、耗材情况	
（2）沟通	• 明确客户需求、确认任务目标要求	
2. 准备		
（1）环境准备	• 按照 6S 标准之整顿标准（SEITON），进行环境准备。	
（2）物品准备	• 智能家居工程技术实训装置。 • 笔记本电脑。 • 平板电脑	
（3）人员准备	• 熟悉电脑的使用。 • 熟悉平板电脑的使用。 • 了解智能家居系统	
	操作中	
1. IAR Embedded Workbench 软件的安装	• IAR Embedded Workbench（简称 EW）的 C 交叉编译器是一款完整、稳定、易上手的开发工具，可以支持多种处理器，如 ARM\430 等处理器的编程应用	

续表

<table>
<tr><th>操作步骤</th><th>操作内容</th><th>注意事项</th></tr>
<tr><td>第一步：解压安装包</td><td>• 在电脑中找到 IAR Embedded Workbench 安装包文件，如图 1-3-1 所示，解压该安装包，得到如图 1-3-2 所示的两个程序文件，一个是安装程序，一个是注册码

图 1-3-1　软件安装包
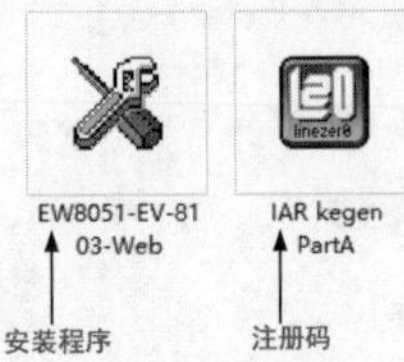
图 1-3-2　解压后文件</td><td></td></tr>
<tr><td>第二步：打开安装程序</td><td>• 如果电脑是 XP 系统，直接双击运行；如果是 Win7、Win8、Win10 系统，则需要以管理员身份运行</td><td></td></tr>
<tr><td>第三步：安装程序软件</td><td>• 在图 1-3-3 所示界面点击【Next】，出现如图 1-3-4 所示界面，继续点击【Next】，出现如图 1-3-5 所示界面，在图 1-3-5 所示的界面中勾选“I accept the…”，再点击【Next】，出现如图 1-3-6 所示的注册码填写页
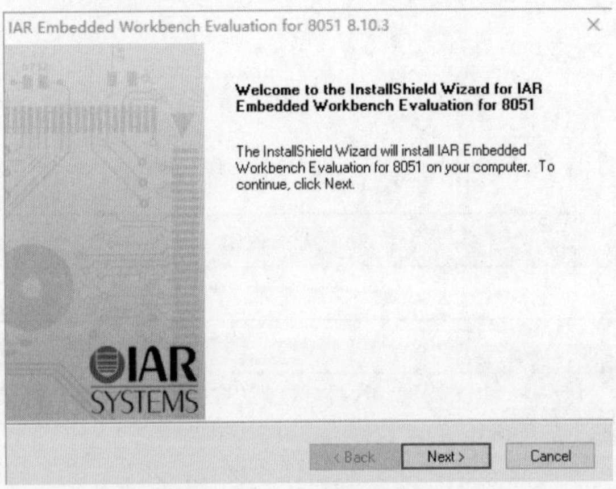
图 1-3-3　安装步骤 1
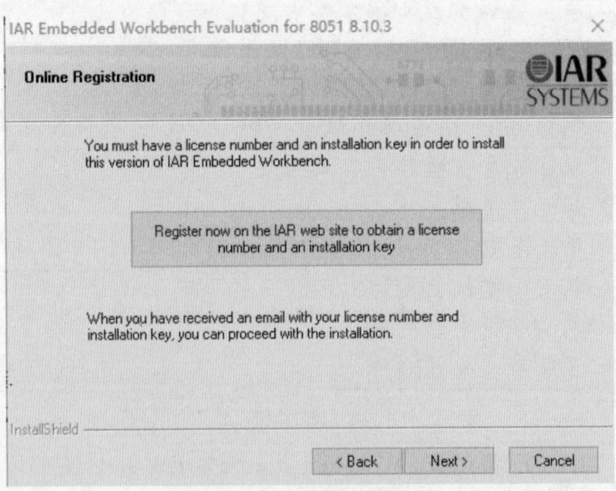
图 1-3-4　安装步骤 2</td><td>操作中要求学生遵循 6S 管理标准之素养标准（SHITSUKE）和安全标准（SAFETY）。</td></tr>
</table>

续表

操作步骤	操作内容	注意事项
第三步：安装程序软件	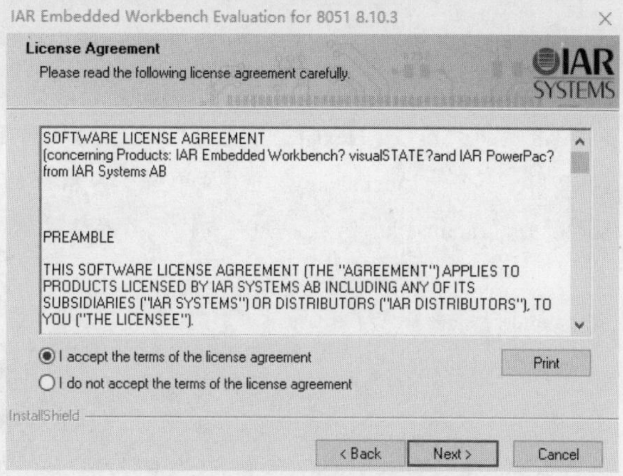 图 1-3-5　安装步骤 3 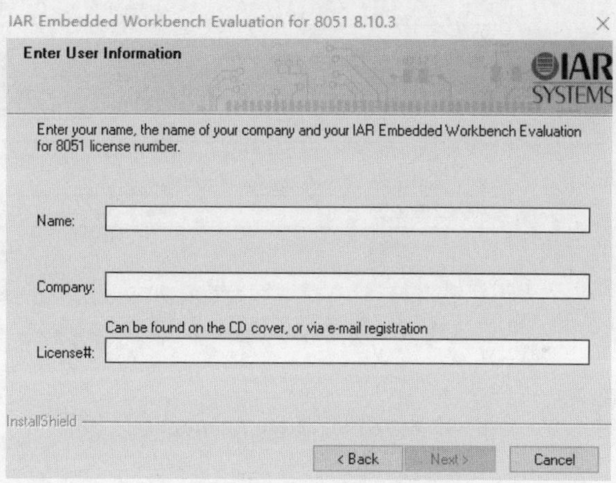 图 1-3-6　注册码填写页	
第四步：生成注册码	• 运行注册码软件，如果电脑是 XP 系统，直接双击运行；如果是 Win7、Win8、Win10 系统，则需要以管理员身份运行。图 1-3-7 所示为注册码软件界面，点击【Generate】，更新注册码  图 1-3-7　注册码软件界面	

续表

<table>
<tr><th>操作步骤</th><th>操作内容</th><th>注意事项</th></tr>
<tr><td>第五步：填写注册码</td><td>

• 复制图 1-3-7 中“License number”栏中的数字，并粘贴到图 1-3-6 所示界面的“License#”栏中，在“Name”栏填入“admin”，如图 1-3-8 所示，点击【Next】，出现图 1-3-9 所示的界面。复制图 1-3-7 所示界面“License key”栏中的代码，并粘贴到图 1-3-9 所示界面的“License key”栏中，完成注册码的填写

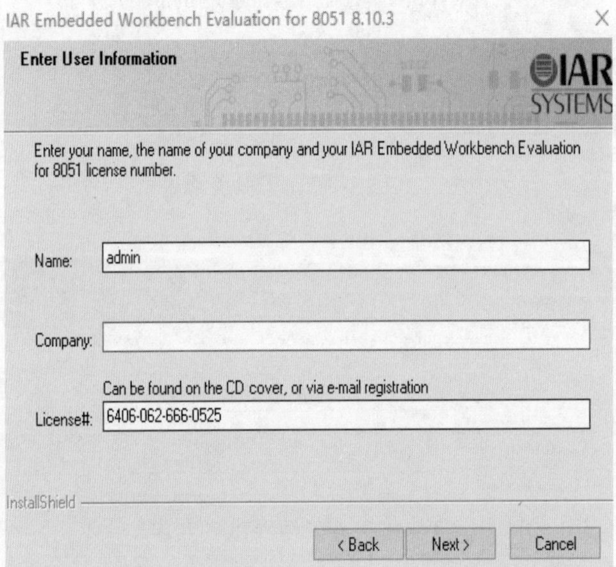

图 1-3-8　粘贴“License number”代码

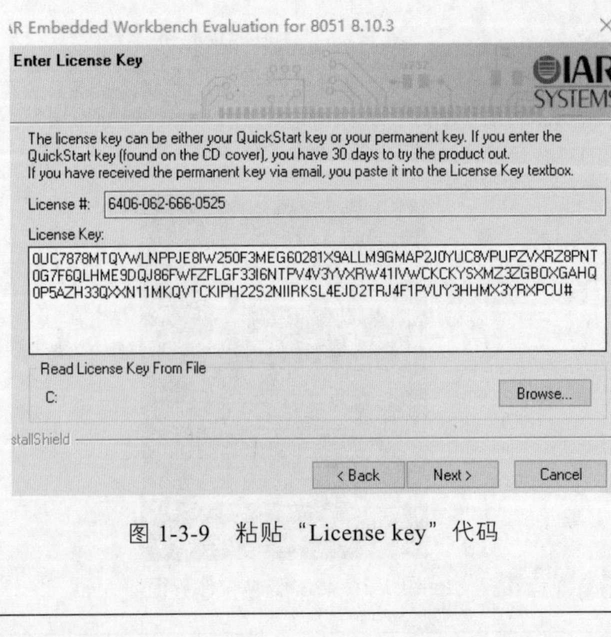

图 1-3-9　粘贴“License key”代码

</td><td></td></tr>
</table>

续表

操作步骤	操作内容	注意事项
第六步：安装软件	• 在图 1-3-9 所示的界面中点击【Next】，在弹出的界面中一直选择【Next】，直至出现如图 1-3-10 所示的界面，点击【Install】，等待安装，安装完成后点击【Finish】，即安装成功。图 1-3-11 所示为安装成功后的软件首页 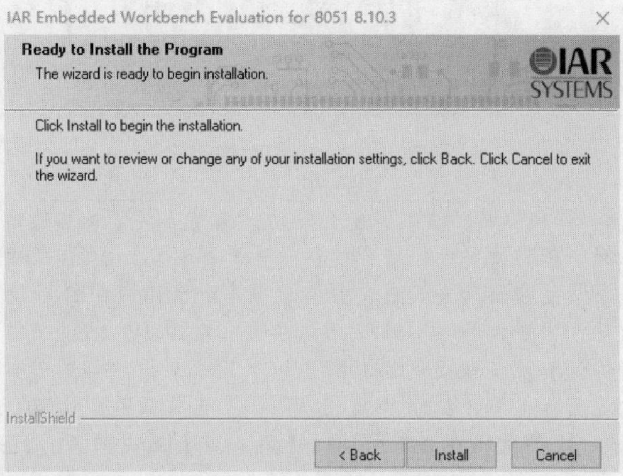 图 1-3-10　点击【Install】 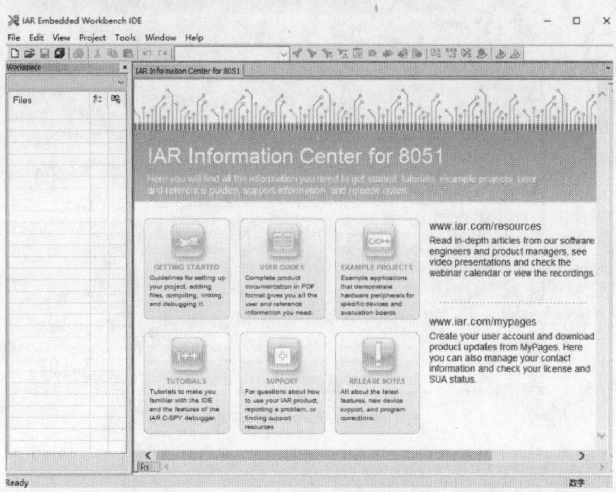 图 1-3-11　IAR Embedded Workbench 软件首页	
2. 仿真器驱动安装		
第一步	• 准备 ZigBee 仿真器，如图 1-3-12 所示，一端用于连接笔记本电脑，另一端用于连接 ZigBee 协调器 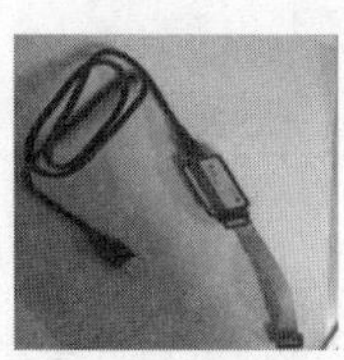 图 1-3-12　ZigBee 仿真器	

续表

<table>
<tr><th>操作步骤</th><th>操作内容</th><th>注意事项</th></tr>
<tr><td>第二步</td><td>

• 把 ZigBee 仿真器一头通过 USB 线接到电脑的 USB 口上，另一头接在 ZigBee 协调器上，此时电脑右下角会提示“正在安装设备驱动程序软件”，如图 1-3-13 所示

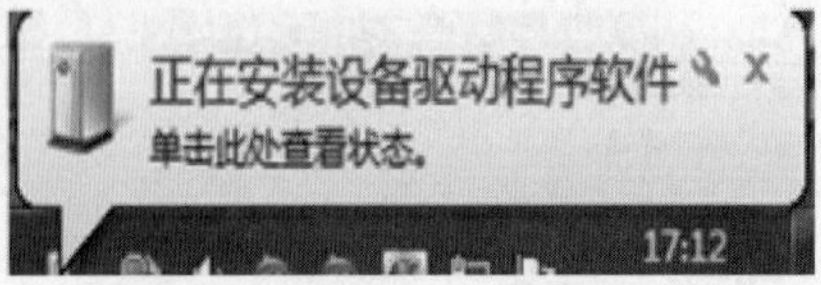

图 1-3-13　安装驱动软件

</td><td></td></tr>
<tr><td>第三步</td><td>

• 如果安装完成，系统会提示“成功安装了设备驱动程序”，如果不能自动安装，打开设备管理器界面，如图 1-3-14 所示，查看未安装驱动的设备，右键单击【SmartRF04EB】，更新驱动软件，出现如图 1-3-15 所示的界面，在图 1-3-15 中点击“浏览我的计算机以查找驱动软件程序”，点击后出现如图 1-3-16 所示的界面，在图 1-3-16 中点击“浏览”选择“SmartRF04EB 仿真器驱动”软件保存的路径，点击【下一步】，完成更新，如图 1-3-17 所示

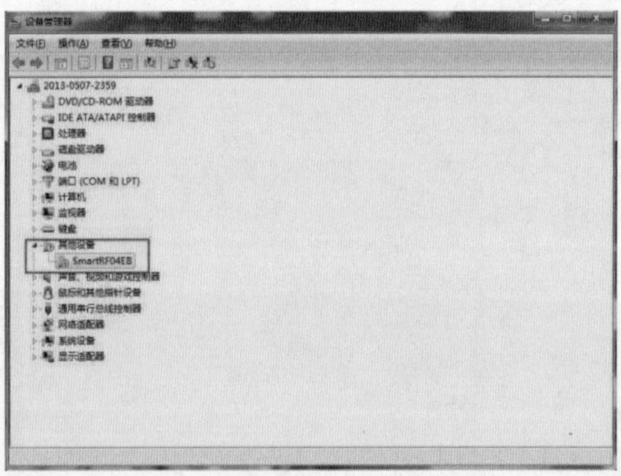

图 1-3-14　查找未安装驱动设备

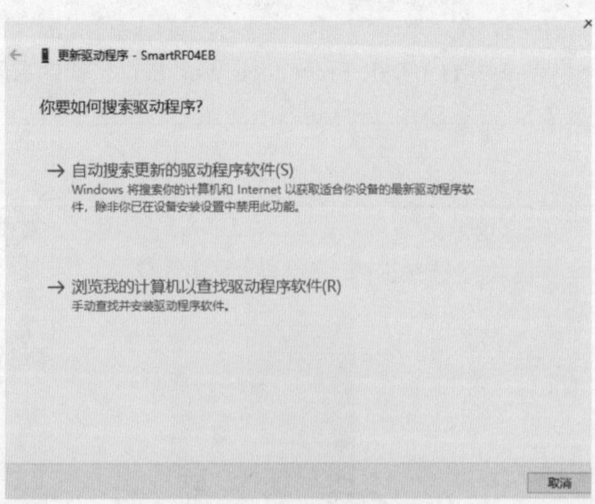

图 1-3-15　更新驱动软件

</td><td></td></tr>
</table>

续表

操作步骤	操作内容	注意事项
第三步	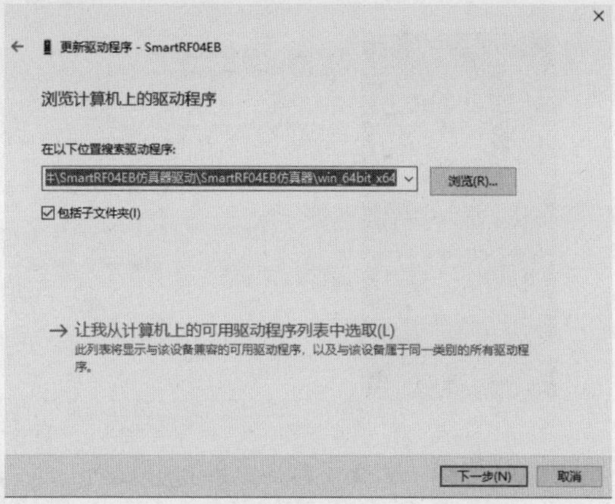 图 1-3-16　选择驱动软件的保存路径 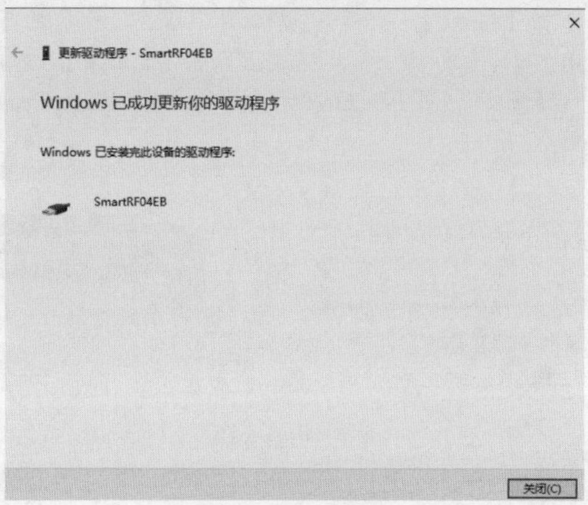 图 1-3-17　更新成功	
3. 程序下载工具 Smart RF Flash Programmer 安装		
第一步	• 找到如图 1-3-18 所示的 Smart RF Flash Programmer 软件安装包，解压得到如图 1-3-19 所示的程序软件  图 1-3-18　软件安装包  图 1-3-19　程序软件	
第二步	• 下载工具软件运行，如果电脑是 XP 系统，直接双击运行；如果是 Win7、Win8、Win10 系统，则需要以管理员身份运行，如图 1-3-20 所示	

续表

<table>
<tr><th>操作步骤</th><th>操作内容</th><th>注意事项</th></tr>
<tr><td>第二步</td><td>
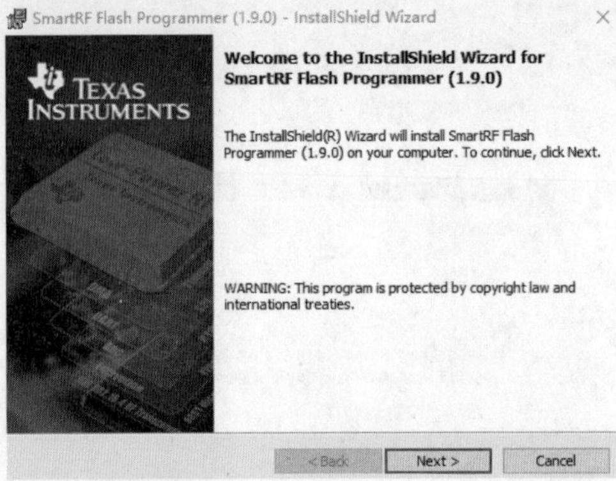

图 1-3-20　程序软件打开界面</td><td></td></tr>
<tr><td>第三步</td><td>• 在如图 1-3-20 所示界面中点击【Next】，在弹出的界面中一直选择【Next】，直至出现如图 1-3-21 所示的界面，点击【Install】，等待安装，安装完成后点击【Finish】，完成安装，如图 1-3-22 所示，图 1-3-23 所示为 Smart RF Flash Programmer 软件首页
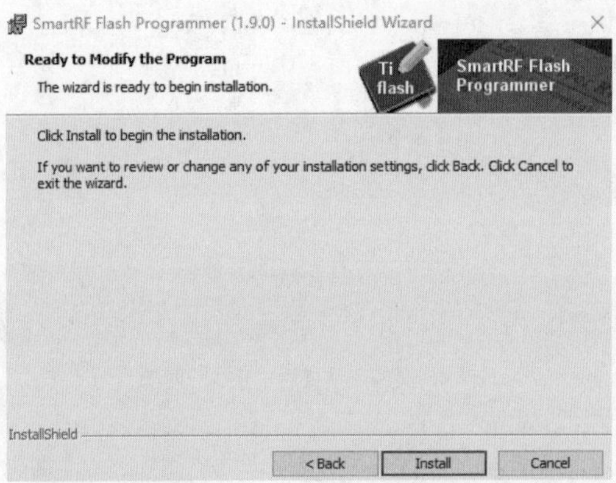

图 1-3-21　点击【Install】
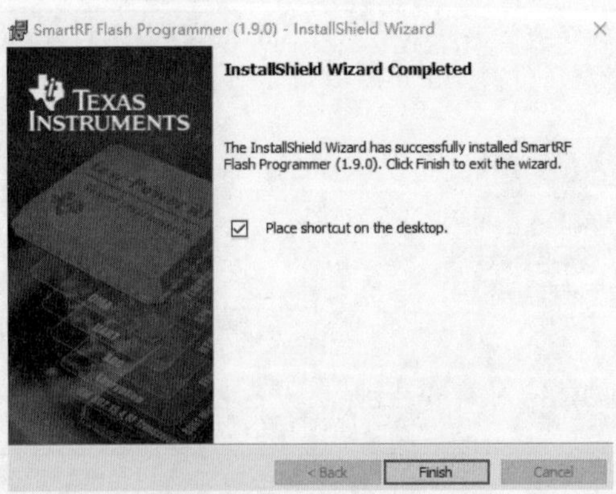

图 1-3-22　等待安装</td><td></td></tr>
</table>

续表

操作步骤	操作内容	注意事项
第三步	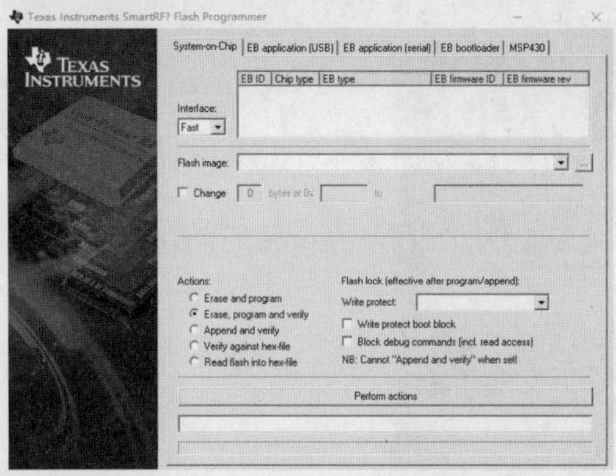 图 1-3-23　Smart RF Flash Programmer 软件首页	
4. USB 转串口驱动安装		
第一步	• 在文件中找到如图 1-3-24 所示的 USB 转串口驱动安装包，解压后得到如图 1-3-25 所示的文件  图 1-3-24　软件安装包  图 1-3-25　解压后文件	
第二步	• 在解压后的文件中点击“windows”文件夹，根据电脑系统选择相应的安装程序，图 1-3-26 所示为软件安装界面，在该界面中点击【下一步】，出现如图 1-3-27 所示的界面，驱动安装完成 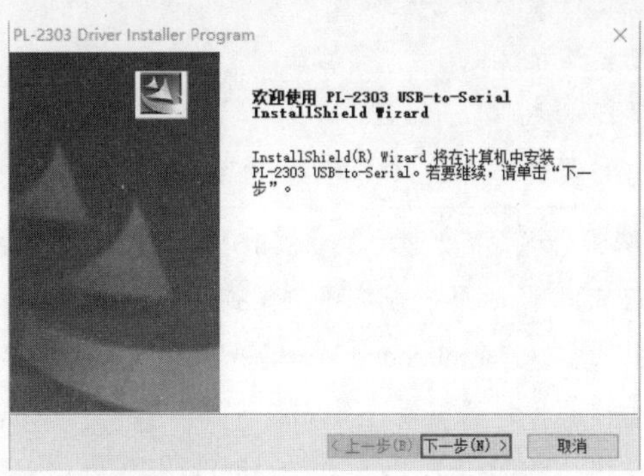 图 1-3-26　安装程序打开界面	

续表

操作步骤	操作内容	注意事项
第二步	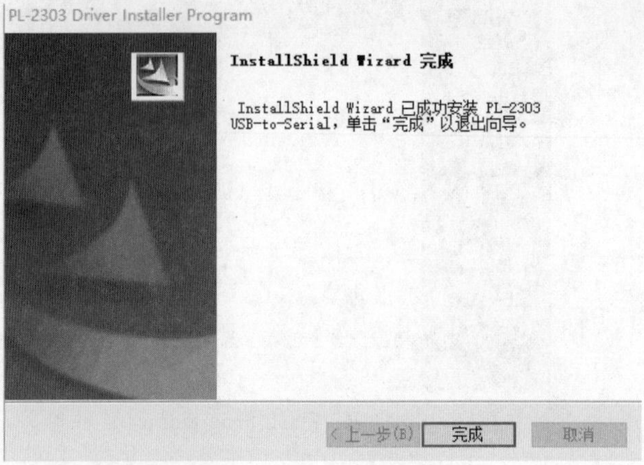 图 1-3-27　安装完成	
5. Wi-Fi 配置工具的安装	• 在电脑中找到“ESP8266 配置工具”的应用软件，双击打开即安装成功	
6. Wi-Fi 网关-管理系统的安装	• 在平板电脑中找到“Wi-Fi 网关-管理系统”的安装包，点击安装即可。 • 在智能网关中找到“Wi-Fi 网关-管理系统”的安装包，点击安装即可	
7. 智能家居软件系统安装	• 各个厂商的智能家居软件系统安装各有差异，一般为下载APP/关注微信公众号/下载微信小程序/登录网站等方式，然后注册登录账号，根据说明书进行添加设备和配置即可。大部分不需要安装或进行简单安装	
操作后		
1. 环境整理	• 按照 6S 标准之清扫标准（SEISO）、清洁标准（SEIKETSU）和安全标准（SAFETY），做如下环境整理工作： • 整理仪器、设备、工具。 • 清洁工位。 • 关闭电源。 • 打扫实训场所	
2. 实训报告	• 按照 6S 标准之素养标准（SHITSUKE）和安全标准（SAFETY），做如下报告整理工作： • 描述“IAR Embedded Workbench”软件的安装步骤。 • 描述“仿真器驱动”的安装步骤。 • 描述“Smart RF Flash Programmer”软件的安装步骤。 • 描述“USB 转串口驱动”软件的操作步骤	

【任务评价】

任务评价见表 1-3-2。

表 1-3-2　任务评价

<table>
<tr><th>序号</th><th>任务描述</th><th colspan="2">评分标准</th><th>分值</th><th>得分</th></tr>
<tr><td rowspan="4">任务 3</td><td rowspan="4">智能家居软件开发系统安装</td><td colspan="2">1. IAR Embedded Workbench 软件的安装 20 分：安装成功 10 分，注册成功 10 分；仿真器驱动安装 10 分，程序不能运行扣 10 分，注册不成功扣 10 分，扣完为止</td><td>30</td><td></td></tr>
<tr><td colspan="2">2. 程序下载工具 Smart RF Flash Programmer 安装 15 分，USB 转串口驱动安装 15 分，程序不能运行扣 15 分，扣完为止</td><td>30</td><td></td></tr>
<tr><td colspan="2">3. Wi-Fi 配置工具的安装 10 分，Wi-Fi 网关-管理系统的安装 10 分；程序不能运行扣 10 分，扣完为止</td><td>20</td><td></td></tr>
<tr><td colspan="2">4. 智能家居软件系统安装 20 分：系统能够登录 10 分，软件能够正常运行 10 分，不能登录扣 10 分，不能运行扣 10 分</td><td>20</td><td></td></tr>
<tr><td colspan="2">总得分</td><td></td><td>考核等级</td><td colspan="2"></td></tr>
</table>

备注：考核满分为 100 分，60～69 分为及格；70～79 分为中等；80～89 分为良好；90 分及以上为优秀。

任务 4　智能家居系统装备安装与调试

【任务导入】

任务描述：

小李毕业后，应聘某科技公司售后工程师岗位，面试时，售后技术主管要求小李展示整体系统安装与调试能力。

任务目标：

（1）熟悉智能家居各子系统的工作原理。

（2）掌握智能家居系统各子系统的安装方法。

（3）熟悉智能家居系统各子系统的调试方法。

【任务分析】

系统的安装调试能力是售后技术岗人员重要的技能，要求从业人员能够对照系统原理图，理解智能家居装配调试系统的工作原理，对照说明书，掌握智能家居系统设备的安装与调试方法。本任务主要学习智能家居装备系统的安装与调试方法。

智能家居装配调试系统包括照明控制子系统、环境控制子系统、安防报警子系统。图 1-4-1 所示为照明控制子系统原理图，图 1-4-2 所示为安防报警子系统原理图，图 1-4-3 所示为环境控制子系统原理图。

智能照明控制系统

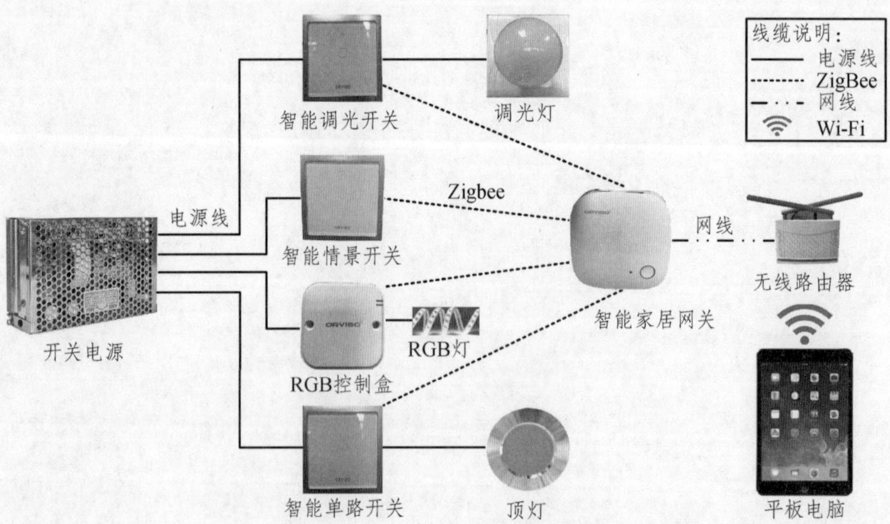

图 1-4-1　照明控制子系统原理图

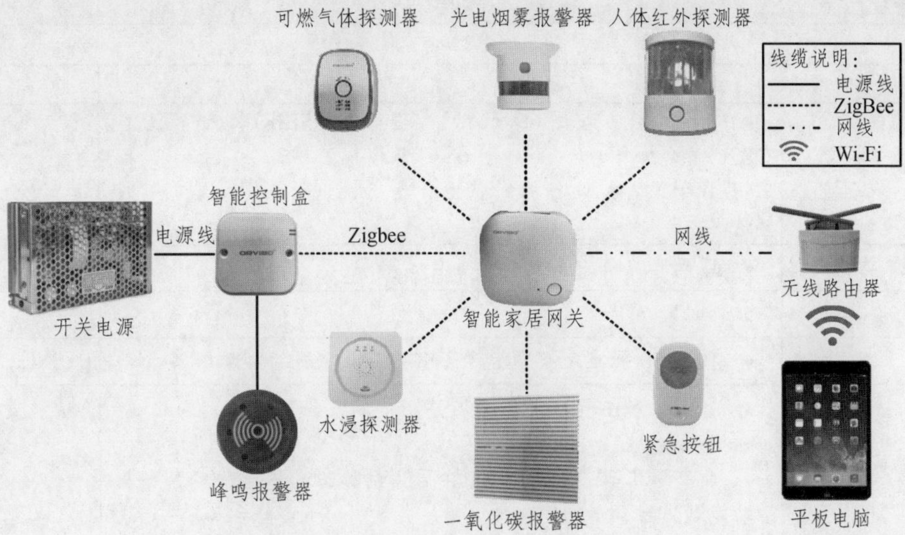

图 1-4-2　安防报警子系统原理图

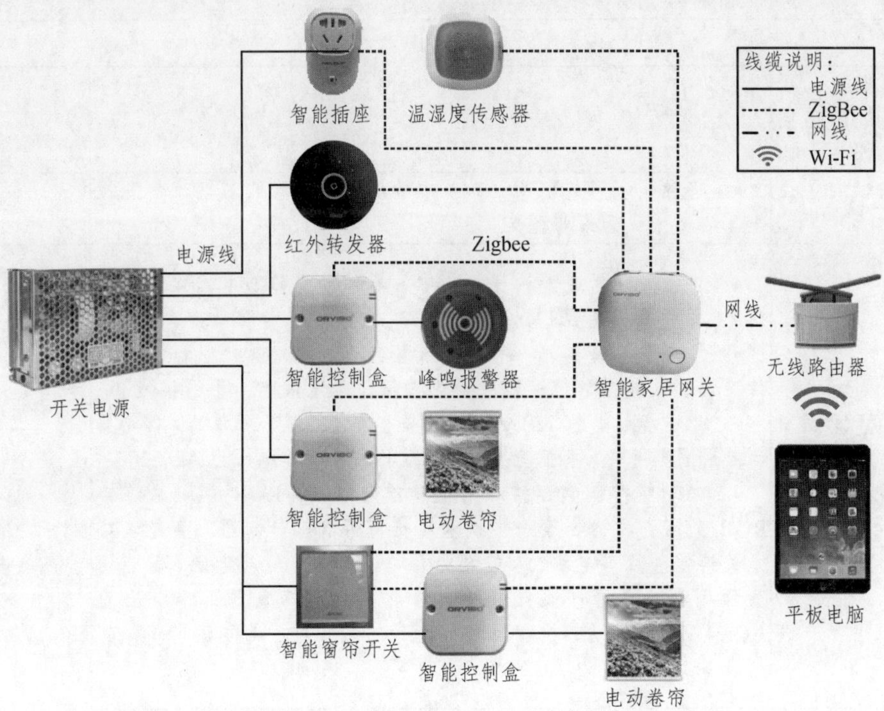

图 1-4-3　环境控制子系统原理图

【任务实施】

任务实施见表 1-4-1。

表 1-4-1　任务实施

操作步骤	操作内容	注意事项
操作前		
1. 评估与沟通		
（1）评估	• 评估环境：按照 6S 标准之整理标准（SEIRI），进行清洁、安全、适合操作。 • 评估设备：设备的完整性和状态，以及工具、辅料、耗材情况	
（2）沟通	• 明确客户需求、确认任务目标要求	
2. 准备		
（1）环境准备	• 按照 6S 标准之整顿标准（SEITON），进行环境准备。	
（2）物品准备	• 智能家居工程技术实训装置。 • 平板电脑。 • 物联网工具箱，本实训中主要用到的工具包括数字万用表、多功能剥线钳、测电笔、斜口钳、尖嘴钳、十字螺丝刀、一字螺丝刀、十字头微型螺丝刀、一字头微型螺丝刀	
（3）人员准备	• 熟悉电脑的使用。 • 熟悉平板电脑的使用。 • 熟悉常用工具的使用	
操作中		
1. 智能家居系统装备安装与调试		
第一步	• 将智能家居装配调试系统中的器件安装在相应区域的孔板上，安装方式为螺母固定	
第二步 ZigBee 技术	• 将智能家居装配调试系统中的器件接线并通电，接线如图 1-4-4 所示（见表后）。 • 温湿度传感器、一氧化碳报警器、可燃气体传感器、水浸传感器、人体红外传感器、紧急按钮为电池供电，不用接线。 • 无线路由器、ZigBee Mini 网关、智能插座、可燃气体传感器为普通插座供电，将插座接到电源上即可，工作电压为 AC 220 V。 • 多功能控制盒连接蜂鸣报警器与电源，RGB 控制盒连接 RGB 灯带与电源，窗帘控制盒连接窗帘电机与电源，智能单路开关连接顶灯与电源，智能调光开关连接调光灯与电源，智能场景面板和窗帘开关直接连接电源。其中，蜂鸣器工作电压为 AC 24 V、RGB 控制盒和 RGB 灯带的工作电压为 AC 12 V，其余设备工作电压为 AC 220 V	
第三步	• 组建网络环境。利用无线路由器搭建网络环境，Mini 主机通过网线与无线路由器连接，平板电脑通过 Wi-Fi 接入路由器搭建的网络中，保证 Mini 主机与平板电脑处于同一网络环境	
第四步	• 下载软件。用平板电脑搜索并下载软件，用手机号登录注册	
第五步	• 软件调试	

续表

操作步骤	操作内容	注意事项
（1）添加 ZigBee Mini 网关	• 打开客户端，在如图 1-4-5 所示的界面中点击右上角的【+】，出现如图 1-4-6 所示的界面，点击【智能主机】，出现如图 1-4-7 所示的界面，点击【ZigBee Mini 网关】，出现如图 1-4-8 所示的界面，按照操作提示将 ZigBee Mini 网关添加到客户端中 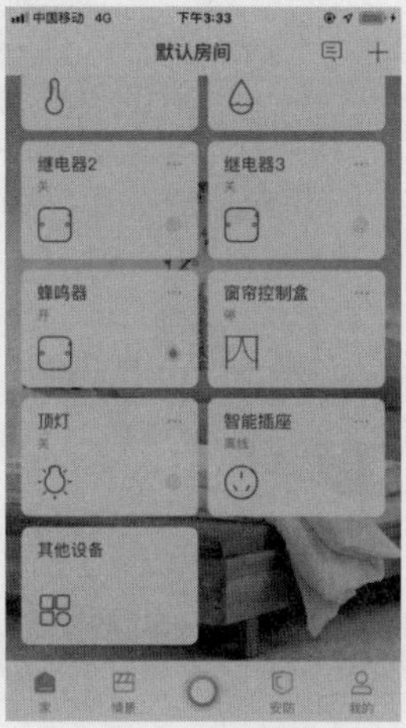 图 1-4-5 软件打开界面  图 1-4-6 添加智能主机  图 1-4-7 选择 ZigBee Mini 网关 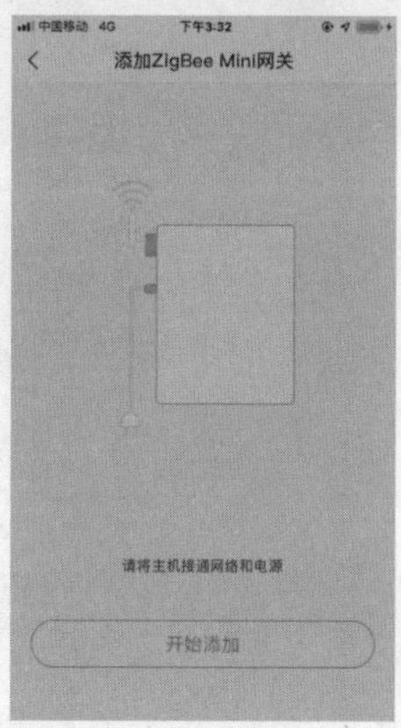 图 1-4-8 操作提示	操作中要求学生遵循 6S 管理标准之素养标准（SHITSUKE）和安全标准（SAFETY）。
（2）添加智能设备	• 点击图 1-4-5 所示界面中的【+】选择要添加的设备，根据客户端操作提示添加设备，其中情景面板和窗帘开关需要对开关按键功能进行设置。在客户端首页上选择【其他设备】，出现如图 1-4-9 所示的界面，点击需要设置按键功能的面板，图 1-4-10 所示为情景面板按键功能设置，点击【按键设置】，选择相应的功能，即可完成设置，设备添加完成后，可以在手机上实时显示出当前设备的工作状态	

续表

操作步骤	操作内容	注意事项
（2）添加智能设备	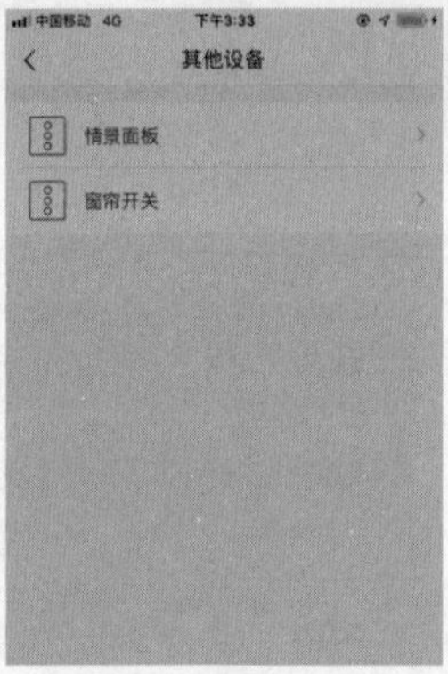 图 1-4-9　选择要学习的面板 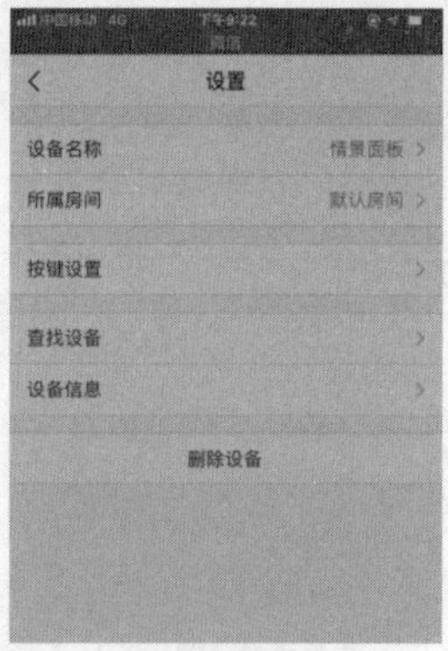 图 1-4-10　按键设置	
（3）添加自动化	• 在图 1-4-5 所示的软件首页点击【我的】，出现如图 1-4-11 所示的界面，点击【自动化】，出现如图 1-4-12 所示的界面，点击右上角【+】添加自动化（图中已经添加两组自动化），在图 1-4-13 所示的界面中设置自动化名称，添加启动条件和执行任务，点击【保存】  图 1-4-11　自动化设置 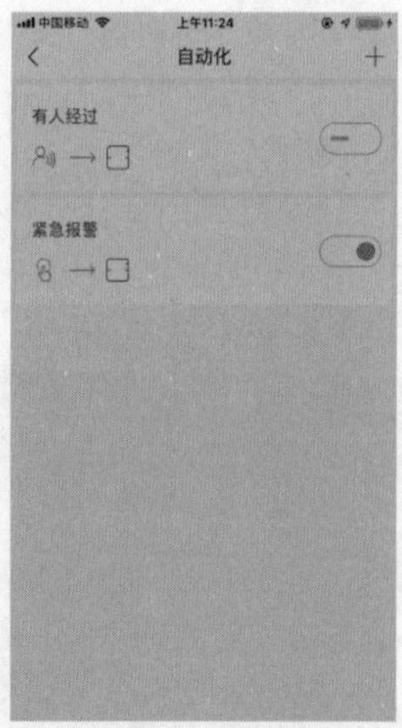 图 1-4-12　添加自动化 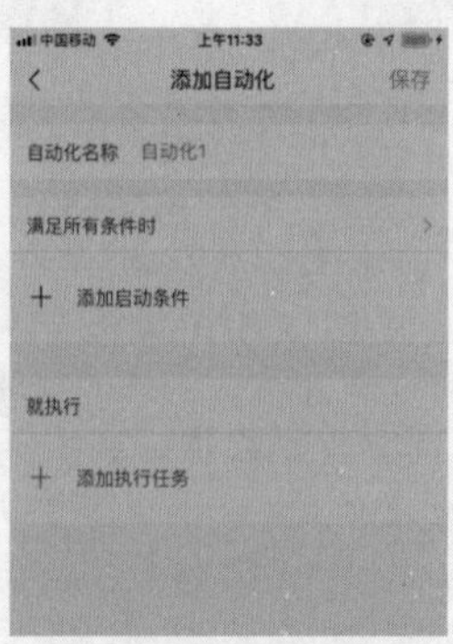 图 1-4-13　添加条件和任务	

续表

<table>
<tr><th>操作步骤</th><th>操作内容</th><th>注意事项</th></tr>
<tr><td>（4）添加情景模式</td><td>• 在图 1-4-5 所示的软件首页点击下方【情景】添加情景模式，系统自带 5 种情景模式，分别为灯光全开、灯光全关、回家、休息、离家。根据需求可点击右上角的【+】添加自定义情景模式，如图 1-4-14 所示，自定义情景名称，再添加执行任务，其中执行任务可选择【设备】、【安防】、【自动化】、【APP 通知】4 种类型，如图 1-4-15 所示，例如选择【设备】出现如图 1-4-16 所示的界面，添加所需的设备，再添加设备相应的动作，保存即可，这样就添加完成一组情景模式
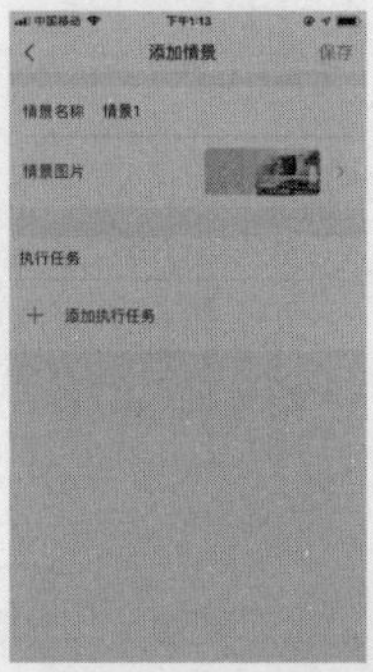

图 1-4-14 添加情景模式
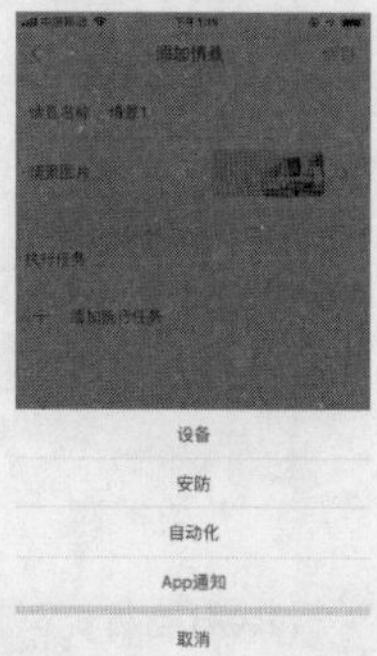

图 1-4-15 选择添加类型

图 1-4-16 设备列表</td><td></td></tr>
<tr><td colspan="3">操作后</td></tr>
<tr><td>1. 环境整理</td><td>• 按照 6S 标准之清扫标准（SEISO）、清洁标准（SEIKETSU）和安全标准（SAFETY），做如下环境整理工作：• 整理仪器、设备、工具。
• 清洁工位。
• 关闭电源。
• 打扫实训场所</td><td></td></tr>
<tr><td>2. 实训报告</td><td>• 按照 6S 标准之素养标准（SHITSUKE）和安全标准（SAFETY），做如下报告整理工作：
• 掌握智能家居装配调试系统的工作原理，并绘出各个子系统的原理图。
• 描述智能家居装配调试系统的布线和接线方法，并给出接线照片。
• 绘制卷帘控制盒与卷帘、多功能控制盒与蜂鸣报警器、RGB 控制盒与 RGB 灯带的接线。
• 描述添加设备和学习按键的方法和步骤，给出实训操作照片</td><td></td></tr>
</table>

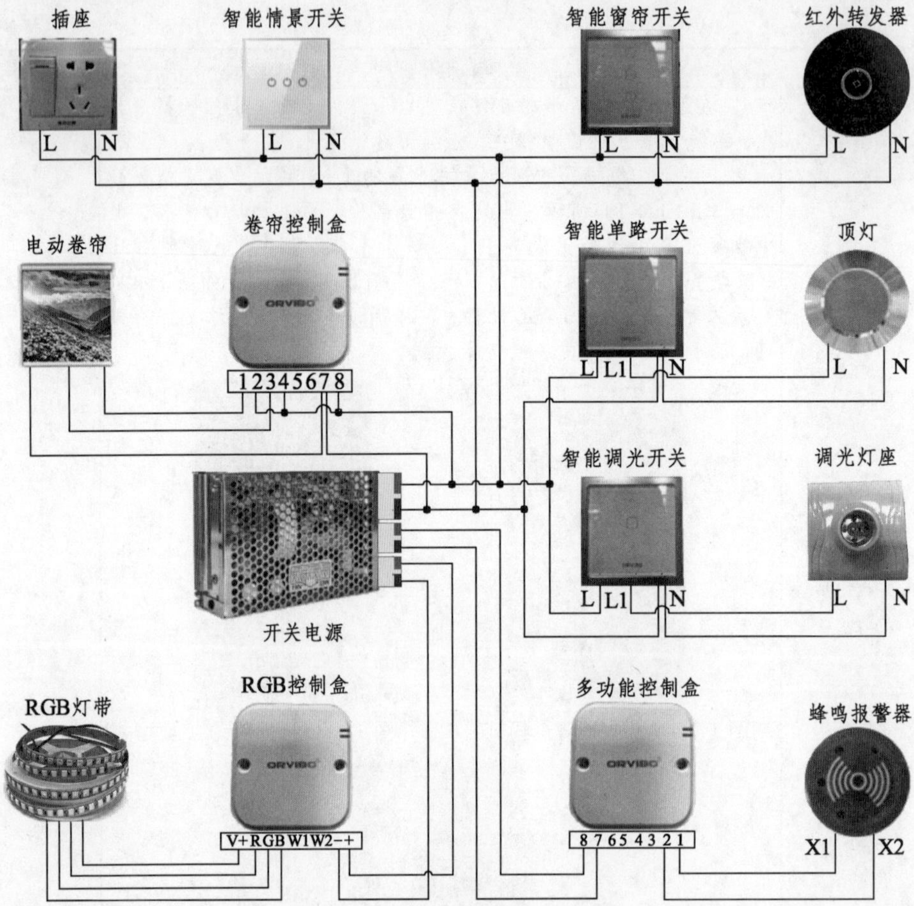

图 1-4-4　装配调试系统接线图

【任务评价】

任务评价见表 1-4-2。

表 1-4-2　任务评价

<table>
<tr><th>序号</th><th>任务描述</th><th colspan="2">评分标准</th><th>分值</th><th>得分</th></tr>
<tr><td rowspan="4">任务 4</td><td rowspan="4">智能家居系统装备安装与调试</td><td colspan="2">1. 智能家居装配调试系统的工作原理 20 分：理解 10 分，绘制图纸 10 分；不理解扣 10 分，图纸绘制错误一处扣 2 分，扣完为止</td><td>20</td><td></td></tr>
<tr><td colspan="2">2. 描述智能家居装配调试系统的布线和接线方法 30 分，错误一处扣 2 分，扣完为止</td><td>30</td><td></td></tr>
<tr><td colspan="2">3. 绘制卷帘控制盒与卷帘、多功能控制盒与蜂鸣报警器、RGB 控制盒与 RGB 灯带的接线图 40 分，错误一处扣 2 分，扣完为止</td><td>40</td><td></td></tr>
<tr><td colspan="2">4. 描述添加设备和学习按键的方法和步骤 10 分，错误一处扣 2 分，扣完为止</td><td>10</td><td></td></tr>
<tr><td colspan="2">总得分</td><td></td><td>考核等级</td><td colspan="2"></td></tr>
</table>

备注：考核满分为 100 分，60～69 分为及格；70～79 分为中等；80～89 分为良好；90 分及以上为优秀。

课后习题

【单选题】

1. 下列哪项不是 ZigBee 技术的特点？（　　）

A. 低功耗　　B. 安全性高

C. 数据传输快

2. 下列哪一个传感器不能用于环境监控？（　　）

A. 温湿传感器　　B. 水浸传感器

C. 粉尘探测器　　D. PM2.5 传感器

3. 下面对红外转发器的功能描述错误的是（　　）。

A. 可以用来控制电视、空调等传统家电

B. 红外转发器与所控制的电视、空调等设备之间不能隔墙

C. 不是使用红外遥控的家电设备也可以通过红外转发器进行遥控

4. 可以用来进行入侵探测的传感器是（　　）。

A. 烟雾传感器　　B. 红外线传感器

C. 光照度传感器

5. 电力猫的作用是（　　）。

A. 抓电老鼠

B. 通过电力线上网

C. 增强 WIA（工业无线网络）信号

6. 下列锁中最安全便利的锁是（　　）。

A. 传统的机械锁

B. 普通感应锁

C. 具备多种开锁方式、安全保险的智能门锁

7. 门禁卡的工作能源来自（　　）。

A. 磁场感应电流　　B. NFC（近场通信）

C. 磁条

8. 智能家居样板间使用的继电器类型有（　　）。

A. 电压型　　B. 节点型

C. 电压型和节点型

9. 智能家居样板间中的节点板供电是（　　）。

A. 5 V　　B. 12 V

C. 36 V　　D. 220 V

10. Smart Home 的中文是（　　）。

A. 智慧城市　　B. 智慧交通

C. 智能家居　　D. 智能教室

【多选题】

1. 智能家居有哪些特征？（　　）

A. 操作随意性　　B. 网络多样性
C. 设备互联性　　D. 系统可靠性

2. 智能家居相关技术有哪些？（　　）

A. 综合布线技术　　B. 网络通信技术
C. 安全防范技术　　D. 自动控制技术

3. 智能家居主要控制技术有哪些？（　　）

A. 总线技术　　B. 无线组网技术
C. 电力载波技术　　D. PID 控制技术

4. 智能家居的主要控制方式有哪些？（　　）

A. 本地控制　　B. 远程网络控制
C. 定时控制　　D. 一键情景控制

5. 智能家居是集（　　）为一体的高效、舒适、便利的居住环境。

A. 系统　　B. 结构
C. 服务　　D. 管理

6. 智能家居系统包含的子系统有哪些？（　　）

A. 家居布线系统　　B. 家庭网络系统
C. 控制管理系统　　D. 家庭安防系统

7. 智能家居有利于提升家居的（　　）。

A. 安全性　　B. 便利性
C. 舒适性　　D. 艺术性

8. 智能家居的技术特点有（　　）。

A. 灯光的照明位置　　B. 照度标准
C. 灯光照明的投射范围　　D. 色温的影响

9. 对照明灯具进行选择时，吸顶灯一般可用于（　　）。

A. 通过家庭网关及其系统软件建立智能家居平台系统
B. 统一的平台
C. 通过外部扩展模块实现与家电的互联
D. 嵌入式系统的应用

10. 智能家居系统的设计原则有（　　）。

A. 实用便利　　B. 标准性
C. 方便性　　D. 轻巧性

【判断题】

1. 通过智能红外转发器可以实现手机对家电的智能控制。（　　）
2. 在智能家居系统中，电视机是不可以通过手机来进行遥控的（　　）。
3. 节能灯的亮度是可以任意调节的。（　　）

4. 人体所能承受的安全电压是 50 V。(　　)

5. 在智能家居样板间中节点板的输入电压是 12 V。(　　)

6. 协调器与节点板的 PAN ID（个域网标识符）相同才可以组成一个网络。(　　)

7. 通过电力线载波通信技术可以实现电力线上网。(　　)

8. 将温湿度传感器与电动窗帘结合起来，可以实现窗帘的智能控制。(　　)

9. 无线网关是一种基于 ZigBee 协议的通信设备，可以将 ZigBee 无线网络连接到局域网或互联网中。(　　)

10. 一个 ZigBee 网络可以有多个 PAN ID。(　　)

【填空题】

1. 智能家居（Smart Home，Home Automation）系统是以住宅为平台，利用________、__________、__________、__________、____________将家居生活有关的设施集成，构建高效的住宅设施与家庭日程事务的管理系统。

2. 智能家居是一个智能化的______________，它本身又包括很多子系统，比如________、___________、_________、________、________、________、_________等。

3. 智能家居系统可以利用__________、__________、__________、__________等技术手段实现家居设施集成。

4. 智能家居：以住宅为平台，基于________，由________（智能家电、智能硬件、安防控制设备、家具等）、____________、__________构成的一个家居生态圈，实现________、_________、_________等功能，并通过_______、_______用户行为数据为用户提供个性化生活服务，使家居生活安全、舒适、节能、高效、便捷。

5. 智能家居________在智能家居系统中相当于人的大脑，所有的命令都要经过它来完成，有的产品把它做成一个盒子放在角落中，这样还需要一个平板电脑来控制；有的就是一个平板电脑，把它的功能集成到平板电脑里，这样应用起来就很方便，还节省成本。

6. 主机在样式上分为_________和___________两种。

7. ARM（处理器）芯片的 Linux 操作系统，具有_________、_________的智能家居控制系统的设计思路。

8. 智能家居中家庭背景音乐是由一个集中的音乐源或可汇入的音乐源经过__________，通过_________、_________和包含调音模块的___________连接到分区或房间，由各个音箱喇叭进行播放，实现背景音乐效果。

9. 控制端是通过互联网工作的，_________距离限制，只要有__________就可以。

10. ZigBee 有网状网的组网方式，__________结构没有盲区和死角。

【问答题】

1. 智能家居怎么体现它的智能？能实现什么功能？

2. 现在很多产品也是智能的，选智能家居是不是多余了?

3. 传统智能家居跟物联网智能家居有什么差异?

4. ZigBee 技术比其他技术好，有没有什么认证说明呢?

项目 2 智能家居照明系统

智能照明系统是利用先进的电磁调压及电子感应技术，对供电进行实时监控与跟踪，自动平滑地调节电路的电压和电流幅度，改善照明电路中不平衡负荷所带来的额外功耗，提高功率因数，降低灯具和线路的工作温度，达到优化供电目的的照明控制系统。

学习目标

【知识目标】

（1）掌握照明系统的基本原理。

（2）掌握传统无线、有线开关控制模块原理的认知。

（3）掌握智能开关控制模块原理的认知。

（4）掌握智能照明系统软件调试的方法和技巧。

（5）掌握智能照明移动终端客户端的调试方法。

【能力目标】

（1）掌握智能照明系统的硬件安装。

（2）掌握智能照明系统布线方法。

（3）掌握智能照明移动终端客户端的调试方法。

【素养目标】

（1）通过学习与实践，激发学生对智能家居系统的兴趣，加强接收新事物的能力。

（2）通过对 6S 管理标准[整理（SEIRI）、整顿（SEITON）、清扫（SEISO）、清洁（SEIKETSU）、素养（SHITSUKE）、安全（SAFETY）]和物联网行业标准的实践，培养学生的科学精神和态度

【思政目标】

了解智能家居行业先进任务的事迹，让学生树立和追求崇高理想，逐步形成正确的世界观、人生观、价值观，认同并自觉弘扬社会主义核心价值观。

知识准备

一、安全用电常识

违章用电常常可能造成人身伤亡、火灾、损坏仪器设备等严重事故。实验室使用电器较多，特别要注意安全用电。为了保障人身安全，一定要遵守实验室安全规则。

1. 防止触电

（1）不用潮湿的手接触电器；

（2）电源裸露部分应有绝缘装置（例如电线接头处应裹上绝缘胶布）；

（3）所有电器的金属外壳都应保护接地；

（4）实验时，应先连接好电路后才接通电源，实验结束时，先切断电源再拆线路；

（5）修理或安装电器时，应先切断电源；

（6）不能用试电笔去试高压电，使用高压电源应有专门的防护措施；

（7）如有人触电，应迅速切断电源，然后进行抢救。

2. 防止引起火灾

（1）使用的保险丝要与实验室允许的用电量相符；

（2）电线的安全通电量应大于用电功率；

（3）室内若有氢气、煤气等易燃易爆气体，应避免产生电火花，继电器工作和开关电闸时，易产生电火花，要特别小心，电器接触点（如电插头）接触不良时，应及时修理或更换；

（4）如遇电线起火，立即切断电源，用沙或二氧化碳、四氯化碳灭火器灭火，禁止用水或泡沫灭火器等导电液体灭火。

二、电源适配器

电源适配器是一种小型电子电器的供电变压器，又称外置电源，或者开关电源适配器等。电源适配器广泛应用于工业自动化控制、LED 照明、通讯设备、仪器仪表、空气净化器、电子冰箱、安防设备、数码产品类等领域。

电源适配器的工作原理：电源适配器是专门为小型电子电器供电的设备，其作用就是变压和整流，为电子电器提供工作需要的额定电压和电流。电源适配器一般由外壳、电源变压器、整流电路、 输入、输出接线端子等组成，按其电压输出类型分为交流输出型和直流输出型，按连接方式可分为墙装式和桌面式。图 2-0-1 是比较常见的几种电源适配器。

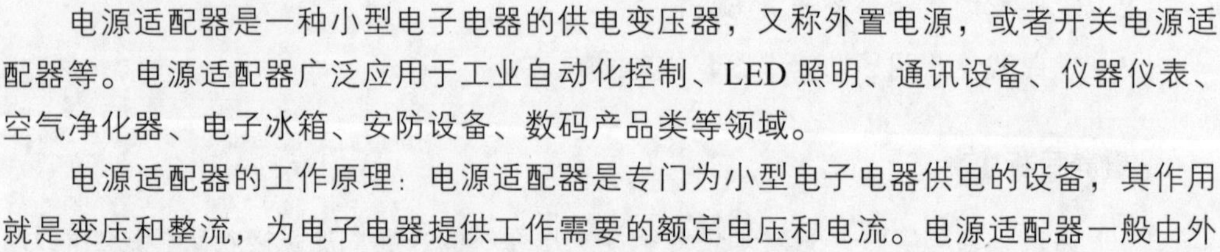

图 2-0-1　比较常见的几种电源适配器

任务 1　智能照明系统设备安装与布线

【任务导入】

任务描述：

小李毕业后，应聘某科技公司售后工程师岗位，面试时，售后技术主管要求小李现场展示智能照明系统的设备安装与布线。

任务目标：

（1）熟悉智能照明系统的基本原理和常用器材。

（2）掌握智能照明系统的硬件安装与布线。

（3）熟悉智能家居工程系统常用标准。

【任务分析】

设备安装与布线技术能力是售后技术岗人员重要的技能，要求从业人员能够对照系统原理图和说明书，按照工程标准完成设备的安装与布线。本任务主要学习智能照明系统的设备安装与布线。

智能灯光

1. 认知智能照明控制系统原理图

智能家居照明控制系统包括吸顶灯、吊灯、书桌灯、落地灯、床头灯。图 2-1-1、图 2-1-2 所示为智能家居照明控制系统原理图。其中，图 2-1-1 是以实物照片为图例设计的控制系统原理图，图 2-1-2 是按照《物联网智能家居 图形符号》（GB/T 34043—2017）规定的图形符号设计的控制系统原理图，为了方便快速学习和理解，在图中增加了产品名称。

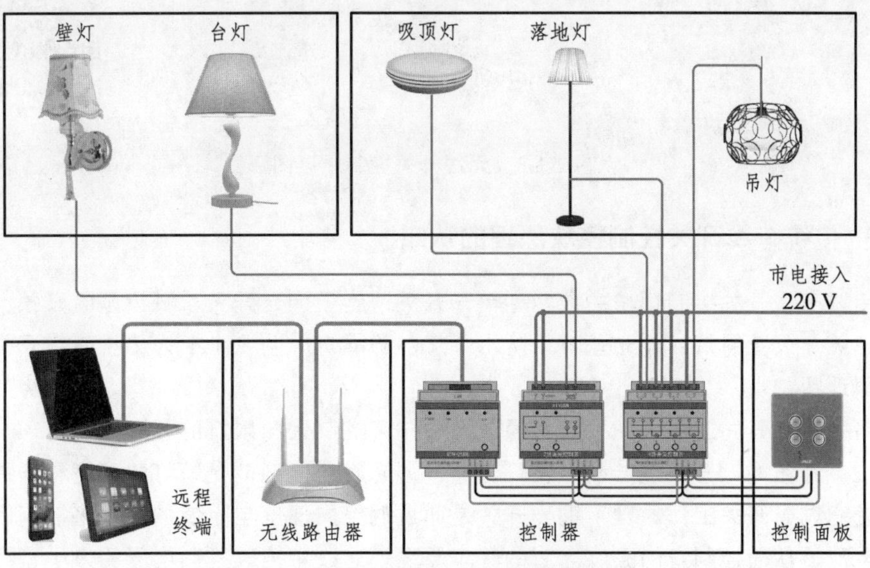

图 2-1-1　智能照明控制系统原理图

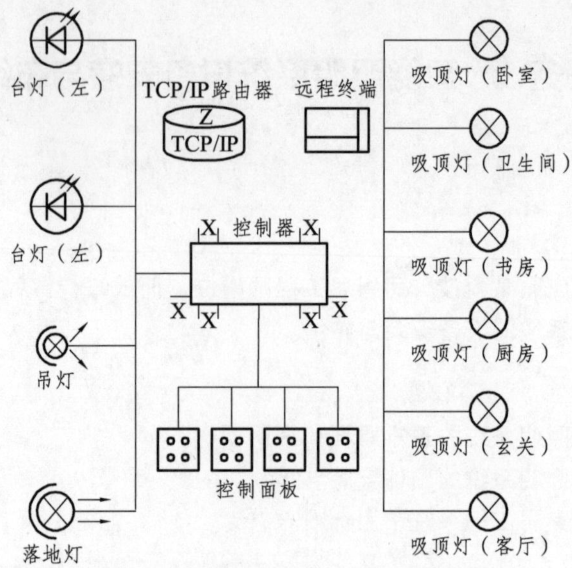

图 2-1-2　智能照明控制系统原理图

2. 无线开关控制模块原理图的认知

无线开关控制模块主要包括发射器、执行器和灯箱照明灯。

执行器的输入端接入 220 V 市电，输出端接入灯箱照明灯，通电后按下执行器的配对按键约 1 s，配对指示灯闪烁表示设备处于配对状态，此时快速按下发射器对应按键，配对指示灯快速闪烁 4 次，配对成功，配对完成后，可通过发射器发出的射频信号控制灯具的开和关。图 2-1-3 为无线开关控制模块原理图。

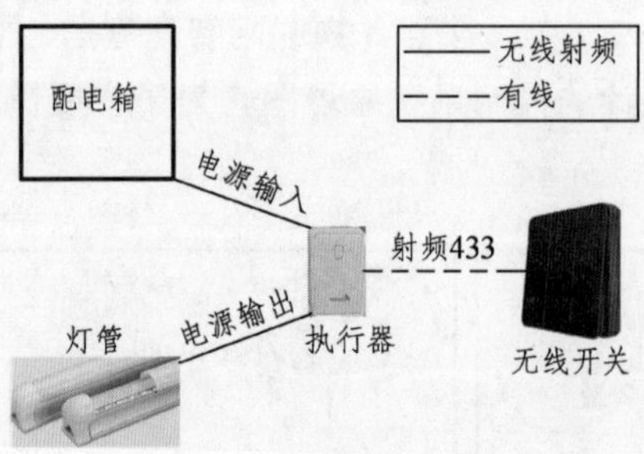

射频识别技术

图 2-1-3　无线开关控制原理图

3. 传统有线开关控制模块原理的认知

传统有线开关控制模块主要包括单开开关、旋钮调光开关、触摸延时开关、声光控制开关、天花射灯、调光壁灯、防水壁灯、防雾灯。图 2-1-4 为传统有线开关控制模块原理图。

（1）单开开关连接天花射灯，通过开关按键控制天花射灯的开和关。

（2）旋钮调光开关连接调光壁灯，通过调光旋钮控制调光壁灯的亮度和开关。

旋钮调光开关工作原理：调光开关是通过调整内部电阻阻值的大小来控制通过负载的电流，从而控制灯的亮度。它的基本原理是通过可控硅控制电压的大小，经手动调节电位器改变可控硅的导通程度，使流经负载的电流发生变化。

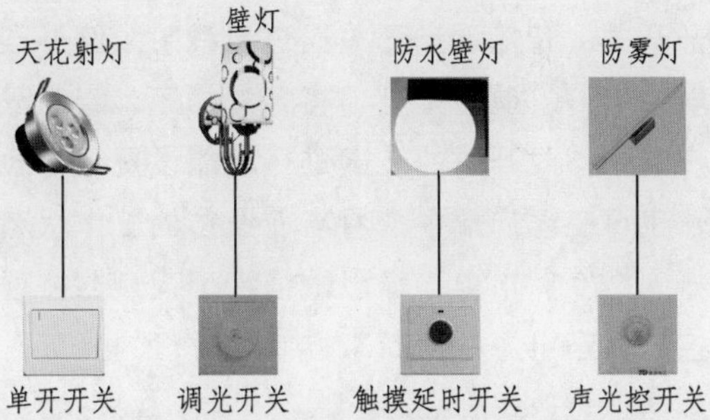

图 2-1-4　有线开关控制原理图

（3）触摸延时开关连接防水壁灯，通过触摸该开关的触摸感应区，点亮防水壁灯，延时 1 min 后开关自动断电，防水壁灯熄灭。

触摸延时开关工作原理：触摸延时开关的按钮内有一个金属感应片，人触摸按钮后就产生一个电流信号触发三极管导通，对内部电容充电，电容形成一个电压使灯泡发光，当手撤离后，即停止对电容充电，电容将储存的电能放完后，灯泡熄灭。

（4）声光控制开关连接防雾灯，通过声音和光照强度控制所接灯具，当光照的强度低于设定光照值，且环境的噪声超过设定值时，开关开启，防雾灯点亮，延时 1 min 后会自动断开，防雾灯熄灭。

声光控制开关工作原理：声光控制开关主要由声控开关、光控开关、延时电路三部分组成。声控开关是通过驻极体话筒采集声音，并产生脉冲信号。光控开关是由光敏电阻控制，光敏电阻在有光和无光的状态下产生电阻差，利用阻值差产生高低电平，通过逻辑器件控制电路。延时电路是由电阻和电容组成的充电电路，通过电容的充电和放电来实现延时功能。

4. 智能开关控制模块原理的认知

智能开关控制模块主要包括智能遥控主机、无线路由器、智能手机、智能插座、智能双开开关、智能调光开关、小夜灯、轨道射灯、调光壁灯。图 2-1-5 所示为智能开关控制模块的原理图。

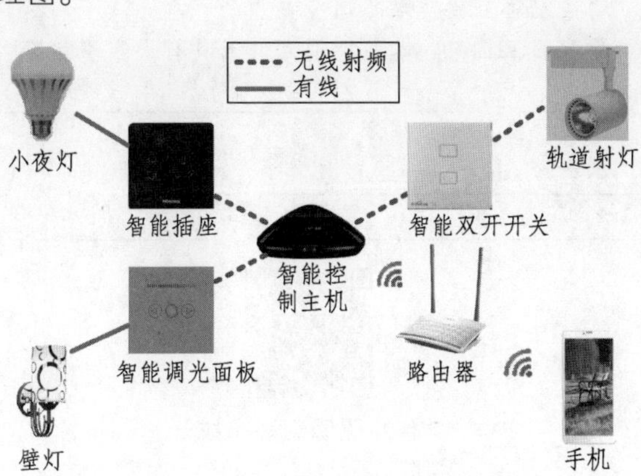

图 2-1-5　智能开关控制原理图

利用无线路由器为整个控制系统搭建网络环境，并作为连接智能遥控主机和移动终端的媒介。智能双开开关、智能调光开关通过无线射频信号连接到智能遥控主机，通过电源线分别连接轨道射灯、调光壁灯，将智能插座、智能双开开关、智能调光开关添加到移动终端客户端中，对开关的按键进行功能设置，可通过移动终端远程控制轨道射灯和调光壁灯，也可在客户端中查看当前设备的工作状态。

智能插座输入端接入 220 V 市电，输出端插接小夜灯，将智能插座添加到移动终端客户端中，可通过控制插座电源的通断来控制小夜灯的亮灭，也可在客户端中查看智能插座的工作状态。

5. 熟悉智能家居照明系统常用器材

详见《工程技术索引手册》“5 智能家居系统工程常用器材”。

6. 熟悉智能家居常用工程标准

详见《工程技术索引手册》“6 智能家居系统工程常用标准”。

【任务实施】

任务实施见表 2-1-1。

表 2-1-1 任务实施

操作步骤	操作内容	注意事项
	操作前	
1. 评估与沟通		
（1）评估	• 评估环境：按照 6S 标准之整理标准（SEIRI），进行清洁、安全、适合操作。 • 评估设备：设备的完整性和状态，以及工具、辅料、耗材情况	
（2）沟通	• 明确客户需求、确认任务目标要求	
2. 准备		
（1）环境准备	• 按照 6S 标准之整顿标准（SEITON），进行环境准备。	
（2）物品准备	• 智能家居工程技术实训装置。 • 物联网工具箱。本实训用到的工具有十字螺丝刀、一字螺丝刀	
（3）人员准备	• 了解智能家居系统。 • 熟悉 Visio、AutoCAD 软件	
	操作中	
1. 智能照明系统设备安装与布线	智慧照明安装布线	
第一步：将器材分别安装到设计位置	• 教师指定或学生自主选择 3～4 个器材进行安装。以下为部分器材，图 2-1-6 为路由器，图 2-1-7 为智能遥控主机，图 2-1-8 为旋钮调光开关，图 2-1-9 为天花射灯	

续表

操作步骤	操作内容	注意事项
第一步：将器材分别安装到设计位置	 图 2-1-6　路由器  图 2-1-7　智能遥控主机  图 2-1-8　旋钮调光开关  图 2-1-9　天花射灯	操作中要求学生遵循 6S 管理标准之素养标准（SHITSUKE）和安全标准（SAFETY）。
第二步：电源接线与布线	• 鉴于电源接线与布线需要持证电工操作，智能照明系统实训装置已将全部电源线接好并且布线，图 2-1-10 为智能照明系统布线图。 • 实训时，教师首先详细介绍电源线的布线路由、线缆规格，然后指导学生安装开关面板，或者将应急灯插头直接插到电源插座上，实现给设备供电	按照常用施工标准布线
第三步：系统通电	• 系统通电前，教师认真仔细检查全部设备，要求安装正常，线缆中间接头处处理妥当，线缆端头可靠连接，确认无误后再给系统通电	
操作后		
1. 环境整理	• 按照 6S 标准之清扫标准（SEISO）、清洁标准（SEIKETSU）和安全标准（SAFETY），做如下环境整理工作： • 整理仪器、设备、工具。 • 清洁工位。 • 关闭电源。 • 打扫实训场所	
2. 实训报告	• 按照 6S 标准之素养标准（SHITSUKE）和安全标准（SAFETY），做如下报告整理工作： • 描述安装器材的方法和实际操作感受。 • 根据提供的线标绘制布线图。 • 总结布线方法	

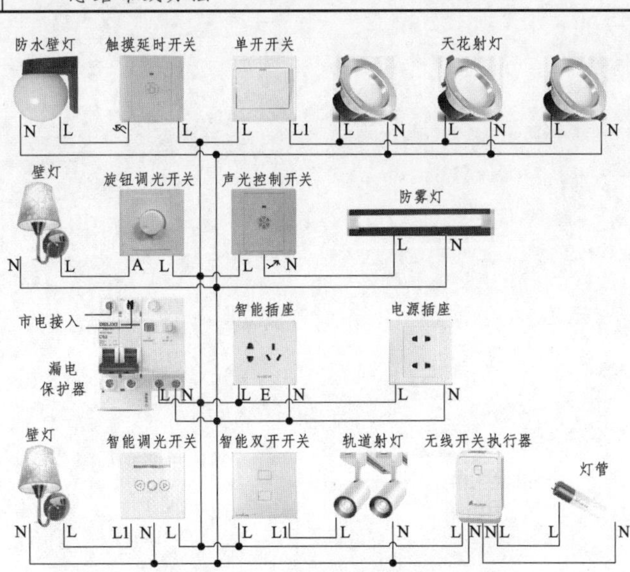

图 2-1-10　智慧照明系统布线图

【任务评价】

任务评价见表 2-1-2。

表 2-1-2　任务评价

<table>
<tr><th>序号</th><th>任务描述</th><th colspan="2">评分标准</th><th>分值</th><th>得分</th></tr>
<tr><td rowspan="4">任务 1</td><td rowspan="4">智能照明系统设备安装与布线</td><td colspan="2">1. 将器材分别安装到设计位置 20 分，每错一处扣 2 分，扣完为止</td><td>20</td><td></td></tr>
<tr><td colspan="2">2. 电源接线与布线 50 分，接线每错一处扣 5 分，不按标准接线每错一处扣 5 分，扣完为止</td><td>50</td><td></td></tr>
<tr><td colspan="2">3. 系统通电 20 分，线头未处理，每处扣 5 分，线缆端头可靠连接性差，每处扣 5 分，扣完为止</td><td>20</td><td></td></tr>
<tr><td colspan="2">4. 根据提供的线标绘制布线图 10 分，每错一处扣 2 分，扣完为止</td><td>10</td><td></td></tr>
<tr><td colspan="2">总得分</td><td></td><td>考核等级</td><td colspan="2"></td></tr>
</table>

备注：考核满分为 100 分，60～69 分为及格；70～79 分为中等；80～89 分为良好；90 分及以上为优秀。

任务 2　智能照明系统软件调试

【任务导入】

任务描述：

小李毕业后，应聘某科技公司售后工程师岗位，面试时，售后技术主管要求小李现场展示智能照明系统软件的调试。

任务目标：

掌握智能照明移动终端客户端的调试方法。

【任务分析】

应用系统软件调试能力是售后技术岗人员重要的技能，要求从业人员能够对照说明书，完成应用系统软件的调试。本任务主要学习智能照明系统移动端客户端软件的调试方法。

【任务实施】

任务实施见表 2-2-1。

表 2-2-1　任务实施

操作步骤	操作内容	注意事项
	操作前	
1. 评估与沟通		
（1）评估	• 评估环境：按照 6S 标准之整理标准（SEIRI），进行清洁、安全、适合操作。 • 评估设备：设备的完整性和状态，以及工具、辅料、耗材情况	
（2）沟通	• 明确客户需求、确认任务目标要求	
2. 准备		
（1）环境准备	• 按照 6S 标准之整顿标准（SEITON），进行环境准备。	
（2）物品准备	• 智能家居工程技术实训装置	
（3）人员准备	• 了解智能家居系统。 • 熟悉电脑、智能终端的使用	
	操作中	
1. 智能照明设备添加说明	采用“智慧星”App 进行说明，各个厂商软件操作略有不同，熟悉一两个平台软件后，再学习其他平台软件	
第一步：添加智能遥控主机	• 连接 Wi-Fi，打开下载好的客户端，点击图 2-2-1 所示页面上的【添加设备】，出现如图 2-2-2 所示的界面，点击【智能遥控】，出现如图 2-2-3 所示的界面，选择当前所用的遥控主机，如图 2-2-4 所示，点击【下一步】，当配置进度显示为 100%，配置完成	

续表

<table>
<tr><th>操作步骤</th><th>操作内容</th><th>注意事项</th></tr>
<tr><td>第一步：添加智能遥控主机</td><td>

图 2-2-1　主页面

图 2-2-2　添加设备

图 2-2-3　智能遥控选择

图 2-2-4　添加智能遥控
</td><td></td></tr>
<tr><td>第二步：添加插座</td><td>
• 在添加设备界面选择插座类型，出现如图 2-2-5 所示的界面，选择完成后进行插座添加，根据手机端软件界面操作提示，按照步骤操作即可完成添加

图 2-2-5　选择插座

图 2-2-6　选择开关
</td><td></td></tr>
</table>

续表

操作步骤	操作内容	注意事项
第三步：添加智能开关	• 在添加设备界面选择开关类型，出现如图 2-2-6 所示的界面，选择完成后进行开关添加，根据手机端软件界面操作提示，按照步骤操作即可完成添加	
第四步：添加场景	• 点击 App 主页面下部【场景】图标，出现如图 2-2-7 所示的界面，点击“+”图标，可进行各类场景的添加，如图 2-2-8 所示  图 2-2-7　添加场景  图 2-2-8　自定义场景	
2. 智能调光开关操作说明		
第一步：遥控器对码	• 按下智能调光面板的两个调光键约 3 s，待背景灯闪烁时，按下遥控器上的【ON/OFF】按钮对码“开”和“关”，触摸调光面板【▸】，随后按下遥控器上的【▸】键，对码调大亮度，触摸调光面板【◂】，随后按下遥控器上的【◂】键，对码调低亮度，至此，对码完成	
第二步：添加遥控器	• 在图 2-2-9 所示的界面中点击智能控制主机的图标，出现如图 2-2-10 所示的界面，选择“灯”，弹出如图 2-2-11 所示的界面，选择灯的品牌，在这里选择“找不到我的品牌，立即学习遥控器”，出现如图 2-2-12 所示的界面，编辑灯的名称，此处编辑的名称为“调光灯”，编辑完成后点击【完成】 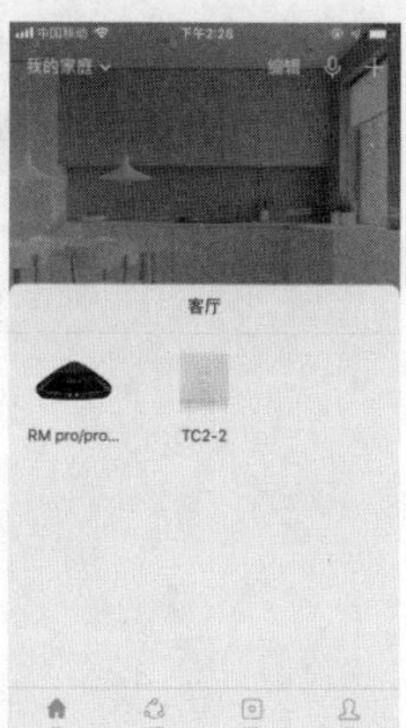 图 2-2-9　添加遥控器  图 2-2-10　选择“灯”	

续表

操作步骤	操作内容	注意事项
第二步：添加遥控器	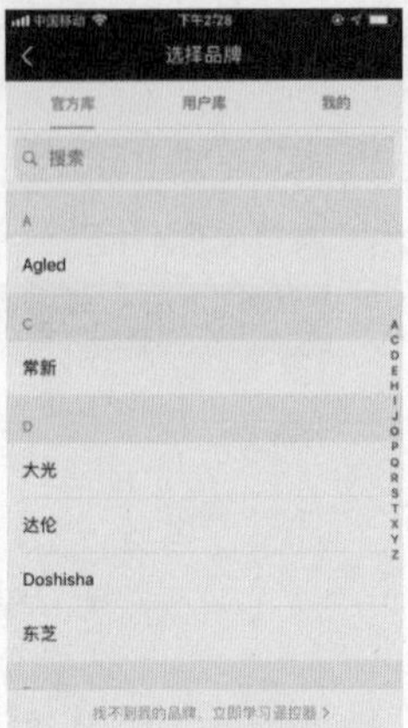 图 2-2-11　选择品牌 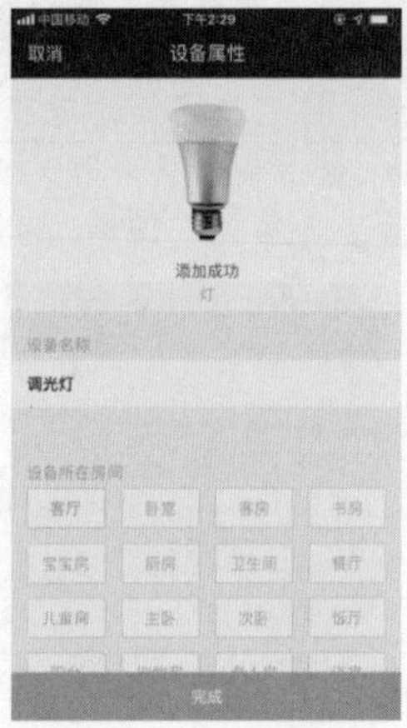 图 2-2-12　编辑名称	
第三步：按键功能设置	• 在图 2-2-13 中选择要设置功能的按键，例如设置【开】按键功能：点击【开】，出现如图 2-2-14 所示的界面，选择“射频遥控”，出现如图 2-2-15 所示的界面，进行遥控器匹配，将遥控器对准智能遥控主机并按住【ON/OFF】按钮，等待智能遥控主机接收遥控信号，接收完毕即学习成功，如图 2-2-16 所示  图 2-2-13　选择按键 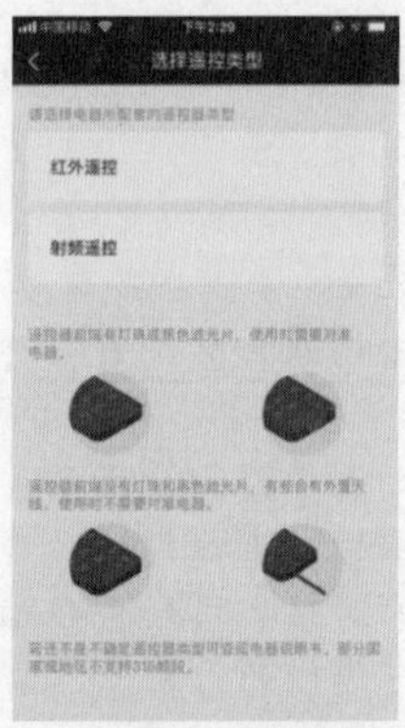 图 2-2-14　选择遥控  图 2-2-15　匹配遥控器  图 2-2-16　按键学习成功	

续表

操作步骤	操作内容	注意事项
第四步	• 参考第三步的操作步骤完成【关】、【调亮】、【调暗】三个按键的设置，设置完成后，可通过智能手机来控制调光灯的开关和亮度调节	
3. 智能照明设备操作说明	• 点击图 2-2-17 所示页面上的插座图标，出现如图 2-2-18 所示的界面，点击图中的模拟开关按键，可控制插座的电源通断，当关闭插座时，按钮显示“OFF”，当打开插座时，按钮显示“ON”。   图 2-2-17　设备显示页面　　图 2-2-18　插座控制 • 点击图 2-2-17 所示页面上的开关图标，出现如图 2-2-19 所示的界面，点击图中的模拟开关按键，不仅支持单路单独开关操作，也支持双路同时开关操作 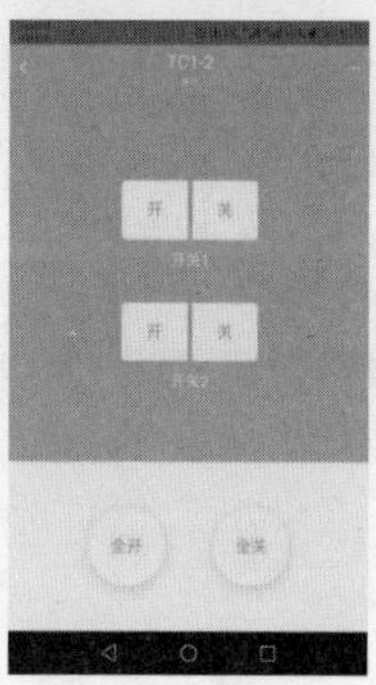 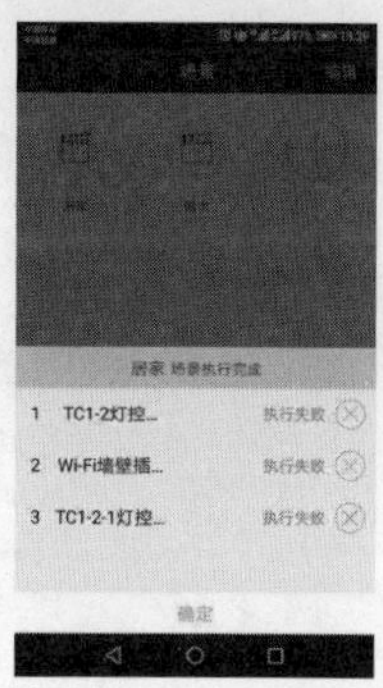 图 2-2-19　开关控制　　图 2-2-20　场景控制	
操作后		
1. 环境整理	• 按照 6S 标准之清扫标准（SEISO）、清洁标准（SEIKETSU）和安全标准（SAFETY），做如下环境整理工作： • 整理仪器、设备、工具。 • 清洁工位。 • 关闭电源。 • 打扫实训场所	
2. 实训报告	• 按照 6S 标准之素养标准（SHITSUKE）和安全标准（SAFETY），做如下报告整理工作： • 给出添加智能双开开关、智能插座、智能遥控主机开关的操作步骤。 • 给出遥控器对码、添加遥控器、遥控按键功能设置的操作步骤。 • 独立添加 2 组场景模式并切换场景	

【任务评价】

任务评价见表 2-2-2。

表 2-2-2　任务评价

序号	任务描述	评分标准		分值	得分
任务 2	智能照明系统软件调试	1. 智能照明设备添加 40 分：添加主机、添加插座、添加智能手机、添加场景，每错一处扣 10 分，扣完为止		40	
		2. 智能调光开关 30 分：遥控器对码、添加遥控器、按键功能设置、添加“关”“调亮”“调暗”3 个按钮，每错一处扣 5 分，扣完为止		30	
		3. 照明设备操作 30 分：每错一处扣 10 分，扣完为止		30	
总得分			考核等级		

备注：考核满分为 100 分，60～69 分为及格；70～79 分为中等；80～89 分为良好；90 分及以上为优秀。

课后习题

【单选题】

1. 智能照明控制系统中无线控制型采用了 ZigBee 技术，那么 ZigBee 的基础协议是（　　）。

A. IEEE 802.15.4　　B. IEEE 811.15

C. IEEE 802.11.a　　D. IEEE 802.15.3a

2. 智能照明控制系统中无线控制型采用了 ZigBee 技术，那么 ZigBee 的特点是（　　）。

A. 低复杂度、低功耗、低速率、低成本、自组网、高可靠

B. 高复杂度、低功耗、低速率、低成本、自组网、高可靠

C. 低复杂度、高功耗、低速率、低成本、自组网、高可靠

D. 低复杂度、高功耗、高速率、高成本、自组网、高可靠

3. 选择照明灯具时，直接安装在天花板上的固定式灯具是（　　）。

A. 吸顶灯　　B. 吊灯

C. 嵌入式灯　　D. 壁灯

4. 选择照明灯具时，有聚光型和散光型两种类别的灯具是（　　）。

A. 吸顶灯　　B. 吊灯

C. 嵌入式灯　　D. 壁灯

5. 智能照明系统中，照明以明亮、实用、美观为主的应处于（　　）。

A. 客厅　　B. 卧室

C. 书房　　D. 厨房

6. 智能照明系统中，照明光线以柔和为主，避免炫光和杂散光的应处于（　　）。

A. 客厅　　B. 卧室

C. 书房　　D. 厨房

7. 智能照明控制系统中无线控制型可采用 Wi-Fi 技术，那么关于 Wi-Fi 的说法，以下正确的是（　　）。

A. Wi-Fi 是一种可以将笔记本电脑、手机、平板电脑等终端以无线方式连接的技术

B. 严格意义上来讲，Wi-Fi 就是我们常说的 WLAN

C. Wi-Fi 就是中国移动提供的无线网络服务

D. 所有的智能手机都具有 Wi-Fi 功能

8. 智能照明控制系统中无线控制型可采用 Wi-Fi 技术，那么 Wi-Fi 的基本协议基础是（　　）。

A. IEEE 802.15.4　　B. IEEE 811.15

C. IEEE 802.11　　D. IEEE 802.15.3a

9. 智能照明控制系统中无线控制型可采用蓝牙技术，那么以下哪项不是蓝牙技术的优势？(　　)

A. 全球可用　　B. 局域网协议

C. 自组织和自愈功能　　D. 通用规格

【多选题】

1. 智能家居照明系统功能设计要求包括(　　)。

A. 集中控制　　B. 开关缓冲

C. 感应控制　　D. 明暗调节

2. 照明控制系统的基本类型包括(　　)。

A. 点(等)控制型　　B. 区域控制型

C. 网络控制型　　D. 节能控制型

3. 选择光源应当遵循的原则主要有(　　)。

A. 光效高　　B. 寿命长

C. 节约电源　　D. 光效低

4. 智能照明控制系统的特殊意义包含(　　)。

A. 节约能源　　B. 减少维护费用

C. 提高工作效率和生活质量　　D. 延长灯具寿命

5. 智能照明系统控制主要有(　　)方式。

A. 无线控制　　B. 有线控制

C. 语音控制　　D. 可以与其他系统联动控制

【判断题】

1. 智能照明控制系统不仅可以改变对光环境的控制，还把传感、组网、通信、云计算和物联网等多种技术与平台融合在一起组成一个多元化系统。(　　)

2. 智能家居照明控制系统设计时可以通过红外遥控和无线遥控实现全宅灯光的控制。(　　)

3. 智能家居照明控制系统设计不可以实现定时功能。(　　)

4. 传统照明控制利用设置在灯具配电回路中的开关或手动旋钮来控制配电回路的通断和灯光的明暗调节。(　　)

5. 智能照明系统可以和其他系统联动控制，如监控报警系统、车库刷卡系统等。(　　)

6. 智能照明控制系统可以联网，利用一些控制手段进行综合控制或与楼宇智能控制系统联网。(　　)

7. 智能照明系统可通过声、光、热、人以及动物的移动检测达到对灯光的控制。(　　)

8. 无线控制型智能照明系统必须前装。(　　)

9. 有线控制型智能照明系统一般采用双绞线进行传输。(　　)

10. 无线控制型智能照明主要通过无线通信协议进行信息交互。(　　)

【填空题】

1. 智能照明系统设计时要遵循两条原则，一个是________________，另一个是__________________。

2. 智能照明控制系统的优势有________、________、________、________、________。

3. 影响照明质量的因素主要有________、________。

4. 照明方式是照明设备按照其安装部位或使用功能而构成的基本制式。它分为________、________、________、________。

5. 光源的选择角度有________、________、________。

【问答题】

1. 什么是智能照明控制系统？它由哪几部分组成？

2. 情景控制面板有何作用？

3. 家庭照明设计有哪些基本要求？

项目 3　智能家居安防监控系统

近几年，信息技术的发展和人们居住环境的改善，促使人们对家庭安全防范的意识空前强化。实际上，家庭安防有两重含义：一是指保障生命安全，二是指财产防盗。家庭安防监控系统是由人力防范、物理防范（也称为实体防范）、技术防范三个方面组成的综合防范体系。家庭监控系统是家庭技术防范的一种，利用网络技术将安装在家内的视频、音频、报警等监控系统连接起来，通过中控计算机的处理将有用信息保存并发送到其他数据终端，如手机、笔记本电脑、110 报警中心、液晶屏、监视器等。

学习目标

【知识目标】

（1）掌握智能家居安防监控系统的基本概念

（2）掌握智能家居报警系统的硬件安装与软件调试。

（3）掌握智能家居视频监控系统的硬件安装与软件调试。

（4）掌握智能家居门禁系统的硬件安装与软件调试。

（5）熟悉智能家居系统的线缆敷设要求与安装方法。

（6）熟悉智能家居工程常用标准。

【能力目标】

（1）掌握智能家居报警系统的硬件安装与布线。

（2）掌握智能家居监控系统的硬件安装与布线。

（3）掌握智能家居门禁系统的硬件安装与布线。

（4）掌握智能家居可视对讲系统的硬件安装与布线。

（5）掌握智能门锁的安装。

【素养目标】

（1）树立学习与实践，激发学生对智能家居安防监控系统的的学习兴趣，加强接受新事物的能力

（2）通过对 6S 管理标准[整理（SEIRI）、整顿（SEITON）、清扫（SEISO）、清洁（SEIKETSU）、素养（SHITSUKE）、安全（SAFETY）]和物联网行业标准的实践，培养学生的科学精神和态度。

【思政目标】

树立理论联系实际、爱国、自信、进取的精神，培养族自豪感、辩证思维、逻辑分析能力。

知识准备

一、常见电工工具

1. 剥线钳

剥线钳是电工常用工具之一，可用于剥除电线表面部分绝缘层，以及可以剪断电线需要剪掉的地方。

2. 测电笔

测电笔又称验电笔，只有在确定没有电的情况下才能进行操作，这也是电力安全的最基本要求。它能检查低压线路和电气设备外壳是否带电。为便于携带，测电笔通常做成笔状，前段是金属探头，内部依次装安全电阻、氖管和弹簧。弹簧与笔尾的金属体相接触。使用时，手应与笔尾的金属体相接触。测电笔的测电压范围为 60 ~ 500 V（严禁测高压电）。使用前，务必先在正常电源上验证氖管能否正常发光，以确认测电笔验电可靠。由于氖管发光微弱，在明亮的光线下测试时，应当避光检测。

3. 螺丝刀

最常用的电工工具，由刀头和柄组成。刀头形状有一字形和十字形两种，分别用于旋动头部为横槽或十字形槽的螺钉。使用时，手紧握柄，用力顶住，使刀紧压在螺钉上，以顺时针的方向旋转为拧紧，逆时针为拧松。

4. 尖嘴钳

用于夹捏工件或导线，特别适宜于狭小的工作区域。规格有 130、160、180 mm 的三种。手柄处带有绝缘导管，以防止触电。

5. 万用表

万用表是一种带有整流器的、可以测量交、直流电流、电压及电阻等多种电学参量的磁电式仪表。通过选择开关的变换，可方便地对多种电学参量进行测量。

二、路由器基础知识

1. Wi-Fi

IEEE 802.11b/g/n 无线协议、最高无线速率 450Mbps、3 × 3 MIMO、WMM：基于优先级的数据处理和转发软件功能。

2. 以太网端口

4 个 10/100Mbps 速率自适应 LAN 口，1 个 10/100Mbps 速率自适应 WAN 口。

3. 天线类型

外置全向天线：3 根 2.4G 天线。

4. 软件功能

无线桥接、信号调节、终端管理、IP 与 MAC 地址绑定、AP 隔离、虚拟服务器、动态域名服务（DDNS）、DMZ 主机、自动清理、无线定时开关、本地在线/本地固件/远程升级。

5. 管　理

一般为路由器背面（管理页面/管理地址）:tplogin.cn/192.168.7.1。这里以 TP-LINK 路由器为例，如图 3-0-1 所示。

图 3-0-1　TP-LINK 路由器背面

6. 电　源

直流供电，原装配置 9 V/0.6 A 电源适配器。

三、路由器的配置方法

（1）连接 Wi-Fi（首次连接 Wi-Fi 为无密码），如图 3-0-2 所示。

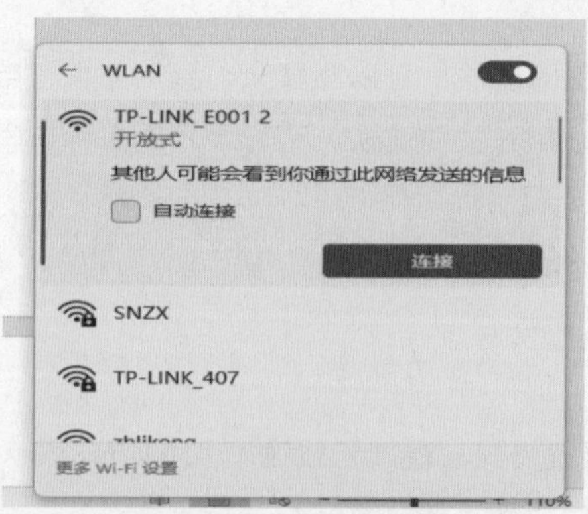

图 3-0-2　连接 Wi-Fi

（2）连接后会自动跳转到初始配置界面，如图 3-0-3 所示。

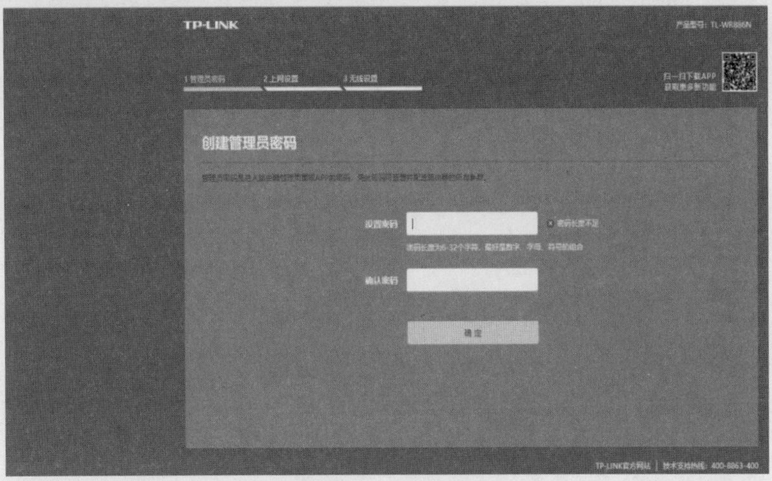

图 3-0-3　初始界面

① 创建管理员密码（就是管理这个路由器的密码，并不是 WiFi 密码）这里我们设置一个方便记忆的：snzxK404。

② 上网设置（有三种分别为宽带拨号、固定 IP、自动获得 IP 地址）这里我们所使用的是固定 IP 上网需要设置：IP 地址 192.168.8.10 子网掩码一般为 255.255.255.0。

③ 网关 192.168.8.1 首选 DNS 服务器（这里我们使用成都电信的 DNS）：61.139.2.69。

④ 备用 DNS 服务器（一般可以不用）这是设置的是 114.114.114.114，如图 3-0-4 所示。

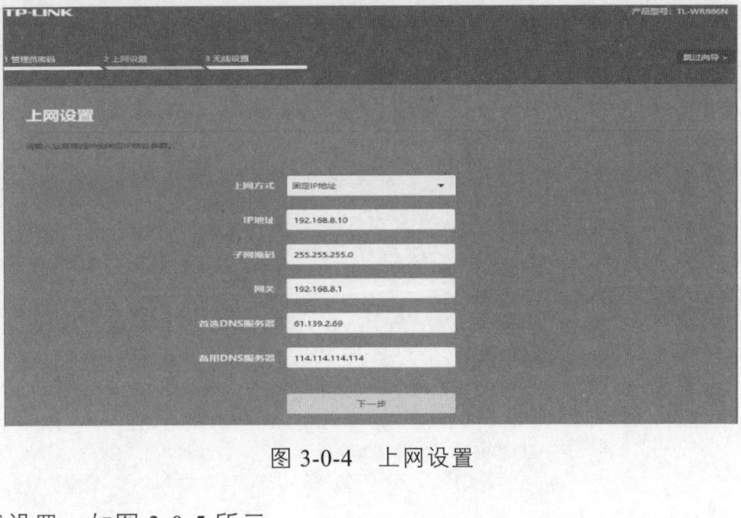

图 3-0-4　上网设置

（3）无线设置，如图 3-0-5 所示。

无线名称：TP-LINK_K404。

无线密码：snzxK404K。

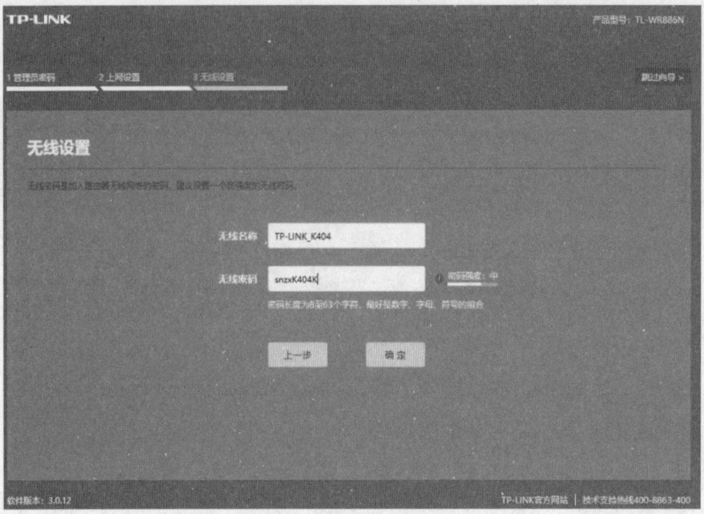

图 3-0-5　无线设置

路由器基本配置到这里就配置完成了。

我们还可以进入管理页面更改参数以及管理 IP 地址，如图 3-0-6 所示。

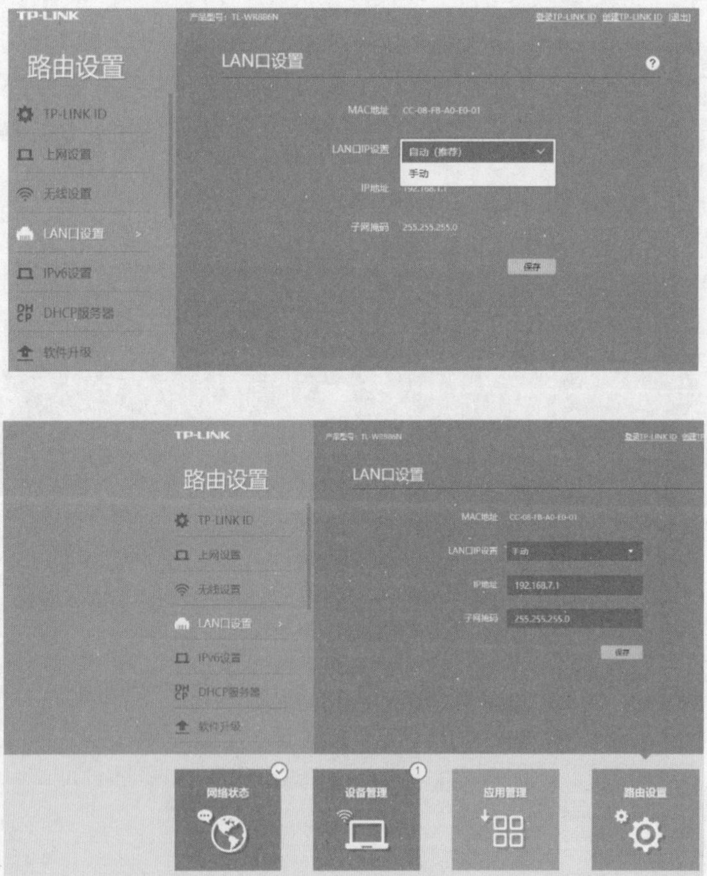

图 3-0-6　更改参数以及管理 IP 地址

任务 1　智能家居报警系统的安装与调试

【任务导入】

任务描述：

小李毕业后，应聘某科技公司售后工程师岗位，面试时，售后技术主管要求小李现场展示智能监控系统的安装与调试。

任务目标：

（1）理解智能家居报警系统的基本概念。

（2）掌握智能家居报警系统的硬件安装与布线。

（3）熟悉智能家居线缆敷设要求、安装方法和常用标准。

【任务分析】

设备安装与调试能力是售后技术岗人员的重要技能，要求从业人员能够对照系统原理图和说明书，按照工程标准完成设备的安装与布线。本任务主要学习智能家居报警系统的安装与调试。

传感器与报警器联动

1. 智能家居入侵报警系统

智能家居入侵报警系统包括报警主机、控制键盘、红外对射探测器、红外探测器、烟感探测器、栅栏式红外探测器、可燃气体探测器等。图 3-1-1、图 3-1-2 所示为智能家居报警系统原理图。其中，图 3-1-1 是以实物照片为图例设计的系统原理图，图 3-1-2 是按照《物联网智能家居 图形符号》（GB/T 34043—2017）中规定的图形符号设计的系统原理图，为了方便快速学习和理解，我们在图中增加了产品名称。图 3-1-3 所示为报警主机接线图。

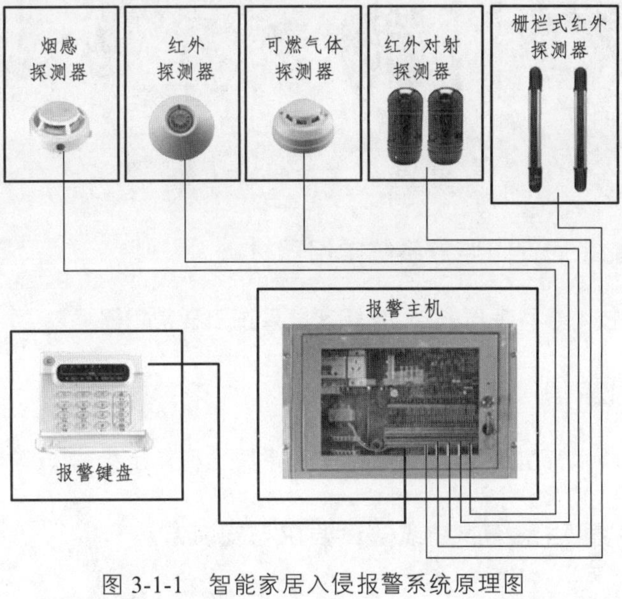

图 3-1-1　智能家居入侵报警系统原理图

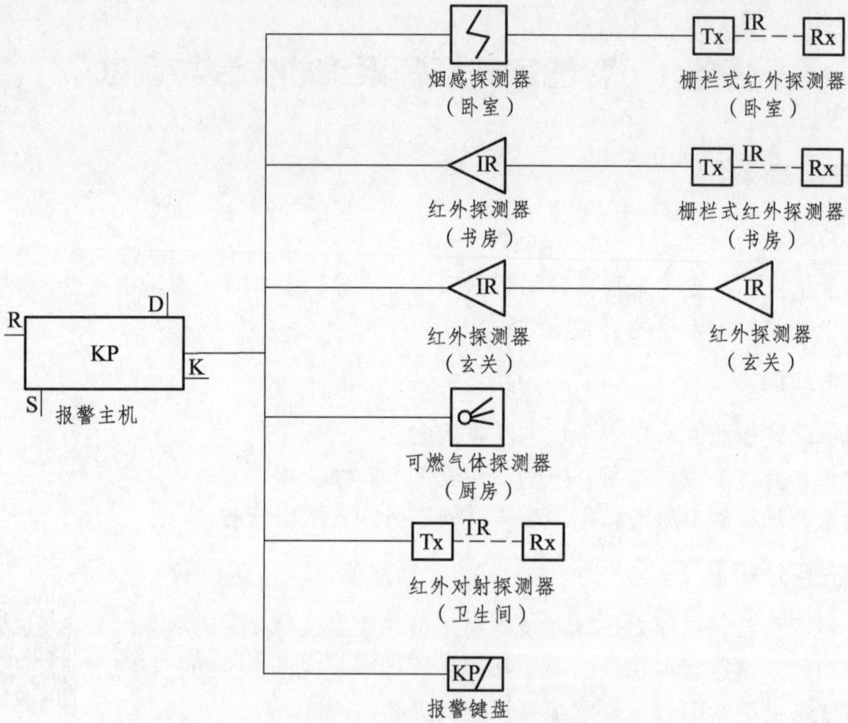

图 3-1-2　智能家居入侵报警系统原理图

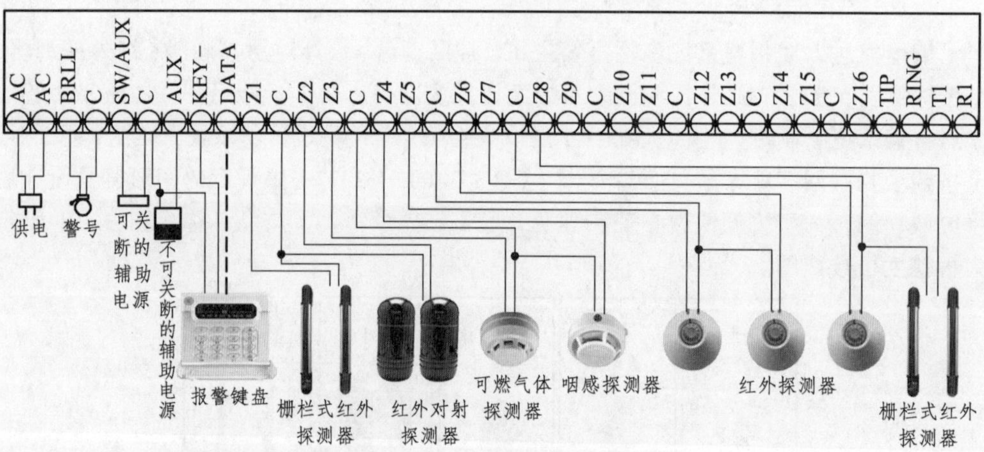

图 3-1-3　报警主机接线图

2. 熟悉智能家居安防监控系统常用器材

详见《工程技术索引手册》“5 智能家居系统工程常用器材”。

3. 熟悉智能家居常用工程标准

详见《工程技术索引手册》“6 智能家居系统工程常用标准”。

4. 熟悉智能家居系统的线缆敷设要求与安装方法

详见《工程技术索引手册》“16 智能家居系统的线缆敷设要求与安装方法”。

【任务实施】

任务实施见表 3-1-1。

表 3-1-1　任务实施

操作步骤	操作内容	注意事项
	操作前	
1. 评估与沟通		
（1）评估	• 评估环境：按照 6S 标准之整顿标准（SEITON），进行清洁、安全、适合操作。 • 评估设备：设备的完整性和状态，以及工具、辅料、耗材情况。	
（2）沟通	• 明确客户需求、确认任务目标要求。	
2. 准备		
（1）环境准备	• 按照 6S 标准之整顿标准（SEITON），进行环境准备。	
（2）物品准备	• 智能家居工程技术实训装置。 • 智能化系统工具箱。本实训中用到的工具主要包括电烙铁、带焊锡盒的烙铁架、焊锡丝。 • 物联网工具箱。本实训中用到的工具主要包括数字万用表、多功能剥线钳、斜口钳、十字螺丝刀、十字头微型螺丝刀、一字头微型螺丝刀。 • 材料：RV0.5 红、蓝、黄、绿线各 1 卷。	
（3）人员准备	• 了解智能家居系统。 • 熟悉 Visio、AutoCAD 软件。 • 熟练使用工具。	
	操作中	
1. 智能家居报警系统安装与调试		操作中要求学生遵循 6S 管理标准之素养标准（SHITSUKE）和安全标准（SAFETY）
第一步：将报警探测设备分别安装到设计位置	• 教师指定或学生自主选择 1~2 台报警探测设备，进行设备安装实训。对于红外对射和栅栏式报警探测器，学生需掌握外壳的拆装和底座的固定方式，对于吸顶安装的报警探测器，学生需要掌握底座的固定方式。	
第二步：布线	• 报警探测设备需要连接电源线和信号线，因此在布线时，要注意单独布线。 • 在布信号线时，应注意与电源线保持距离，避免电流造成的信号干扰，一般采用钢管进行穿线布线。 • 实训时，教师首先详细介绍电源线与信号线的布线路由、线缆规格，然后指导学生进行报警探测器设备接线，实现给设备供电与信号传输。	按照常用施工标准布线
第三步：接线	• 在教师指导下接线。 • 实训时，教师断开设备电源，首先选择 1~2 台报警探测设备，拆除原有接线，然后在教师的监督下，由学生连接电源线和信号线。	注意：红色线为火线，蓝色线为零线，黄色线为高电平信号线，绿色线为低电平信号线，切勿接错

续表

操作步骤	操作内容	注意事项
第四步：系统通电	• 系统通电前，教师认真仔细检查全部，要求设备安装正常，线缆中间接头处处理妥当，线缆端头可靠连接，确认无误后再给系统通电。	
第五步：布防	• 在报警键盘准备指示灯亮时，输入[1 2 3 4 #]，进行布防，听到连续两声“滴滴”声时，表示布防成功，此时布防指示灯亮起。	正在布防时，如果防区报警指示灯亮，就无法布防，造成布防失败
第六步：撤防	• 在布防状态下，需要撤防时，输入[1 2 3 4 #]，即可撤防。撤防后，消除警铃和警号鸣响。	
第七步：消除报警记录	• 在撤防之后或者布防前，在报警键盘上输入[* 1 #]消除报警记忆，发生报警的防区指示灯停止闪烁并熄灭。	
	操作后	
1. 环境整理	按照6S标准之清扫标准（SEISO）、清洁标准（SEIKETSU）和安全标准（SAFETY），做如下环境整理工作： • 整理仪器、设备、工具。 • 清洁工位。 • 关闭电源。 • 打扫实训场所。	
2. 实训报告	按照6S标准之素养标准（SHITSUKE）和安全标准（SAFETY），做如下报告整理工作： • 给出智能家居入侵报警系统的主要器材名称。 • 掌握智能家居入侵报警系统的工作原理，并绘制系统原理图。 • 描述安防报警系统的接线方法，附接线照片。 • 描述布防、撤防、消除报警记录的方法。	

【任务评价】

任务评价见表3-1-2。

表3-1-2　任务评价

序号	任务描述	评分标准	分值	得分
任务1	智能家居报警系统安装与调试	1. 将器材分别安装到设计位置20分，每错一处扣2分，扣完为止	20	
		2. 布线与接线40分：接线每错一处扣5分，不按标准接线，每处扣5分，扣完为止	40	
		3. 系统通电20分：线头未处理，每处扣5分，线缆端头可靠连接性差，每处扣5分，扣完为止	20	
		4. 布防、撤防20分，每错一处扣10分，扣完为止	20	
总得分			考核等级	

备注：考核满分为100分，60～69分为及格；70～79分为中等；80～89分为良好；90分及以上为优秀。

任务 2　智能家居视频监控系统安装与调试

【任务导入】

任务描述：

小李毕业后，应聘某科技公司售后工程师岗位，面试时，售后技术主管要求小李现场展示智能家居视频监控系统的安装与调试。

任务目标：

（1）掌握智能家居视频监控系统的硬件安装。

（2）掌握智能家居视频监控系统的软件调试。

（3）熟悉智能家居线缆敷设要求、安装方法和常用标准。

【任务分析】

设备安装与调试能力是售后技术岗人员重要的技能，要求从业人员能够对照系统原理图和说明书，按照工程标准完成设备的安装与布线。本任务主要学习智能家居视频监控系统设备的安装与调试。

智能安防监控系统/智能插座及安防监控布线

1. 智能家居视频监控系统

智能家居视频监控系统包括 POE 交换机、POE 分离器、网络云台摄像机、网络半球摄像机、枪式摄像机等，图 3-2-1、图 3-2-2 所示为智能家居视频监控系统原理图。其中，图 3-2-1 是以实物照片为图例设计的系统原理图，图 3-2-2 是按照《物联网智能家居 图形符号》（GB/T 34043—2017）中规定的图形符号设计的系统原理图，为了方便快速学习和理解，我们在图中增加了产品名称。

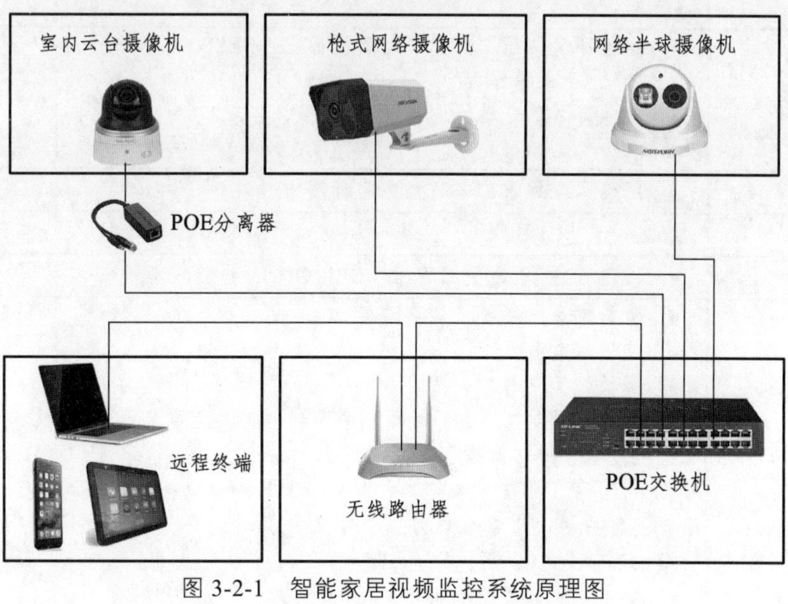

图 3-2-1　智能家居视频监控系统原理图

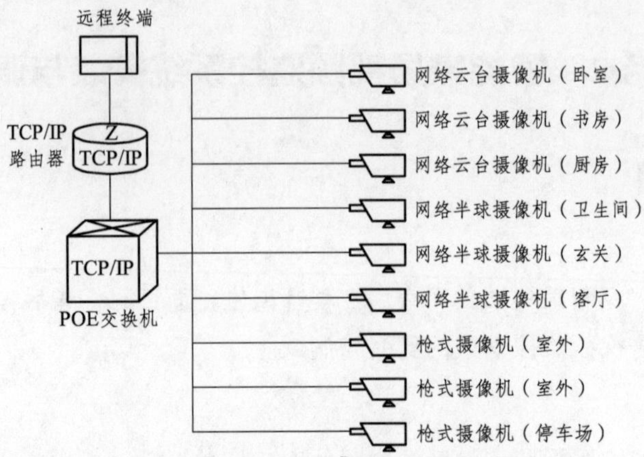

图 3-2-2　智能家居视频监控系统原理图

2. 熟悉智能家居安防监控系统常用器材

详见《工程技术索引手册》“5 智能家居系统工程常用器材”。

3. 熟悉智能家居常用工程标准

详见《工程技术索引手册》“6 智能家居系统工程常用标准”。

4. 熟悉智能家居系统的线缆敷设要求与安装方法

详见《工程技术索引手册》“16 智能家居系统的线缆敷设要求与安装方法”。

【任务实施】

任务实施见表 3-2-1。

表 3-2-1　任务实施

操作步骤	操作内容	注意事项
	操作前	
1. 评估与沟通		
（1）评估	• 评估环境按照 6S 标准之整顿标准（SEITON），进行清洁、安全、适合操作。 • 评估设备：设备的完整性和状态，以及工具、辅料、耗材情况。	
（2）沟通	• 明确客户需求、确认任务目标要求。	
2. 准备		
（1）环境准备	• 按照 6S 标准之整顿标准（SEITON），进行环境准备	
（2）物品准备	• 智能家居工程技术实训装置。 • 笔记本电脑。 • 摄像机搜索与监控软件。 • 智能化系统工具箱。本实训中用到的工具主要包括 RJ45 网络压线钳、旋转剥线器。 • 物联网工具箱。本实训中用到的工具主要包括多功能剥线钳、斜口钳、十字螺丝刀、十字头微型螺丝刀、一字头微型螺丝刀。 • 材料：超五类网线 1 箱，RJ45 透明水晶头 100 个	

续表

操作步骤	操作内容	注意事项
（3）人员准备	• 了解智能家居系统。 • 熟悉电脑、智能终端的使用。 • 熟悉水晶头的制作。	
	操作中	
1. 智能家居视频监控系统安装与调试	枪机摄像头的安装/球机的安装与配置	
第一步：将摄像机分别安装到设计位置	• 教师指定或学生自主选择 1～2 台摄像机，进行设备安装实训。对于枪式摄像机，学生应掌握摄像机和护罩的拆装技能；对于半球摄像机，学生应掌握底座的固定方法。	
第二步：布线	• 该系统中摄像机均为 POE 供电，因此只需布网线，不需要额外连接电源线。在进行网线布线时，应该采用线管或线槽，实际工程一般使用镀锌钢管将摄像机网线与其他设备电源线隔开，避免电源线对摄像机的图像质量造成影响。 • 实训时，教师首先详细介绍摄像机网线的布线路由、线缆规格，然后指导学生进行摄像机接线，制作超五类 RJ45 水晶头跳线并且连接，实现给设备供电与通信。	操作中要求学生遵循6S管理标准之素养标准（SHITSUKE）和安全标准（SAFETY
第三步：软件调试	• 安装软件。安装摄像机监控相关软件："设备网络搜索"软件用于摄像机的激活及相关参数的修改；"iVMS-4200 客户端"软件是摄像机的监控软件。 • 摄像机激活，修改参数。	品牌型号不同，方式有差异
（1）摄像机激活	• 运行设备网络搜索（SADP）软件，软件会自动搜索局域网内的所有在线设备，选中需要激活的摄像机，将在列表右侧显示 IP 地址、设备序列号等信息，在"激活设备"栏处设置摄像机密码，单击"确定"完成激活，如图 3-2-3 所示。 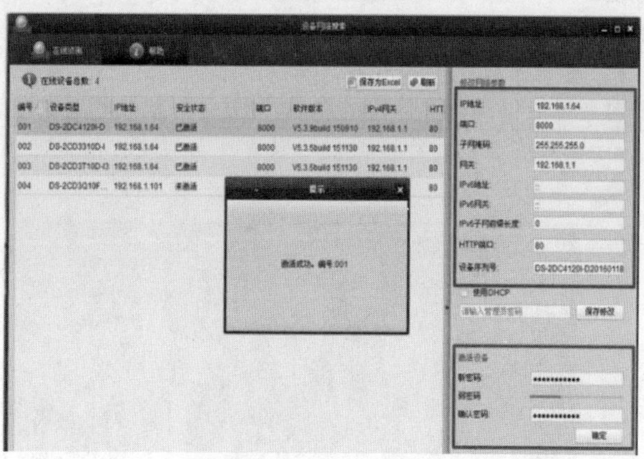 图 3-2-3　激活摄像机	
（2）修改摄像机参数	• 在"修改网络参数"栏处修改设备的 IP 地址并输入管理员密码，点击"保存修改"，便于设备的区别和管理，如图 3-2-4 所示。	

续表

操作步骤	操作内容	注意事项
（2）修改摄像机参数	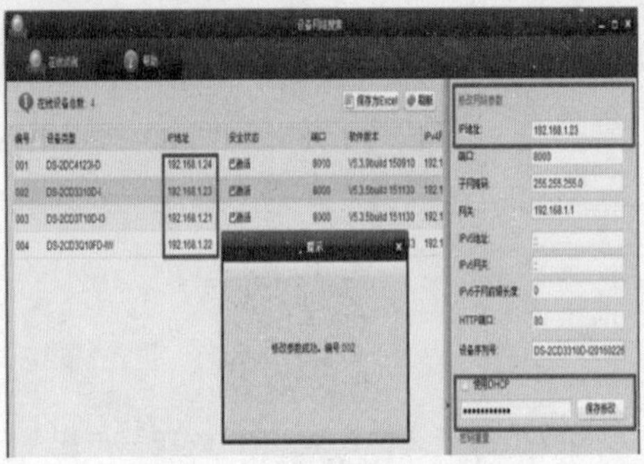 图 3-2-4　修改摄像机参数	
（3）添加摄像机	• 进入监控软件界面。点击“设备管理”，软件会自动检测出所有在线设备，点击“添加所有设备”，摄像机便会添加到“管理的设备”栏中，如图 3-2-5 所示。 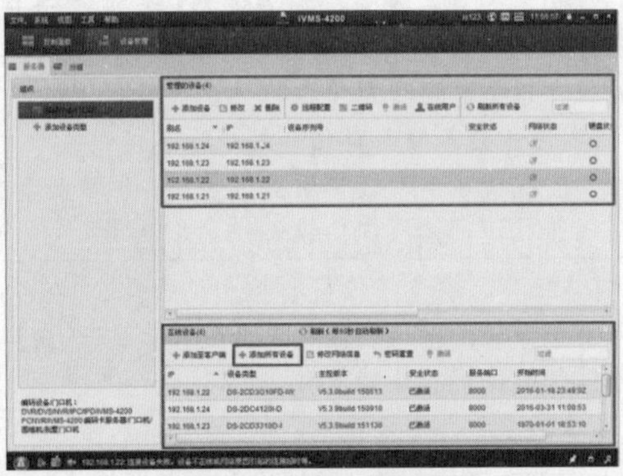 图 3-2-5　添加摄像机	
（4）云台控制	• 选择已经添加的云台摄像机，通过软件界面的方向键，可上、下、左、右旋转摄像机镜头，便于选择更好的监控方位与角度。	
（5）移动终端控制	• 通过移动终端客户端，添加系统中所有的网络摄像机，并对网络摄像机进行修改名称、分组、画面查看和录像等操作。	
（6）监控主画面	• 设置完毕后，在主界面可以看到已经连接的摄像机监控画面，如图 3-2-6 所示。  图 3-2-6　监控系统画面	

续表

操作步骤	操作内容	注意事项
	操作后	
1. 环境整理	按照 6S 标准之清扫标准（SEISO）、清洁标准（SEIKETSU）和安全标准（SAFETY），做如下环境整理工作： • 整理仪器、设备、工具。 • 清洁工位。 • 关闭电源。 • 打扫实训场所。	
2. 实训报告	按照 6S 标准之素养标准（SHITSUKE）和安全标准（SAFETY），做如下报告整理工作： • 给出智能家居视频监控系统的主要器材名称。 • 掌握智能家居视频监控系统的工作原理，并绘制系统原理图。 • 描述视频监控系统的布线和接线方法。 • 描述软件调试中摄像机激活与修改参数、添加摄像机、云台控制、移动终端控制等操作方法。	

【任务评价】

任务评价见表 3-2-2。

表 3-2-2　任务评价

序号	任务描述	评分标准		分值	得分
任务 2	智能家居视频监控系统安装与调试	1. 将器材分别安装到设计位置 25 分，每错一处扣 2 分，扣完为止		25	
		2. 布线与接线 25 分，接线每错一处扣 5 分，不按标准接线，每处扣 5 分，扣完为止		25	
		3. 软件调试 50 分：安装软件、激活摄像机、添加摄像机、云台控制、移动终端控制，每一处内容 10 分，每错一处扣 10 分，扣完为止		50	
总得分			考核等级		

备注：考核满分为 100 分，60～69 分为及格；70～79 分为中等；80～89 分为良好；90 分及以上为优秀。

任务 3　智能家居门禁系统安装与调试

【任务导入】

任务描述：

小李毕业后，应聘某科技公司售后工程师岗位，面试时，售后技术主管要求小李现场展示智能家居门禁系统的安装与调试。

任务目标：

（1）掌握智能家居门禁系统的硬件安装。

（2）掌握智能家居门禁系统的软件调试。

（3）熟悉智能家居线缆敷设要求、安装方法和常用标准。

【任务分析】

设备安装与调试能力是售后技术岗人员重要的技能，要求从业人员能够对照系统原理图和说明书，按照工程标准完成设备的安装与布线。本任务主要学习智能家居门禁系统设备的安装与调试。

1. 智能家居门禁系统

智能家居门禁系统包括可视对讲门口机、室内可视对讲分机、POE 交换机、门禁电源、电磁锁、电磁锁支架（ZL 型）、开门按钮。图 3-3-1、图 3-3-2 所示为门禁系统原理图。其中，图 3-3-1 是以实物照片为图例设计的系统原理图，图 3-3-2 是按照《物联网智能家居　图形符号》（GB/T 34043—2017）中规定的图形符号设计的系统原理图，为了方便快速学习和理解，我们在图中增加了产品名称。

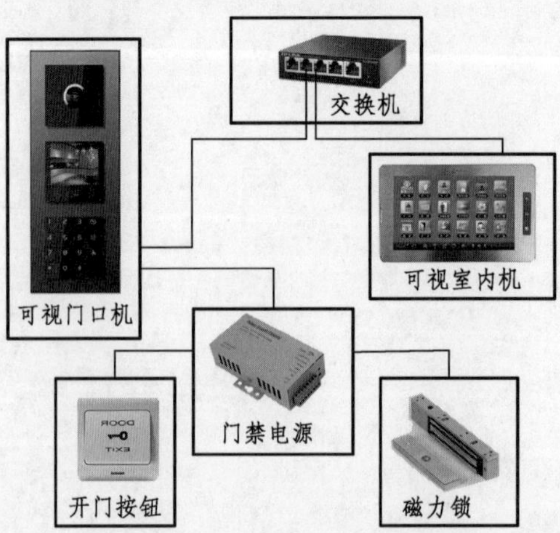

图 3-3-1　门禁系统原理图

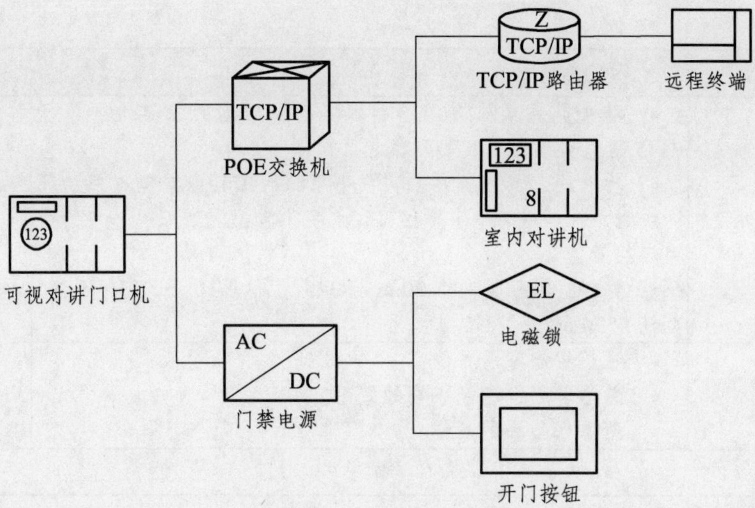

图 3-3-2　门禁系统原理图

2. 熟悉智能家居安防监控系统常用器材

详见《工程技术索引手册》“5 智能家居系统工程常用器材”。

3. 熟悉智能家居常用工程标准

详见《工程技术索引手册》“6 智能家居系统工程常用标准”。

4. 熟悉智能家居系统的线缆敷设要求与安装方法

详见《工程技术索引手册》“16 智能家居系统的线缆敷设要求与安装方法”。

【任务实施】

任务实施见表 3-3-1。

表 3-3-1　任务实施

操作步骤	操作内容	注意事项
	操作前	
1. 评估与沟通		
（1）评估	• 评估环境：按照 6S 标准之整顿标准（SEITON），进行清洁、安全、适合操作。 • 评估设备：设备的完整性和状态，以及工具、辅料、耗材情况。	
（2）沟通	• 明确客户需求、确认任务目标要求。	
2. 准备		
（1）环境准备	• 按照 6S 标准之整顿标准（SEITON），进行环境准备。	
（2）物品准备	• 智能家居工程技术实训装置。 • 笔记本电脑。 • 摄像机搜索与监控软件。	

续表

操作步骤	操作内容	注意事项
（2）物品准备	• 智能化系统工具箱。在本实训中用到的工具主要包括RJ45 网络压线钳、旋转剥线器。 • 物联网工具箱。在本实训中用到的工具主要包括多功能剥线钳、斜口钳、十字螺丝刀、十字头微型螺丝刀、一字头微型螺丝刀。 • 材料：超五类网线 20 m，RJ45 水晶头 10 个，RV0.5 红、蓝线各 20 m。	
（3）人员准备	• 了解智能家居系统。 • 熟悉电脑、智能终端的使用。 • 熟悉水晶头的制作。	
	操作中	
1. 智能家居门禁系统安装与调试		品牌型号不同，方式有差异
第一步：将摄像机分别安装到设计位置	• 教师指定或学生自主选择 1～2 台门禁设备，进行设备安装实训。	
第二步：电源布线	• 实训时，教师首先详细介绍电源线的布线路由、线缆规格，然后指导学生进行门禁设备接线，实现给设备供电。	
第三步：控制线接线 以太网（Ethernet）	• 智能家居体验馆控制线已经全部接好，请勿随意拆卸，图 3-3-3 所示为门禁系统接线图。在教师指导下接线。 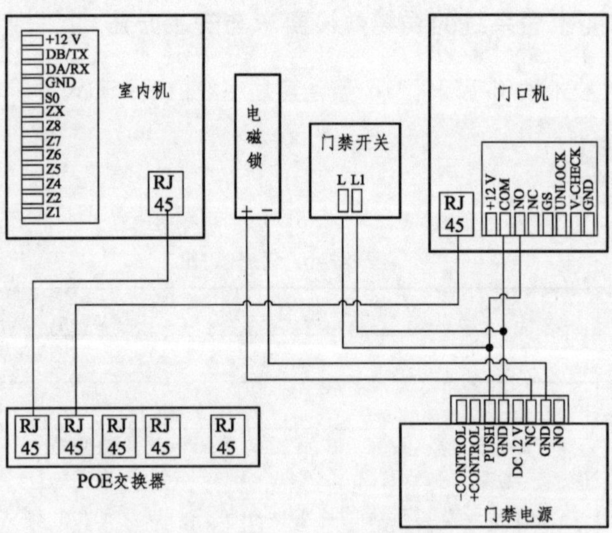 图 3-3-3 门禁系统接线图 • 实训时，教师断开设备电源，首先选择 1～2 台门禁设备，拆除原有接线，然后在教师的监督下，由学生连接控制线。接线时，应按照门禁系统接线图接线，切勿接错。	操作中要求学生遵循 6S 管理标准之素养标准（SHITSUKE）和安全标准（SAFETY
第四步：系统通电	• 系统通电前，教师认真仔细检查全部设备，要求安装正常，线缆中间接头处处理妥当，线缆端头可靠连接，确认无误后再给系统通电。	

续表

操作步骤	操作内容	注意事项
第五步：开锁	• 刷卡开锁。将已经注册过的卡贴近门口机上的刷卡区即可开锁。 • 密码开锁。公共密码开锁：#+ 公共密码 +#。 • 用户密码开锁：*+#+ 房号 + 用户密码 +#。	
第六步：呼叫	• 呼叫住户。访客输入房号（如 0101），开始呼叫。门口机振铃，振铃过程中按*键取消呼叫，如果 30 s 内住户无应答，则自动结束呼叫。 • 呼叫管理中心。待机时，访客按门口机的呼叫键，可呼叫小区管理中心。	
第七步：监视	• 点击室内机待机界面的【监视】键，选择监视的设备类型，开启监视功能。 • 监视开锁：监视过程中，住户点击室内机【开锁】键，可为访客开锁。点击返回键结束监视。 • 监视抓怕：监视过程中，点击【抓拍】图标，可手动抓拍图片。	
第八步：布/撤防	• 点击布/撤防图标，进入布/撤防操作界面。 • 布防：输入用户密码，进入布防延时，住户需在延时时间内离开防区。出厂密码一般为 666666。 • 撤防：布防状态下，输入用户密码，进行撤防。	
	操作后	
1. 环境整理	按照 6S 标准之清扫标准（SEISO）、清洁标准（SEIKETSU）和安全标准（SAFETY），做如下环境整理工作： • 整理仪器、设备、工具。 • 清洁工位。 • 关闭电源。 • 打扫实训场所。	
2. 实训报告	按照 6S 标准之素养标准（SHITSUKE）和安全标准（SAFETY），做如下报告整理工作： • 给出智能家居门禁系统的主要器材名称。 • 掌握智能家居门禁系统的工作原理，并绘制系统原理图。 • 描述门禁的布线和接线方法，并且设计接线图，附接线照片。 • 描述密码开锁、刷卡开锁、呼叫住户、呼叫管理中心、监视、布防、撤防等操作方法，给出实训操作照片。	

【任务评价】

任务评价见表 3-3-2。

表 3-3-2　任务评价

序号	任务描述	评分标准		分值	得分
任务 3	智能家居门禁系统安装与调试	1. 将器材分别安装到设计位置 20 分，每错一处扣 2 分，扣完为止		20	
		2. 布线与接线 30 分，接线每错一处扣 5 分，不按标准接线，每处扣 5 分，扣完为止		30	
		3. 通电 20 分：线缆中间接头未处理，每处扣 5 分；线缆端头无可靠连接，每处扣 5 分，扣完为止		20	
		4. 测试 30 分：开锁、呼叫、布防、撤防，每错一处扣 5 分，扣完为止		30	
总得分			考核等级		

备注：考核满分为 100 分，60～69 分为及格；70～79 分为中等；80～89 分为良好；90 分及以上为优秀。

任务 4　可视对讲系统设备安装与调试

【任务导入】

任务描述：

小李毕业后，应聘某科技公司售后工程师岗位，面试时，售后技术主管要求小李现场展示可视对讲系统设备的安装与调试。

任务目标：

（1）掌握可视对讲系统硬件的安装方法。

（2）掌握可视对讲系统软件的调试方法。

（3）熟悉智能家居线缆敷设要求、安装方法和常用标准。

【任务分析】

设备安装与调试能力是售后技术岗人员重要的技能，要求从业人员能够对照系统原理图和说明书，按照工程标准完成设备的安装与布线。本任务主要学习可视对讲系统设备的安装与调试。

1. 熟悉智能家居常用工程标准

详见《工程技术索引手册》“6 智能家居系统工程常用标准”。

2. 熟悉智能家居系统的线缆敷设要求与安装方法

详见《工程技术索引手册》“16 智能家居系统的线缆敷设要求与安装方法”。

【任务实施】

任务实施见表 3-4-1。

表 3-4-1　任务实施

操作步骤	操作内容	注意事项
	操作前	
1. 评估与沟通		
（1）评估	• 评估环境：按照 6S 标准之整顿标准（SEITON），进行清洁、安全、适合操作。 • 评估设备：设备的完整性和状态，以及工具、辅料、耗材情况。	
（2）沟通	• 明确客户需求、确认任务目标要求。	
2. 准备		
（1）环境准备	• 按照 6S 标准之整顿标准（SEITON），进行环境准备。	

续表

<table>
<tr><th>操作步骤</th><th>操作内容</th><th>注意事项</th></tr>
<tr><td>（2）物品准备</td><td>• 智能家居工程技术实训装置。
• 智能化系统工具箱。本实训中用到的工具主要包括 RJ45 网络压线钳、旋转剥线器。
• 物联网工具箱。本实训中用到的工具主要包括多功能剥线钳、斜口钳、十字螺丝刀、十字头微型螺丝刀、一字头微型螺丝刀。
• 材料：6 芯、4 芯 SM 插头线。</td><td></td></tr>
<tr><td>（3）人员准备</td><td>• 了解智能家居系统。
• 熟悉电脑、智能终端的使用。
• 熟悉接线端子的制作。</td><td></td></tr>
<tr><td colspan="3">操作中</td></tr>
<tr><td>1. 仿真防盗门的安装</td><td></td><td rowspan="11">操作中要求学生遵循 6S 管理标准之素养标准（SHITSUKE）和安全标准（SAFETY）</td></tr>
<tr><td>第一步</td><td>• 拆除设备柜内仿真防盗门的接线，打开门扇并向上小心提出两块门扇。</td></tr>
<tr><td>第二步</td><td>• 拆除门框上的 M6 螺丝，卸下门框，将门框安装在实训装置的相应位置。仿真防盗门模拟的是单元门口，安装时靠外安装。</td></tr>
<tr><td>第三步</td><td>• 将门扇安装回门框内。</td></tr>
<tr><td>2. 电控锁的安装</td><td></td></tr>
<tr><td>第一步</td><td>• 打开控制盒，将控制盒接线引出接到防盗门端子 1 上，如图 3-4-1 所示。</td></tr>
<tr><td>第二步</td><td>• 将磁力锁引线连接到防盗门端子 1 上
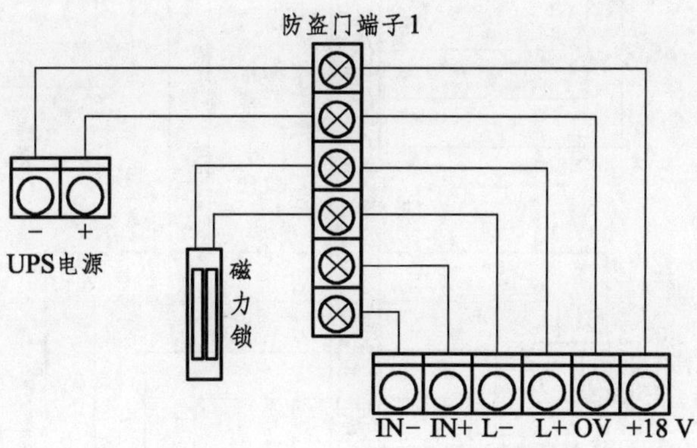

图 3-4-1　电控锁接线图</td></tr>
<tr><td>3. UPS 的安装</td><td></td></tr>
<tr><td>第一步</td><td>• 从设备柜内拆下 UPS（不间断电源），安装在实训装置适当位置。一般 UPS 电源安装在防盗门内侧。</td></tr>
<tr><td>第二步</td><td>• 制作电源线连接 UPS 输出端子到防盗门端子 1，如图 3-4-1 所示。</td></tr>
<tr><td>4. 可视对讲主机的安装</td><td></td></tr>
</table>

续表

操作步骤	操作内容	注意事项
第一步	• 使用内六角螺丝将可视对讲主机安装在防盗门主机安装孔上，如果3-4-2所示。  图3-4-2　室外主机安装	品牌型号不同，方式有差异
第二步	• 分别用6芯和4芯SM插头线连接可视对讲主机到防盗门端子1和端子2。线路图如图3-4-3所示。 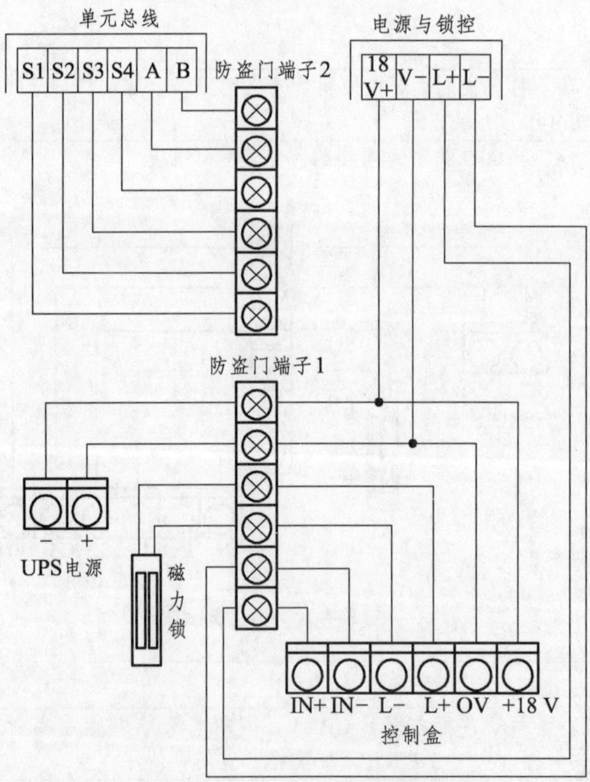 图3-4-3　可视对讲主机接线图	
5. 室内分机的安装		

续表

操作步骤	操作内容	注意事项
第一步	• 向上抬出并取下室内分机，拆下室内分机安装板，并将其安装在实训装置相应位置，挂上室内分机。为了模拟不同楼层的住户，自上到下一次安装，如图 3-4-4 所示。 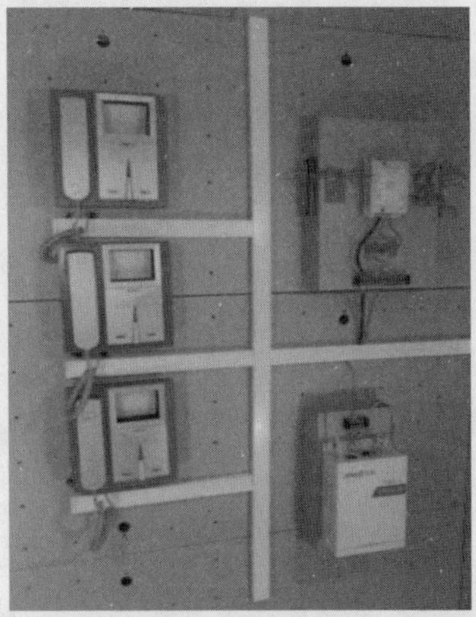 图 3-4-4　室内分机和层间分配器	
第二步	• 制作 6 芯 SM 插头线连接室内分机到层间分配器输出端子。连线图如图 3-4-5 所示。 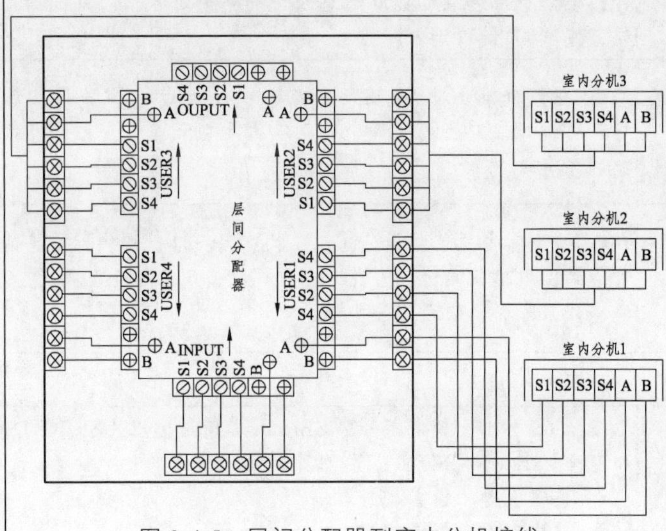 图 3-4-5　层间分配器到室内分机接线	
6. 可视对讲系统的调试		
（1）室内分机号码设置	• 第一步：接通电源，门口机上按“2#2110999#”，门口机将显示“CCFF”。 • 第二步：提起室内机话筒或按“通话”键，听到拨号音后，按“中心”键，门口机将显示四个小数点。 • 第三步：在门口机上输入“室内机号+#”，室内机将听到“吡吡”提示音，20 s 内再按室内机“中心”键挂机。	

续表

操作步骤	操作内容	注意事项
（2）用户密码开锁设置	• 设置时，在岗管理员许可授权后由住户自行设置住户开锁密码，许可操作后，住户密码功能才能有效。许可操作方法是：在门口主机键盘上输入“5+#+室内分机号+#+六位门岗密码+#”。本实训装置初始门岗密码是：123456。	
（3）住户开锁密码设置和修改	• 第一步：提起室内机话筒或按住“通话”键，在门口机输入“6#+室内机号+#+六位住户密码+#”，此时在室内机上听到“吡吡”提示音，20 s 内按室内机“开锁”键或“中心”键确认。 • 第二步：在门口机上输入“7#+室内机号+#+旧六位住户密码+#+新六位住户密码+#”可修改开锁密码。初始密码为999999，管理员许可密码开锁操作后，住户务必立即修改初始开锁密码，以确保安全。	
（4）门口机呼叫室内机	• 第一步：待机时，在门口机键盘上按“室内机号码+#”，可呼叫住户，室内机响铃，室内机屏幕同时点亮，显示单元门口来访者画面。 • 第二步：住户确认安全后可直接按室内机“开锁”键开锁，请来访者进入，也可提起话筒进行通话问询后再开锁。遇到非法人员时，可直接按“中心”键转移该呼叫，由小区物业管理中心值班人员处理；当遇到不受欢迎来访者的门口呼叫时，可直接按“监视”键，此时室内只显示门口图像，室内机停止响铃，但门口机继续响铃以迷惑来访的不速之客。门口机输入错误，按“*”键取消。	
（5）住户密码开锁	• 在门口机上输入“8#+室内机号码+#+六位住户开锁密码+#”可进行住户密码开锁。此功能需要在开通住户密码开锁功能后才有效。	
（6）室内机监控单元门口	• 按下室内机“监视”键，可以监视门口机图像，提起话筒可听到门口机的声音。挂机退出监视状态。室内机监视状态下，遇有外来呼叫，自动退出监视。	
	操作后	
1. 环境整理	按照 6S 标准之清扫标准（SEISO）、清洁标准（SEIKETSU）和安全标准（SAFETY），做如下环境整理工作： • 整理仪器、设备、工具。 • 清洁工位。 • 关闭电源。 • 打扫实训场所。	
2. 实训报告	按照 6S 标准之素养标准（SHITSUKE）和安全标准（SAFETY），做如下报告整理工作： • 写出控制盒各个端子的定义及用途。 • 写出信号总线端子的定义。 • 画出可视对讲系统的结构图。 • 简述可视对讲系统室内分机号码的设置步骤。 • 简述如何使用密码开锁。	

【任务评价】

任务评价见表 3-4-2。

表 3-4-2 任务评价

序号	任务描述	评分标准	分值	得分
任务 4	可视对讲系统设备安装与调试	1. 电控锁、UPS 的安装 30 分：位置安装正确、接线端子连接正确，满分，每错一处扣 5 分，扣完为止	30	
		2. 可视对讲主机的安装、室内分机安装 40 分：位置安装正确、接线连接正确，安装工艺符合标准，满分，每错一处扣 5 分，扣完为止	40	
		3. 调试 20 分：分机号码设置、用户密码设置、密码修改、主/分机呼叫、密码开锁、监控全部正确，满分，每错一处扣 5 分，扣完为止。	20	
		4. 环境整理 10 分：实训完后整理仪器、设备、工具，清洁工位，关闭电源，满分，每错一处扣 5 分，扣完为止	10	
总得分			考核等级	

备注：考核满分为 100 分，60～69 分为及格；70～79 分为中等；80～89 分为良好；90 分及以上为优秀。

任务 5　智能门锁的安装

【任务导入】

任务描述：

小李毕业后，应聘某科技公司售后工程师岗位，面试时，售后技术主管要求小李现场展示智能门锁的安装。

任务目标：

（1）掌握智能门锁的安装方法。

（2）熟悉智能家居线缆敷设要求、安装方法和常用标准。

【任务分析】

设备安装与调试能力是售后技术岗人员重要的技能，要求从业人员能够对照系统原理图和说明书，按照工程标准完成设备的安装与布线。本任务主要学习智能门锁的安装与调试。

1. 熟悉智能家居常用工程标准

详见《工程技术索引手册》“6 智能家居系统工程常用标准”。

2. 熟悉智能家居系统的线缆敷设要求与安装方法

详见《工程技术索引手册》“16 智能家居系统的线缆敷设要求与安装方法”。

【任务实施】

任务实施见表 3-5-1。

表 3-5-1　任务实施

操作步骤	操作内容	注意事项
	操作前	
1. 评估与沟通		
（1）评估	• 评估环境：按照 6S 标准之整顿标准（SEITON），进行清洁、安全、适合操作。 • 评估设备：设备的完整性和状态，以及工具、辅料、耗材情况。	
（2）沟通	• 明确客户需求、确认任务目标要求。	
2. 准备		
（1）环境准备	• 按照 6S 标准之整顿标准（SEITON），进行环境准备	
（2）物品准备	• 智能家居工程技术实训装置。 • 物联网工具箱。本实训中用到的工具主要包括多功能剥线钳、斜口钳、十字螺丝刀、十字头微型螺丝刀、一字头微型螺丝刀。 • 智能门锁。	
（3）人员准备	• 了解智能家居系统。 • 熟悉电脑、智能终端的使用。 • 熟悉接线端子的制作。	

续表

操作步骤	操作内容	注意事项
	操作中	
智能门锁的安装	• 不同品牌型号的智能锁，安装有差异。本安装说明适用于 V8 和 V6 等配备全自动锁体的智能锁。	
智能门锁 第一步：确认开门方向	• 安装前请确认门厚、开门方向、门的类型。一般智能锁可以适应左外开、左内开、右外开、右内开四种开向的门，如图 3-5-1 所示。 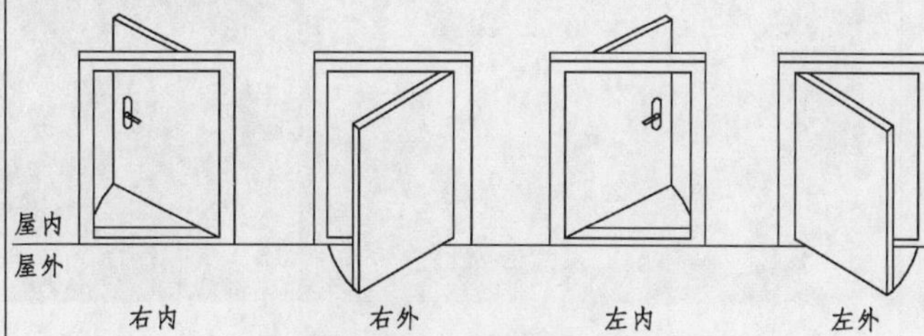 图 3-5-1　门的四种开向	操作中要求学生遵循 6S 管理标准之素养标准（SHITSUKE）和安全标准（SAFETY
第二步：检查配件	• 打开包装盒，查看智能锁的配件是否齐全。一般配件包括前后面板、锁体、方钢、安装螺丝 2 颗、导向片螺丝 4 颗、连接螺丝 2 颗、硅胶垫两块、螺丝 4 颗、方钢弹簧、开孔图、电池 4 节等，如图 3-5-2 所示。 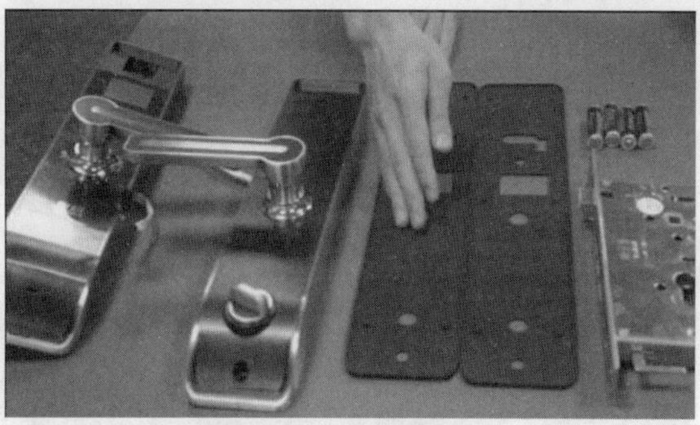 图 3-5-2　检查配件	
第三步：调整锁舌	• 根据实际情况调整锁舌，如图 3-5-3 所示。注意门有内开和外开的区别，锁舌也有内外之分。  图 3-5-3　调整锁舌	

续表

操作步骤	操作内容	注意事项
第四步：检查锁体导向片	• 检查锁体导向片与门的孔径大小是否匹配，不匹配则需要跟换导向片，如图 3-5-4 所示。 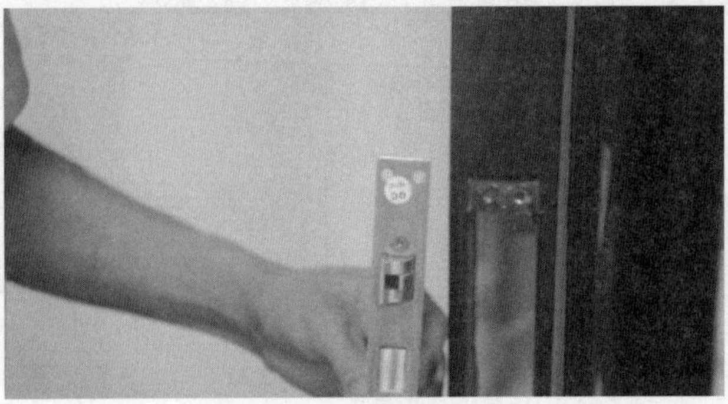 图 3-5-4　检查锁体导向片	
第五步：安装前的注意事项	• 看看锁体是否可以装入开孔槽中。 • 检查智能锁的前后面板是否可以完全覆盖门上的孔，如果覆盖不了，则不可以安装。 • 后面板要与门边有一定的距离，否则会影响开关门。	
第六步：具体安装	• 如果第五步骤检查没有问题，就可以正式的安装了，首先安装锁体，在开孔槽中装入锁体，旋紧导向片螺丝即可。如图 3-5-5 所示。  图 3-5-5　锁体安装 • 锁体安装完了以后，将连接头螺丝安装在智能锁前面板上，硅胶垫放在前后面板上，方钢弹簧放入后面板上。如图 3-5-6 所示。然后在后面板放置弹簧及方钢，如图 3-5-7 所示。然后在门上安装前面板，如图 3-5-8 所示，然后安装后面板，如图 3-5-9 所示，注意先将前面板安装在门上，然后才安装后面板。	

续表

操作步骤	操作内容	注意事项
第六步：具体安装	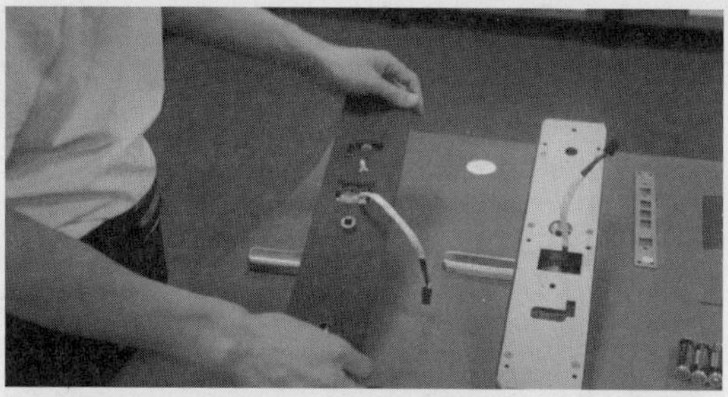 图 3-5-6　安装垫圈 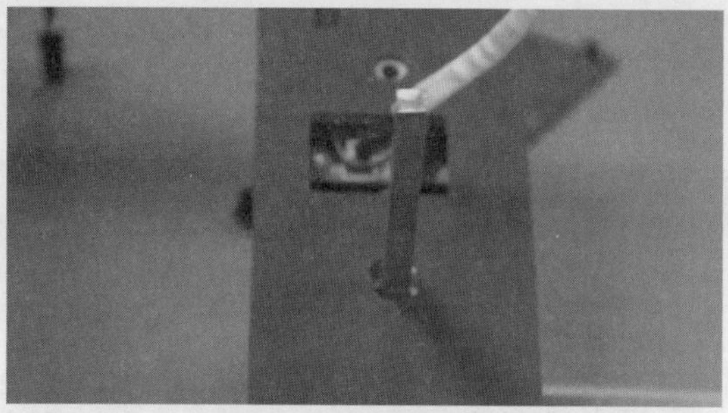 图 3-5-7　安装弹簧 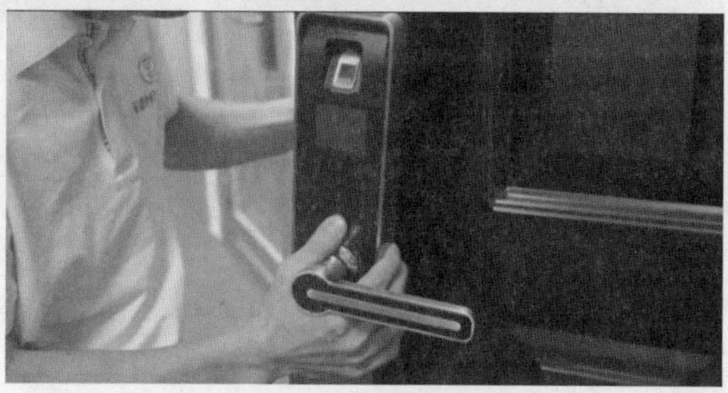 图 3-5-8　安装前面板 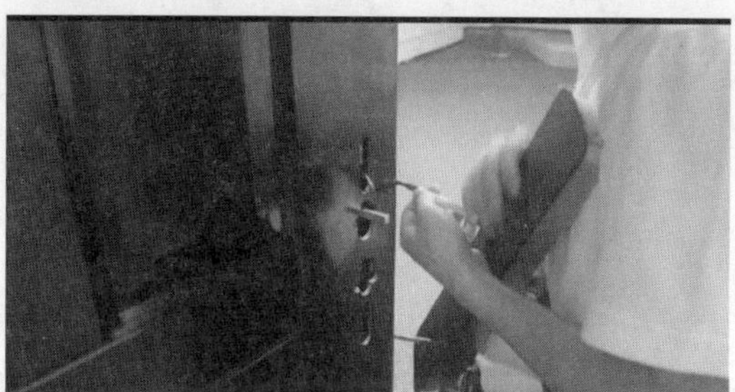 图 3-5-9　安装后面板	

续表

<table>
<tr><th>操作步骤</th><th>操作内容</th><th>注意事项</th></tr>
<tr><td>第六步：具体安装</td><td>• 后面板装上以后，不要急于旋紧螺丝，简单的下压把手、保险开关是否活动自如。如图 3-5-10 所示。

图 3-5-10 检查
• 没有问题后旋紧前后面板连接螺丝，安装电池，测试智能锁是否可以使用。如图 3-5-11 所示。

图 3-5-11 安装电池</td><td></td></tr>
<tr><td>第七步：测试</td><td>• 录入指纹、人脸，并测试。
• 输入开锁密码并测试。
• 机械钥匙开锁测试。
• 打开平台（如米家 APP），添加设备智能锁，远程开、关锁测试。（按照说明书配置）</td><td>品牌、型号不同支持功能有差异，配置也有差异，请按照具体产品说明书操作</td></tr>
<tr><td colspan="3">操作后</td></tr>
<tr><td>1. 环境整理</td><td>按照 6S 标准之清扫标准（SEISO）、清洁标准（SEIKETSU）和安全标准（SAFETY），做如下环境整理工作：
• 整理仪器、设备、工具。
• 清洁工位。
• 关闭电源。
• 打扫实训场所。</td><td></td></tr>
<tr><td>2. 实训报告</td><td>按照 6S 标准之素养标准（SHITSUKE）和安全标准（SAFETY），做如下报告整理工作：
• 简述智能锁的安装方法。
• 简述智能锁的测试方法。</td><td></td></tr>
</table>

【任务评价】

任务评价见表 3-5-2。

表 3-5-2 任务评价

<table>
<tr><th>序号</th><th>任务描述</th><th colspan="2">评分标准</th><th>分值</th><th>得分</th></tr>
<tr><td rowspan="4">任务 5</td><td rowspan="4">智能门锁的安装</td><td colspan="2">1. 智能锁锁体的安装 30 分：位置安装正确、安装工艺符合要求，满分，每错一处扣 5 分，扣完为止</td><td>30</td><td></td></tr>
<tr><td colspan="2">2. 面板调节 30 分：后面板左右开、执手推拉调节正确，符合人们日常生活习惯，满分，每错一处扣 5 分，扣完为止</td><td>30</td><td></td></tr>
<tr><td colspan="2">3. 测试 30 分：机械钥匙开锁、密码开锁、指纹开锁、App 配置、远程开锁等全部正确，满分，每错一处扣 5 分，扣完为止</td><td>30</td><td></td></tr>
<tr><td colspan="2">4. 环境整理 10 分：实训完后整理仪器、设备、工具，清洁工位，关闭电源，满分，每错一处扣 5 分，扣完为止</td><td>10</td><td></td></tr>
<tr><td colspan="2">总得分</td><td></td><td>考核等级</td><td colspan="2"></td></tr>
</table>

备注：考核满分为 100 分，60～69 分为及格；70～79 分为中等；80～89 分为良好；90 分及以上为优秀。

课后习题

【单选题】

1. 视频监控系统的监视器画面对比度小，清晰度不高，出现类似雪花干扰的原因是（　　）。

A. 一般是电源串扰　　B. 是输入信号过低

C. 是传输线路阻抗失配　　D. 是输入信号过高

2. 视频监控系统监视器画面出现条纹干扰的原因是（　　）。

A. 一般是电源串扰　　B. 是输入信号过低

C. 是传输线路阻抗失配　　D. 是输入信号过高

3. 智能家居安防系统中，火灾报警系统中的火灾探测器有几种基本类型？（　　）

A. 4 种　　B. 5 种

C. 6 种　　D. 7 种

4. 在智能家居火灾自动报警系统中，当接收到火灾报警后，能（　　）相关消防设备并显示其状态的设备，称为消防控制设备。

A. 自动或手动　　B. 自动

C. 手动　　D. 自动和手动

5. 工信部向中国移动、中国电信、中国联通颁发 TD-LTE 制式的（　　）牌照。

A. 4G　　B. 3G

C. 2G　　D. 1G

6. 下列不属于智能家居智能化系统组成的是（　　）。

A. 家庭安全防范（HS）　　B. 家庭设备自动化（HA）

C. 家庭通信（HC）　　D. 家庭格局合理化

7. 以下设备中，使多个图像信号分割显示于同一监视器上的是（　　）。

A. 控制器　　B. 切换器

C. 画面处理器　　D. 录像机

8. 闭路监控系统的英文缩写是（　　）。

A. CATV　　B. CSTV

C. CCTV　　D. GPS

9. 在电视监控系统中，用少量的监视器显示多个摄像机，能实现按一定的时序把摄像机的信号分配给特定的监视器的设备是（　　）。

A. 视频信号切换器　　B. 视频信号分配器

C. 视频放大器　　D. 画面分割器

10. 在闭路监控系统中，如果采用同轴电缆传输，连接头称为（　　）。

A. 水晶头　　B. BNC（摄像设备输出导线和摄像机连接）头

C. ST　　D. LIU

【多选题】

1. 影响视频监控系统画质的因素有（　　）。

A. 电源串扰　　B. 输入信号

C. 传输线路阻扰　　D. 输出信号

2. 火灾报警系统由（　　）组成。

A. 火灾探测器　　B. 区域报警控制器

C. 集中报警控制器　　D. 联动模块

3. 火灾探测器的基本类型有（　　）。

A. 感温火灾探测器　　B. 感烟火灾探测器

C. 感光火灾探测器　　D. 可燃气体探测器

E. 复合火灾探测器

4. 智能家居安防系统一般包括哪些系统？（　　）

A. 门禁系统　　B. 报警系统

C. 监控系统　　D. 花园系统

5. 智能门锁的开锁方式有（　　）。

A. 蓝牙　　B. 指纹

C. IC（集成电路）卡　　D. 手机

E. 输入密码

6. 在智能家居门锁中最安全便利的锁是（　　）。

A. 传统机械锁　　B. 普通感应锁

C. 语言锁　　D. 具备多种开锁方式、安全保障的智能门锁

7. 闭路监控电视系统根据其使用环境、使用部门和系统的功能具有不同的组成方式，无论系统规模的大小和功能的多少，一般监控电视系统由（　　）等几个部分组成。

A. 摄像机　　B. 显示

C. 传输　　D. 控制

E. 图像处理

8. CCD（电荷耦合器件）摄像机的选择主要考虑的因素有（　　）。

A. 清晰度　　B. 灵敏度

C. 灰度　　D. 信噪比

E. 视角

9. 闭路电视监控系统中，当传输距离较远时宜采用（　　）传输信号。

A. 同轴电缆并以视频方式　　B. 同轴电缆并以射频方式

C. 光缆并以数字信号方式　　D. 光缆并以模拟信号方式

E. 双绞线并以数字信号方式

10. 视频监控的显示和记录设备一般有（　　）。

A. 黑白/彩色监视器　　B. 录像机

C. 视频处理设备组　　D. 双绞线

E. 解码器

【判断题】

1. 智能安防系统可预设报警电话。(　　)

2. 我们通常所说的智能家居安防系统一般包括：门禁系统、报警系统以及监控系统三大系统。(　　)

3. 智能安防系统就是智能报警系统。(　　)

4. 在家设防模式，安全防范系统可联动切断某些家用电器的电源。在家撤防模式，部分照明灯自动打开，门磁和窗磁离线，室内烟感探测器和厨房可燃气体探测器仍为报警模式。(　　)

5. 安装门磁、窗磁，防止非法入侵，管理系统可通过安装在住户室内的报警控制器得到信号从而快速接警处理。报警联动控制系统可在室内发生报警时，向外发出报警信息的同时，自动打开室内的照明灯光、启动警号等。(　　)

6. 室内的报警控制器具有紧急呼叫功能，管理系统可对住户的紧急求助信号做出回应和救助。(　　)

7. 离家模式即防盗报警状态，防止非法入侵，管理系统可实时接收报警信号，自动显示报警住户号和报警类型，需要手动进行存档。(　　)

8. 当发生报警，系统自动确认报警信息、状态及位置，报警时能够自动强制占线。(　　)

9. 智能家居系统除却安防系统，功能众多，用户需根据自己的需求进行选择安装。(　　)

10. 在智能家居安防系统中，紧急按钮只能是实体按钮。(　　)

【填空题】

1. 我们通常所说的智能家居安防系统包括________、________ 、________三大系统。

2. 智能家居安全防范系统由________、________、________、________组成。

3. 智能家居安防系统中，紧急按钮分为________、________。

4. 当户主离开家后，家庭安防报警系统将自行启动，时刻处于____________。

5. 智能家居防盗系统中的监控设备，视频压缩尽量保证____________的前提下减少视频的数据量。

【问答题】

1. 什么是家庭智能安防系统?

2. 我们通常所说的智能家居安防系统包括哪三大系统？

3. 在智能家居安防系统中，我们进行有害气体检测，使用什么传感器？说明原因。

4. 请你设置一个安防系统。（开放题）

5. 一套完善的智能家居安防系统由什么组成？

项目 4　智能家居环境控制系统

室内环境一般泛指住家、办公室、工厂、影院、餐厅、商场等密闭或半密闭环境。如果室内或室外存在连续或间歇性排放的空气污染源，在通风不良的条件下会使污染物在密闭空间累积，对人体造成危害。每人每天约 90%的时间处于室内环境中，室内空气质量的好坏，直接影响生活质量及工作效率，因而室内空气污染物控制正逐渐受到人们的重视。有效监测室内空气质量，进行危害风险评估，积极采取相关措施，势在必行。

学习目标

【知识目标】

（1）掌握智能家居环境控制系统的硬件安装与软件调试。
（2）熟悉智能家居的线缆敷设要求。
（3）熟悉智能家居工程常用标准。

【能力目标】

（1）熟练安装智能家居环境控制系统的硬件与软件调试。
（2）掌握智能家居的线缆安装方法。
（3）能获取传感器的数据。

[素养目标】

（1）培养学生的团队协作相互交流与相互提升的团队意识。
（2）培养学生增强社会责任感，增强专业竞争力。

【思政目标】

（1）培养学生远大的理想，实现个人价值观与社会价值观的统一。
（2）引导学生树立脚踏实地，精益求精的工匠精神。

知识准备

一、传感器的概述

传感器的定义：能够感受规定的被测量并按照一定规律转换成可用输出信号的器件或装置。

传感器的基本组成：敏感元件、转换元件、基本转换电路。

传感器的基本特性：线性度、灵敏度、迟滞、重复性。

传感器的基本特性：是指传感器的输出与输入之间的关系特性，它可分为静态特性和动态特性两类。

传感器检测系统的基本组成:激励装置，测量装置，数据处理装置，显示、记录装置。

二、传感器的选用原则

（1）量程的大小；

（2）被测位置对传感器体积的要求；

（3）测量方式为接触式还是非接触式；

（4）信号的引出方法，是有线或无线；

（5）传感器的来源，国产还是进口，价格能否承受，还是自行研制。

三、传感器的应用领域

传感器的应用领域涉及机械制造、工业过程控制、汽车电子产品、通信电子产品、消费电子产品和专用设备等。

1. 专用设备

专用设备主要包括医疗、环保、气象等领域应用的专业电子设备。目前医疗领域是传感器销售量巨大、利润可观的新兴市场，该领域要求传感器件向小型化、低成本和高可靠性方向发展。

2. 工业自动化

工业领域应用的传感器，如工艺控制、工业机械以及传统的；各种测量工艺变量（如温度、液位、压力、流量等）的；测量电子特性（电流、电压等）和物理量（运动、速度、负载以及强度）的，以及传统的接近/定位传感器发展迅速。

3. 通信电子产品

手机产量的大幅增长及手机新功能的不断增加给传感器市场带来机遇与挑战，彩屏手机和摄像手机市场份额不断上升增加了传感器在该领域的应用比例。此外，应用于集团电话和无绳电话的超声波传感器、用于磁存储介质的磁场传感器等都将出现强势增长。⑤ 汽车工业：现代高级轿车的电子化控制系统水平的关键就在于采用压力传感器的数量和水平，目前一辆普通家用轿车上大约安装几十到近百只传感器，而豪华轿车上的传感器数量可多达二百余只，种类通常达 30 余种，多则达百种

四、传感器的供电与数据接口

数据接口：模拟量和数字量

供电方式；例如：DS18B20温度传感器有两种供电方式：一是寄生电源方式，二是VDD电源引脚供电方式。寄生电源方式即DS18B20温度传感器不需要通过电源供电，而是当I/O、VDD电源引脚为高电平时，从I/O、VDD电源引脚“偷”能量。寄生电源方式有很多好处，例如，进行距离测温时，不需要本地电源供电，很大程度上解决了功耗和布线问题，不过寄生电源方式也有很多缺点，例如，当I/O端口供电不足时，温度转换的精度将受到影响。

五、智能家居常见的传感器

烟雾传感器、温湿度传感器、火灾传感器、水位传感器、光照传感器、门磁传感器、空气质量传感器、人体红外传感器等等。

在居家生活中，可燃气体以及污染气体是影响人们身体健康的重要因素。在智能家居中，通过气体浓度传感器，可以实现对危险气体的分析，从而可以采取针对性的控制策略，这也是维护家庭生命安全，将危险消灭在未发生时期的重要环节。

一氧化碳传感器（见图4-0-1）就是检测一氧化碳浓度的一种工具，通常是和报警器配套使用。

一氧化碳传感器的原理通俗的讲，就是当一氧化碳气体与传感器发生接触时，传感器内部产生电流，然后将电流通过电路输出到报警装置，引发报警。这是一个将化学能转化为电能的过程。

图4-0-1　一氧化碳传感器/MQ-4

甲醛传感器（见图4-0-2）是供人们使用对甲醛气体的探测，是专门进行气体探测的。甲醛传感器具有实时数据监控、超标报警、历史数据导出查询等功能。

图4-0-2　甲醛传感器/ZE08-CH_2O

近些年来，人们对雾霾的关注度越来越高，室内 PM2.5 含量也成为影响室内空气质量的重要指标。随着人们环保健康意识的增强，智能家居系统中对 PM2.5 的监测也成为不可缺少的一项重要工作

激光粉尘传感器（见图 4-0-3）是一种利用激光技术测量粉尘浓度的传感器。它由风扇、激光二极管、接收器和测量电路组成。它可以准确测量空气中灰尘颗粒的浓度。

图 4-0-3　激光粉尘传感器（ZH07）

家庭环境中的温湿度条件，不仅关系到家庭环境的质量，更与人体健康紧密相连，可以说是智能家居中至关重要的一环。在智能家居中，通过对温湿度的实时监测与调节，可以营造舒适的居住环境，带来良好的居家体验。

温湿度传感器（见图 4-0-4 ~ 图 4-0-7）只是传感器其中的一种而已，只是把空气中的温湿度通过一定检测装置，测量到温湿度后，按一定的规律变换成电信号或其他所需形式的信息输出，用以满足用户需求。

图 4-0-4　温湿度模组/ZS03

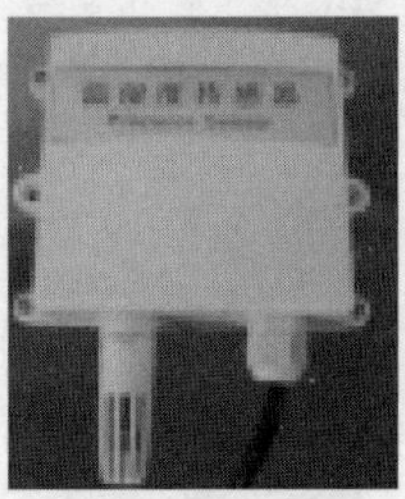

图 4-0-5　GZD485 温湿度传感器/485 温湿度变送器

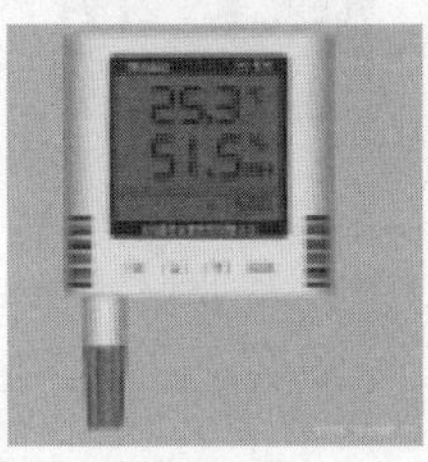

图 4-0-6　网口 RJ45 温湿度传感器

图 4-0-7　DHT11 温湿度传感器

在智能家居领域，很多场景都可以通过人体感应来识别和控制，无论是人体感应的门、灯、窗帘，还是带红外开关的电器设备的开启与关闭，这些功能的实现离不开红外传感器技术的支持。

热释电传感器（见图 4-0-8）是一种能检测人或动物发射的红外线而输出电信号的传感器。

图 4-0-8　红外热释电传感器/RDA226

水位传感器（见图 4-0-9）的主要功能为侦测水位，部分类型还可以达到自动加水等功能。

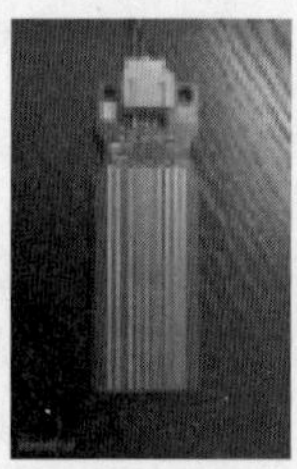

图 4-0-9　水位传感器

土壤湿度传感器（见图 4-0-10）主要用来测量土壤相对含水量，做土壤墒情监测及农业灌溉和林业防护。

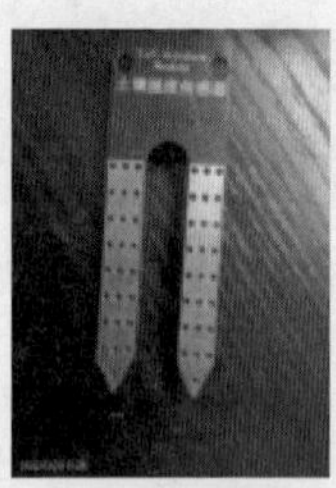

图 4-0-10　土壤湿度传感器

传感器技术的发展，使智能家居行业常用的传感器更加微型化、集成化、高精度和智能化。多种传感器的集成融合，以及传感器与其他学科的不断交叉融合，更细微、更精准、更智能化的传感器必将对智能家居的未来感知层起到至关重要的作用！

任务 1　智能家居环境控制系统的安装与调试

【任务导入】

任务描述:

室内环境监控系统是智能家居中的一个子系统，它包括室内温湿度监控、室内空气质量监控等。要根据住宅外部环境的情况来设计室内环境监控系统，这对相关从业人员提出了较高的要求。小李毕业后，应聘某科技公司售后工程师岗位，该公司开展智能家居产品研发、生产与整体解决方案服务业务，面试时，售后技术主管要求小李现场展示智能家居环境控制系统的安装与调试。

任务目标:

（1）理解智能家居环境控制系统的基本概念。

（2）掌握智能家居环境控制系统硬件安装与软件调试方法。

（3）熟悉智能家居系统线缆敷设要求、安装方法和常用标准。

【任务分析】

设备安装与调试能力是售后技术岗人员重要的技能，要求从业人员能够对照系统原理图和说明书，按照工程标准完成设备的安装与布线。本任务主要学习智能家居环境控制系统的安装与调试。

1. 智能家居环境控制系统

智能家居环境控制系统包括平移推窗机、电动卷帘、风光雨探测器、风光雨感应控制器、2 频遥控器、数显温湿度计等。图 4-1-1、图 4-1-2 所示为智能家居环境无线控制系统原理图，图 4-1-3、图 4-1-4 所示为智能家居环境总线控制系统原理图。其中，图 4-1-1、图 4-1-3 是以实物照片为图例设计的系统原理图，图 4-1-2、图 4-1-4 是按照《物联网智能家居 图形符号》(GB/T 34043—2017 ）中规定的图形符号设计的系统原理图，为了方便快速学习和理解，我们在图中增加了产品名称。

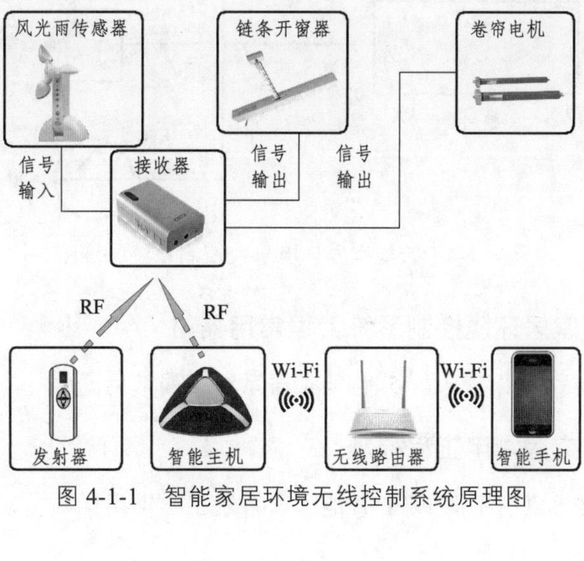

图 4-1-1　智能家居环境无线控制系统原理图

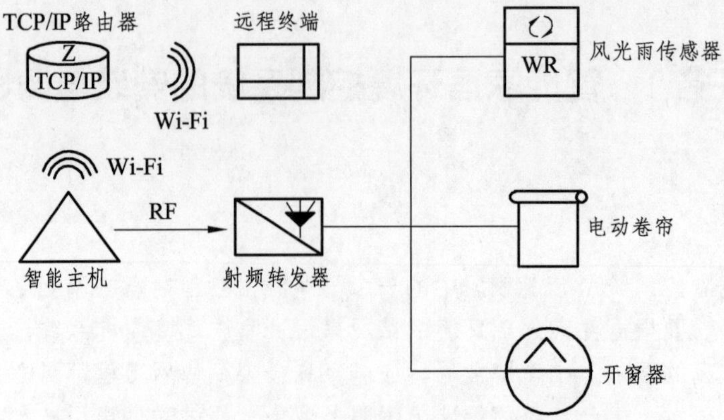

图 4-1-2　智能家居环境无线控制系统原理图

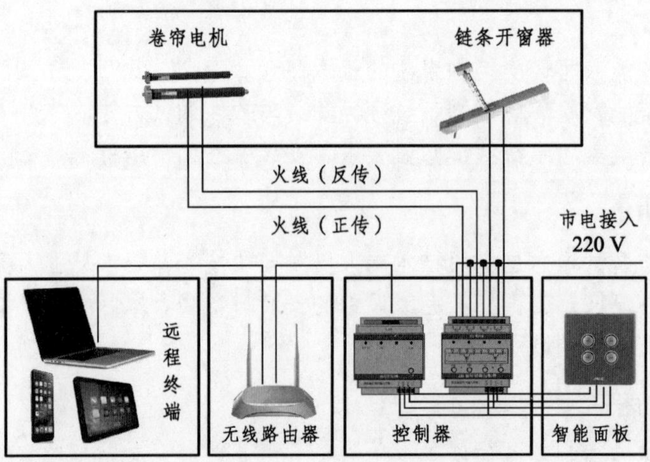

图 4-1-3　智能家居环境总线控制系统原理图

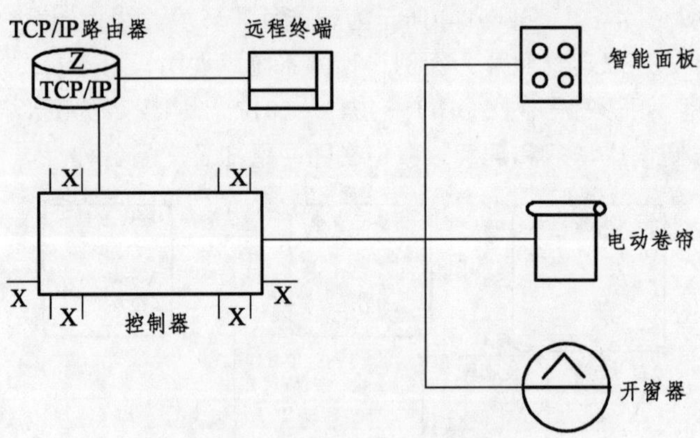

图 4-1-4　智能家居环境总线控制系统原理图

2. 熟悉智能家居环境控制系统工程常用器材

详见《工程技术索引手册》“5 智能家居系统工程常用器材”。

3. 熟悉智能家居常用工程标准

详见《工程技术索引手册》“6 智能家居系统工程常用标准”。

4. 熟悉智能家居系统的线缆敷设要求与安装方法

详见《工程技术索引手册》“16 智能家居系统的线缆敷设要求与安装方法”。

【任务实施】

任务实施见表 4-1-1。

表 4-1-1 任务实施

操作步骤	操作内容	注意事项
操作前		
1. 评估与沟通		
（1）评估	• 评估环境：按照 6S 标准之整理标准（SEIRI），进行清洁、安全、适合操作。 • 评估设备：设备的完整性和状态，以及工具、辅料、耗材情况。	
（2）沟通	• 明确客户需求、确认任务目标要求。	
2. 准备		
（1）环境准备	• 按照 6S 标准之整顿标准（SEITON），进行环境准备。	
（2）物品准备	• 智能家居工程技术设备。 • 智能化系统工具箱。该系统中用到的工具主要包括电烙铁、带焊锡盒的烙铁架、焊锡丝。 • 物联网工具箱。本实训中用到的工具主要包括数字万用表、多功能剥线钳、斜口钳、十字螺丝刀、十字头微型螺丝刀、一字头微型螺丝刀。 • 材料：超五类 RJ45 网络跳线 1 根，长度为 5 m	
（3）人员准备	• 了解智能家居系统。 • 熟悉 Visio、AutoCAD 软件。 • 熟练使用工具	
操作中		
1. 智能家居环境控制系统安装与调试		
第一步：将环境控制设备分别安装到设计位置	• 教师指定或学生自主选择 1～2 台环境控制设备，进行设备安装实训	操作中要求学生遵循 6S 管理标准之素养标准（SHITSUKE）和安全标准（SAFETY）
第二步：电源布线	• 实训时，教师首先详细介绍电源线的布线路由、线缆规格，然后指导学生进行环境控制设备接线，实现给设备供电	按照常用施工标准布线
第三步：控制器接线	• 在教师指导下接线。 • 实训时，教师断开设备电源，首先选择 1～2 台环境控制设备，拆除原有接线，然后在教师的监督下，由学生连接电源线和信号线	接线时，应注意线色，切勿接错
第四步：系统通电	• 系统通电前，教师认真仔细检查全部设备，要求安装正常，线缆中间接头处处理妥当，线缆端头可靠连接，确认无误后再给系统通电	
第五步：软件调试		

续表

<table>
<tr><th>操作步骤</th><th>操作内容</th><th>注意事项</th></tr>
<tr><td>（1）创建环境</td><td>

• 打开智能家居体验馆配置的笔记本电脑，找到智能家居软件系统调试软件，并且双击打开。

• 点击【添加设备】，选择【新建层】，输入楼层 ID、楼层名称，如图 4-1-5、图 4-1-6 所示。

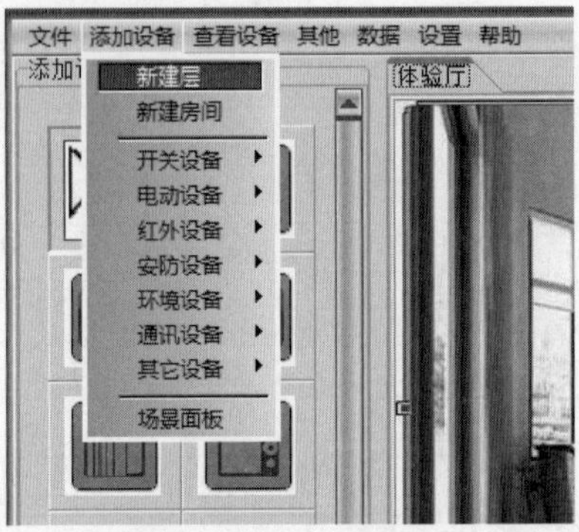

图 4-1-5　新建楼层

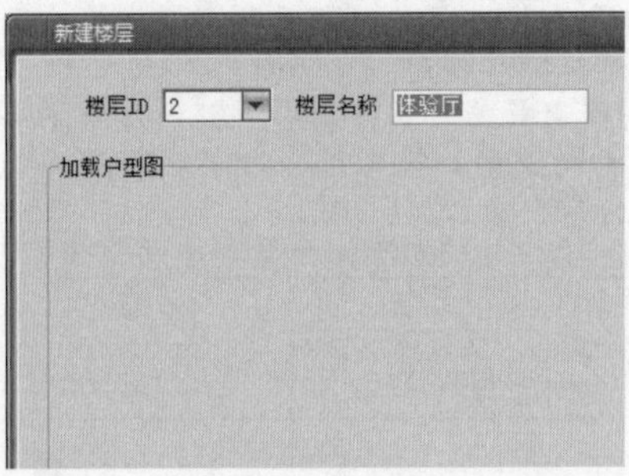

图 4-1-6　输入楼层 ID 和楼层名称

• 点击【户型平面】，选择第五步绘制的电子地图作为户型平面图，如图 4-1-7 所示，双击电子地图，进入预览模式，点击【确定】，即可完成电子地图插入，如图 4-1-8 所示。

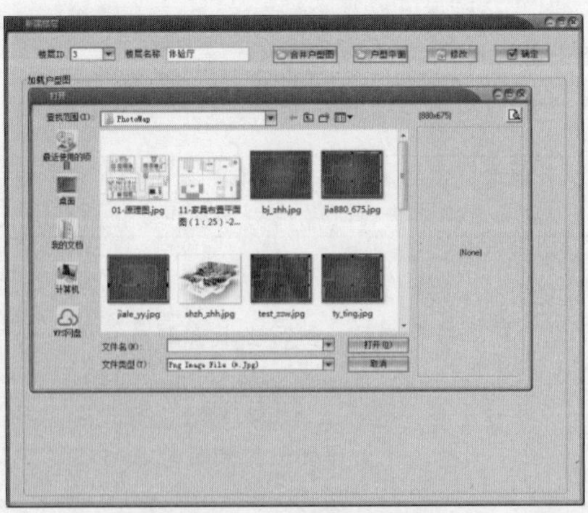

图 4-1-7　选择电子地图

</td><td></td></tr>
</table>

续表

<table>
<tr><th>操作步骤</th><th>操作内容</th><th>注意事项</th></tr>
<tr><td>（1）创建环境</td><td>
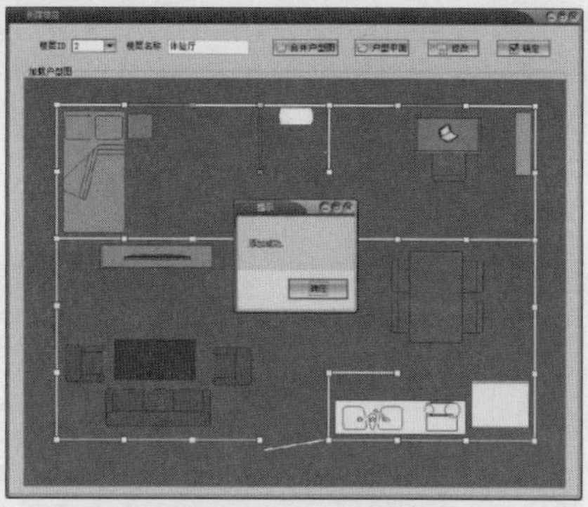

图 4-1-8　插入电子地图

• 点击【添加设备】，选择【新建房间】，可根据需要自由定义房间的编号、房间名称，点击【确定】，即可完成房间的添加，如图 4-1-9 所示。图 4-1-10 所示为房间添加完成，点击关闭，退出房间添加步骤，至此，完成整个家居环境的创建

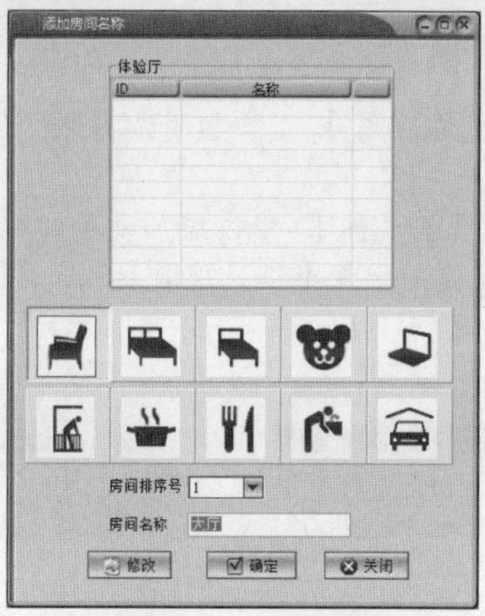

图 4-1-9　添加房间

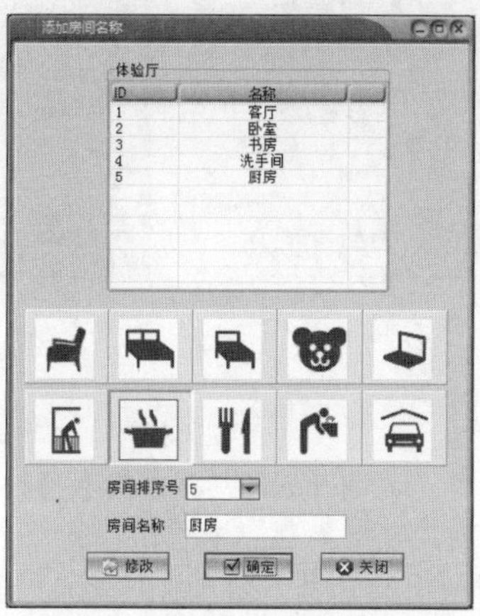

图 4-1-10　房间添加完成
</td><td></td></tr>
</table>

续表

操作步骤	操作内容	注意事项
（2）添加设备	• 在软件页面左侧【添加设备栏】中选择设备，点击户型图即可弹出添加设备对话框。 • 选择【房间名称】，选择需要添加设备的房间，如图 4-1-11 所示。 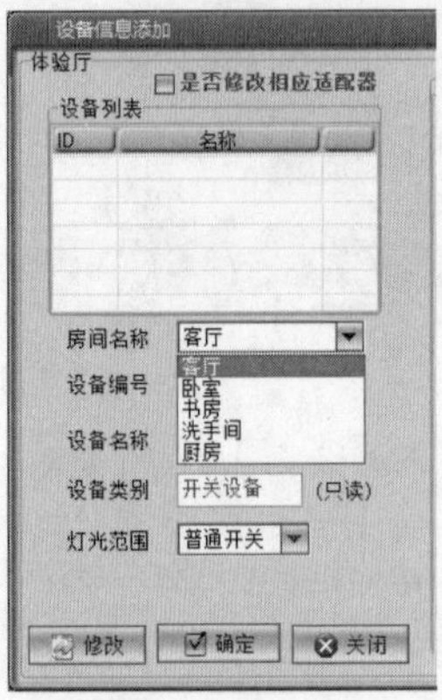 图 4-1-11　选择房间 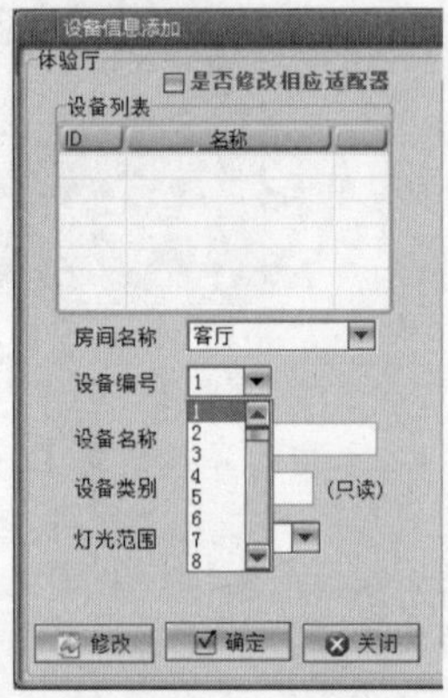 图 4-1-12　修改设备编号 • 选择【设备编号】，对添加的设备进行编号，如图 4-1-12 所示。 • 选择【设备名称】，修改添加设备的名称。如果添加设备为灯具，还需要选择【灯光范围】为普通开关或亮度调节，如图 4-1-13、图 4-1-14 所示 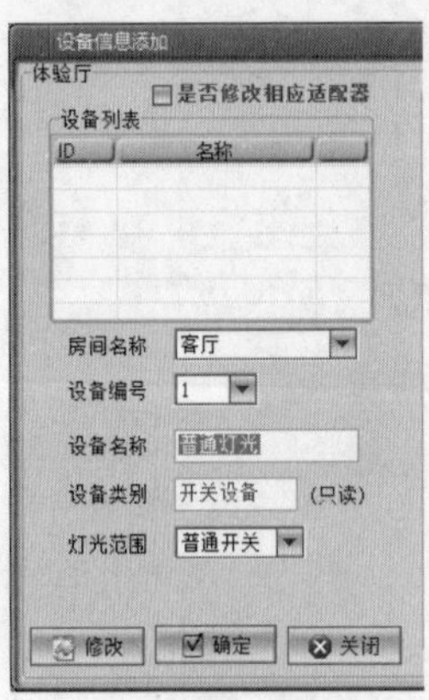 图 4-1-13　修改设备名称 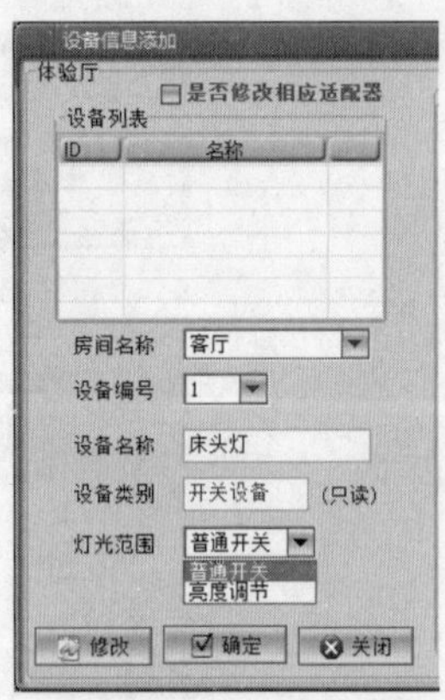 图 4-1-14　选择灯光范围	
（3）通信设置	• 网线连接：用网络跳线将远程控制器与笔记本电脑连通。 • 网关设置：点击【设置】，选择【网关（CAN-TCPIP）设置】，弹出网关设置界面，单击该页面的【清空】按钮，清空已有的 SN 序列码，然后按压远程控制器 LAN 指示灯所对应的按钮，获取新的 SN 序列码，如图 4-1-15 所示。	

续表

<table>
<tr><th>操作步骤</th><th>操作内容</th><th>注意事项</th></tr>
<tr><td></td><td>
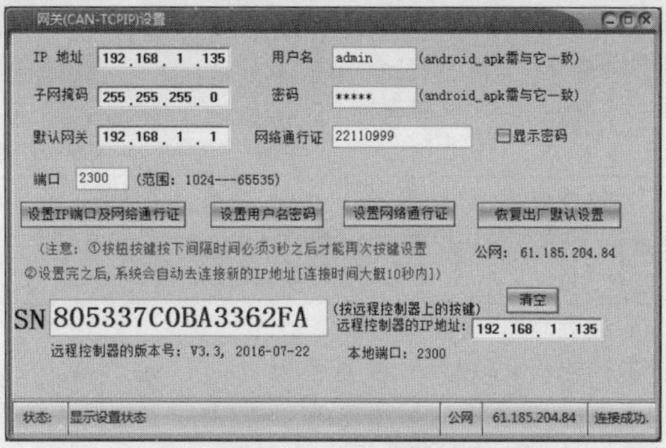

图 4-1-15　网关设置</td><td></td></tr>
<tr><td>（3）通信设置</td><td>• 通信设置：点击【设置】，选择【通信设置】，弹出通信设置界面，选择【网络方式】，点击【确定】，进行网络连接，如图 4-1-16 所示
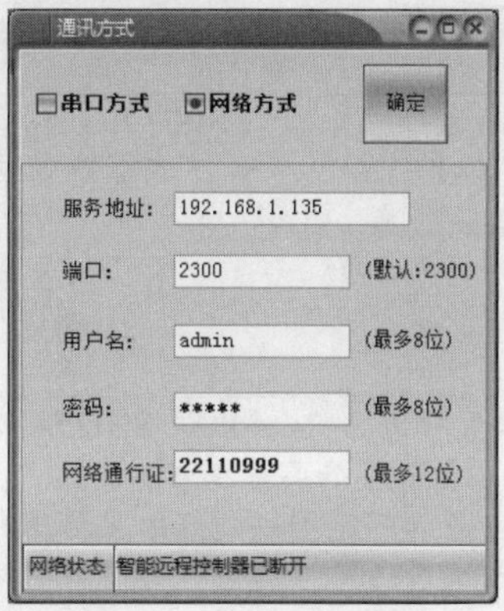

图 4-1-16　通信设置</td><td></td></tr>
<tr><td>（4）设备地址学习</td><td></td><td></td></tr>
<tr><td>① 控制器通道地址学习</td><td></td><td></td></tr>
<tr><td>第一步</td><td>• 点击【设置】，选择【设备地址学习】，弹出地址编程界面</td><td></td></tr>
<tr><td>第二步</td><td>• 选中需要编写地址的设备，选择通道，该通道即为控制器通道，如图 4-1-17 所示
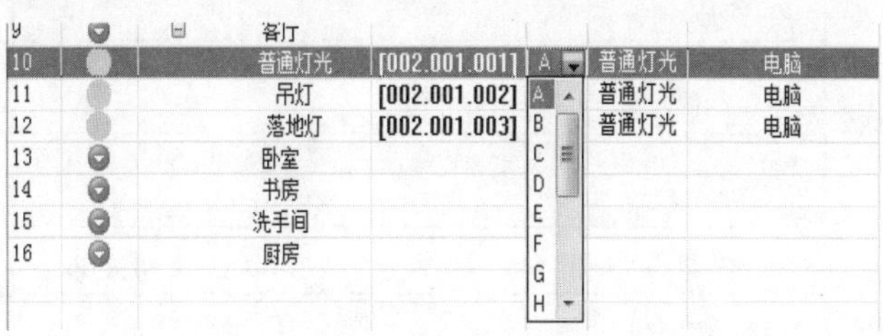

图 4-1-17　通道选择</td><td></td></tr>
</table>

续表

操作步骤	操作内容	注意事项
第三步	• 按压控制器通道对应的按键大约 5 s，通道指示灯闪烁 1 下，在地址编程界面选中需要编写地址的设备，右键点击，选择【编程】，右侧【指令显示】处将显示一组编码，在编码学习倒计时结束前，连续按 5 下控制器按键，即可在【指令显示】处显示学习成功与否。若学习失败，则需要重新学习	
② 智能面板与软件界面联动	• 同时按住智能面板两个水平按键，长鸣一声后放开，双击需要控制的软界面中的设备图标，然后选择智能面板两个水平按键中的一个先按一下，长鸣一声再连续按四下即可	
③ 控制演示	• 无线环境控制系统。 • 通过配套的射频遥控器控制电动窗的开关。 • 通过移动终端控制电动窗的开关。 • 总线环境控制系统。 • 控制器控制：按压电动卷帘对应连接的控制器按钮，控制电动卷帘的开合。 • 智能开关控制：按压电动卷帘的智能开关按钮，控制电动卷帘的开合。 • 笔记本电脑控制：点击软件界面对应的开关按钮图标，控制电动卷帘的开合	
	操作后	
1. 环境整理	按照 6S 标准之清扫标准（SEISO）、清洁标准（SEIKETSU）和安全标准（SAFETY），做如下环境整理工作： • 整理仪器、设备、工具。 • 清洁工位。 • 关闭电源。 • 打扫实训场所	
2. 实训报告	按照 6S 标准之素养标准（SHITSUKE）和安全标准（SAFETY），做如下报告整理工作： • 给出智能家居环境控制系统的主要器材名称。 • 掌握智能家居环境控制系统的工作原理，并绘制系统原理图。 • 描述智能家居环境控制系统的控制器接线方法。 • 描述无线控制和总线控制的操作方法	

【任务评价】

任务评价见表 4-1-2。

表 4-1-2　任务评价

序号	任务描述	评分标准		分值	得分
任务 1	智能家居环境控制系统安装与调试	1. 将器材分别安装到设计位置 20 分，每错一处扣 2 分，扣完为止		20	
		2. 布线与接线 40 分：接线每错一处扣 5 分，不按标准接线，每处扣 5 分，扣完为止		40	
		3. 系统通电 20 分：线头未处理一处扣 5 分，线缆端头可靠连接性差，每一处扣 5 分，扣完为止		20	
		4. 控制演示 20 分，每错一处扣 5 分，扣完为止		20	
总得分			考核等级		

备注：考核满分为 100 分，60～69 分为及格；70～79 分为中等；80～89 分为良好；90 分及以上为优秀。

任务 2　温湿度传感器的安装

【任务导入】

任务描述:

小李毕业后，应聘某科技公司售后工程师岗位，该公司开展智能家居产品研发、生产与整体解决方案服务业务，面试时，售后技术主管要求小李现场展示温湿度传感器的安装。

任务目标:

（1）理解智能家居环境控制系统的基本概念。

（2）掌握温湿度传感器的安装方法。

（3）熟悉智能家居系统线缆敷设要求、安装方法和常用标准。

【任务分析】

设备安装与调试能力是售后技术岗人员重要的技能，要求从业人员能够对照系统原理图和说明书，按照工程标准完成设备的安装与布线。本任务主要学习温湿度传感器的安装方法。

1. 环境监控类设备的安装

详见《工程技术索引手册》“13 智能家居系统的设备安装”。

2. 熟悉智能家居系统工程常用器材

详见《工程技术索引手册》“5 智能家居系统工程常用器材”。

3. 熟悉智能家居常用工程标准

详见《工程技术索引手册》“6 智能家居系统工程常用标准”。

4. 熟悉智能家居系统的线缆敷设要求与安装方法

详见《工程技术索引手册》“16 智能家居系统的线缆敷设要求与安装方法”。

【任务实施】

任务实施见表 4-2-1。

表 4-2-1　任务实施

操作步骤	操作内容	注意事项
	操作前	
1. 评估与沟通		
（1）评估	• 评估环境：按照 6S 标准之整顿标准（SEITON），进行清洁、安全、适合操作。 • 评估设备：设备的完整性和状态，以及工具、辅料、耗材情况	
（2）沟通	• 明确客户需求、确认任务目标要求	
2. 准备		
（1）环境准备	• 按照 6S 标准之整顿标准（SEITON），进行环境准备。	
（2）物品准备	• 智能家居工程技术设备。 • 智能化系统工具箱。该系统中用到的工具主要包括电烙铁、带焊锡盒的烙铁架、焊锡丝。 • 物联网工具箱。本实训中用到的工具主要包括数字万用表、多功能剥线钳、斜口钳、十字螺丝刀、十字头微型螺丝刀、一字头微型螺丝刀	
（3）人员准备	• 了解智能家居系统。 • 熟悉 Visio、AutoCAD 软件。 • 熟练使用工具	
	操作中	
1. 智能温湿度传感器的安装	RS485 传感器的连接与数据获取	
第一步	• 旋转探测器取下固定件，用自攻丝固定在安装位置，如图 4-2-1 所示 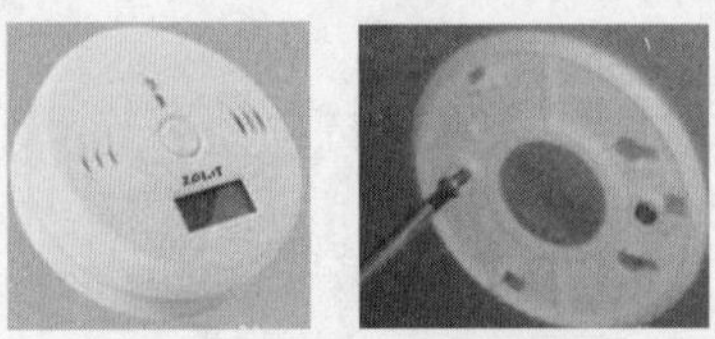 图 4-2-1　固定安装位置	操作中要求学生遵循6S 管理标准之素养标准（SHITSUKE）和安全标准（SAFETY）
第二步	• 取下接线端子，按照接线图接入零火线，拧紧固定螺丝，插入探测器。 • 将内部电线整理好，把探测器扣在固定件上，旋转探测器固定件	接线时，应注意线色，切勿接错
第三步	• 装入五号电池，将探测器扣在固定底座上，旋转固定，安装完毕，如图 4-2-3 所示  图 4-2-2　固定探测器	（1）在天花板上安装时，要固定牢靠，以防脱落砸伤人。 （2）装入电池时注意正负极不要弄错

续表

操作步骤	操作内容	注意事项
第四步：连接网关	• 如果用的是米家蓝牙网关连接，那么需要下载一个米家App，在里边先添加米家蓝牙网关，添加成功后系统会提示再添加温湿度传感器，按照步骤操作即可。 • 如果用的是小爱智能音箱连接，需要下载一个小爱音箱App，然后打开小爱音箱的蓝牙网关，即可连接使用。 • 如果是专用网关，需要连接专用网关，在专用软件/App上添加温湿度传感器，即可使用（不同厂商、不同型号操作有差异）	温湿度传感器和网关的距离不能太远，太远了容易连接不上
操作后		
1. 环境整理	按照6S标准之清扫标准（SEISO）、清洁标准（SEIKETSU）和安全标准（SAFETY），做如下环境整理工作： • 整理仪器、设备、工具。 • 清洁工位。 • 关闭电源。 • 打扫实训场所	
2. 实训报告	按照6S标准之素养标准（SHITSUKE）和安全标准（SAFETY），做如下报告整理工作： • 掌握温湿度传感器的安装方法。 • 描述温湿度传感器与网关连接的方式	

【任务评价】

任务评价见表4-2-2。

表4-2-2 任务评价

序号	任务描述	评分标准		分值	得分
任务2	温湿度传感器的安装	1. 温湿度传感器的安装40分：安装高度、位置、工艺符合要求，满分，每错一处扣10分，扣完为止		40	
		2. 连接网关40分：配置正确、能够正常测试参数，满分，每错一处扣10分，扣完为止		40	
		3. 环境整理20分：实训完后整理仪器、设备、工具，清洁工位，关闭电源，满分，每错一处扣5分，扣完为止		20	
总得分			考核等级		

备注：考核满分为100分，60～69分为及格；70～79分为中等；80～89分为良好；90分及以上为优秀。

任务 3　室外风光雨传感器的安装

【任务导入】

任务描述：

小李毕业后，应聘某科技公司售后工程师岗位，该公司开展智能家居产品研发、生产与整体解决方案服务业务，面试时，售后技术主管要求小李现场展示室外风光雨传感器的安装。

任务目标：

（1）理解智能家居环境控制系统的基本概念。

（2）掌握室外风光雨传感器的安装方法。

（3）熟悉智能家居系统线缆敷设要求、安装方法和常用标准。

【任务分析】

设备安装与调试能力是售后技术岗人员重要的技能，要求从业人员能够对照系统原理图和说明书，按照工程标准完成设备的安装与布线。本任务主要学习室外风光雨传感器安装方法。

1. 环境监控类设备的安装

详见《工程技术索引手册》“13 智能家居系统的设备安装”。

2. 熟悉智能家居系统工程常用器材

详见《工程技术索引手册》“5 智能家居系统工程常用器材”。

3. 熟悉智能家居常用工程标准

详见《工程技术索引手册》“6 智能家居系统工程常用标准”。

4. 熟悉智能家居系统的线缆敷设要求与安装方法

详见《工程技术索引手册》“16 智能家居系统的线缆敷设要求与安装方法”。

【任务实施】

任务实施见表 4-3-1。

表 4-3-1　任务实施

操作步骤	操作内容	注意事项
	操作前	
1. 评估与沟通		
（1）评估	• 评估环境：按照 6S 标准之整顿标准（SEITON），进行清洁、安全、适合操作。 • 评估设备：设备的完整性和状态，以及工具、辅料、耗材情况。	
（2）沟通	• 明确客户需求、确认任务目标要求。	

续表

操作步骤	操作内容	注意事项
2. 准备		
（1）环境准备	• 按照 6S 标准之整顿标准（SEITON），进行环境准备。	
（2）物品准备	• 智能家居工程技术设备。 • 智能化系统工具箱。该系统中用到的工具主要包括电烙铁、带焊锡盒的烙铁架、焊锡丝。 • 物联网工具箱。本实训中用到的工具主要包括数字万用表、多功能剥线钳、斜口钳、十字螺丝刀、十字头微型螺丝刀、一字头微型螺丝刀	
（3）人员准备	• 了解智能家居系统。 • 熟悉 Visio、AutoCAD 软件。 • 熟练使用工具	
	操作中	
1. 室外风光雨传感器的安装		
第一步	• 选择安装位置。为了确保传感器能更好地感应气候变化，必须将传感器装在户外完全暴露在太阳光下且通风顺畅、易淋雨的位置。常用的安装位置如图 4-3-1 所示 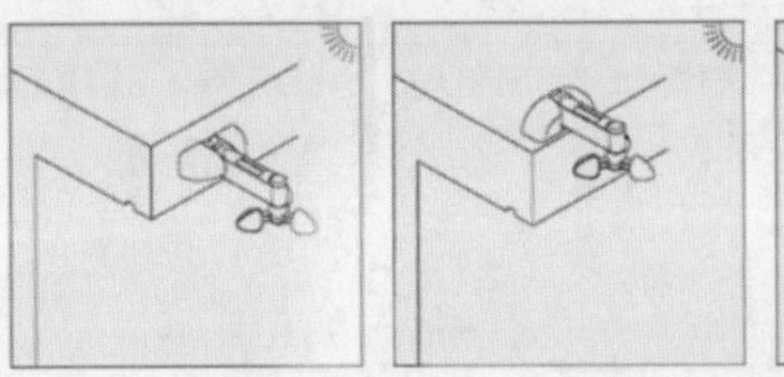 图 4-3-1　室外风光雨传感器安装位置	安装位置注意选择与控制面板尽可能近，同时便于穿管、布线
第二步	• 固定传感器。如图 4-3-2 所示，在墙面上钻孔，安装膨胀螺钉，将传感器底座放平，拧紧固定螺丝，注意盖上螺钉卡帽，防止螺钉进水、裸露在空中生锈  图 4-3-2　固定传感器	安装时要横平竖直，不能倾斜

续表

操作步骤	操作内容	注意事项
第三步	• 墙壁穿孔。将传感器引线接入室内控制面板，接线穿墙必需穿管。 • 将风光雨传感器输出端连线接入推窗器控制面板中的传感器输入口与推窗器联动，如图 4-3-3 所示。 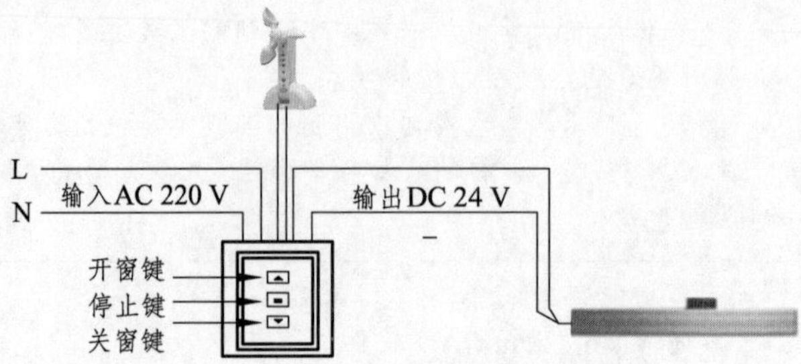 图 4-3-3 连接传感器与控制面板 • 如为无线室外风光雨传感器，则需安装电池或接入电源线，配置控制面板（接收器）与传感器。其他方式相同	室外风光雨传感器一般为开关量输出，不单独使用，常与推窗器、窗帘电机联动
第四步	• 测试。转动风速传感器扇叶，推窗器执行相关动作，安装正确，反之错误。用强光照射光探头，推窗器执行相关动作，安装正确，反之错误。在探头上滴入水滴，推窗器执行相关动作，安装正确，反之错误	操作中要求学生遵循 6S 管理标准之素养标准（SHITSUKE）和安全标准（SAFETY）
	操作后	
1. 环境整理	按照 6S 标准之清扫标准（SEISO）、清洁标准（SEIKETSU）和安全标准（SAFETY），做如下环境整理工作： • 整理仪器、设备、工具。 • 清洁工位。 • 关闭电源。 • 打扫实训场所	
2. 实训报告	按照 6S 标准之素养标准（SHITSUKE）和安全标准（SAFETY），做如下报告整理工作： • 掌握室外风光雨传感器的安装方法。 • 描述室外风光雨传感器与控制面板连接的方式	

【任务评价】

任务评价见表 4-3-2。

表 4-3-2 任务评价

序号	任务描述	评分标准	分值	得分
任务 3	室外风光雨传感器的安装	1. 室外风光雨传感器的安装 40 分：安装高度、位置、工艺符合要求，满分，每错一处扣 10 分，扣完为止	40	
		2. 连接控制面板 40 分：配置正确、能够正常测试参数，满分，每错一处扣 10 分，扣完为止	40	
		3. 环境整理 20 分：实训完后整理仪器、设备、工具，清洁工位，关闭电源，满分，每错一处扣 5 分，扣完为止	20	
总得分			考核等级	

备注：考核满分为 100 分，60～69 分为及格；70～79 分为中等；80～89 分为良好；90 分及以上为优秀。

任务 4　扫地机器人的安装

【任务导入】

任务描述：

小李毕业后，应聘某科技公司售后工程师岗位，该公司开展智能家居产品研发、生产与整体解决方案服务业务，面试时，售后技术主管要求小李现场展示扫地机器人的安装。

任务目标：

（1）理解智能家居环境控制系统的基本概念。

（2）掌握扫地机器人的安装方法。

（3）熟悉智能家居系统线缆敷设要求、安装方法和常用标准。

【任务分析】

设备安装与调试能力是售后技术岗人员重要的技能，要求从业人员能够对照系统原理图和说明书，按照工程标准完成设备的安装与布线。本任务主要学习扫地机器人的安装方法。

1. 环境监控类设备的安装

详见《工程技术索引手册》“13 智能家居系统的设备安装”。

2. 熟悉智能家居系统工程常用器材

详见《工程技术索引手册》“5 智能家居系统工程常用器材”。

3. 熟悉智能家居常用工程标准

详见《工程技术索引手册》“6 智能家居系统工程常用标准”。

4. 熟悉智能家居系统的线缆敷设要求与安装方法

详见《工程技术索引手册》“16 智能家居系统的线缆敷设要求与安装方法”。

【任务实施】

任务实施见表 4-4-1。

表 4-4-1　任务实施

操作步骤	操作内容	注意事项
	操作前	
1. 评估与沟通		
（1）评估	• 评估环境：按照 6S 标准之整顿标准（SEITON），进行清洁、安全、适合操作。 • 评估设备：设备的完整性和状态，以及工具、辅料、耗材情况	
（2）沟通	• 明确客户需求、确认任务目标要求	

续表

操作步骤	操作内容	注意事项
2. 准备		
(1)环境准备	• 按照6S标准之整顿标准(SEITON),进行环境准备。	
(2)物品准备	• 智能家居工程技术设备。 • 智能化系统工具箱。该系统中用到的工具主要包括电烙铁、带焊锡盒的烙铁架、焊锡丝。 • 物联网工具箱。本实训中用到的工具主要包括数字万用表、多功能剥线钳、斜口钳、十字螺丝刀、十字头微型螺丝刀、一字头微型螺丝刀	
(3)人员准备	• 了解智能家居系统。 • 熟悉Visio、AutoCAD软件。 • 熟练使用工具	
	操作中	
1. 扫地机器人的安装	米家机器人	
第一步	• 打开电源,平放扫地机器人,如图4-4-1所示。  图4-4-1 平放扫地机器人 • 水平安装机器人充电插座如图4-4-2所示。扫地机器人支持自动回充功能,在安装充电插座时注意机器人与充电插座应在同一水平面  图4-4-2 安装充电插座	操作中要求学生遵循6S管理标准之素养标准(SHITSUKE)和安全标准(SAFETY)
第二步	• 打开手机设置,查找无线局域网,登录无线局域网。如图4-4-3所示。 • 登录小米智能家庭APP,如图4-4-4所示。直接登录App Store搜索“米家”App下载。如无小米账号可先注册或直接使用微信登陆。	

续表

操作步骤	操作内容	注意事项
第二步	 图 4-4-3　无线局域网 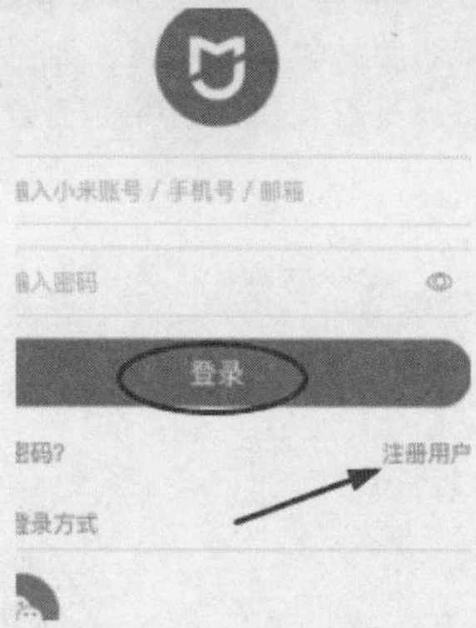 图 4-4-4　登录米家 APP • 切换到“我的设备”页签，点击右上角的加号添加设备，如图 4-4-5 所示。 • 选择“米家扫地机器人”，勾选“蓝灯闪烁中”，点击下一步。如图 4-4-6 所示。  图 4-4-5　添加设备 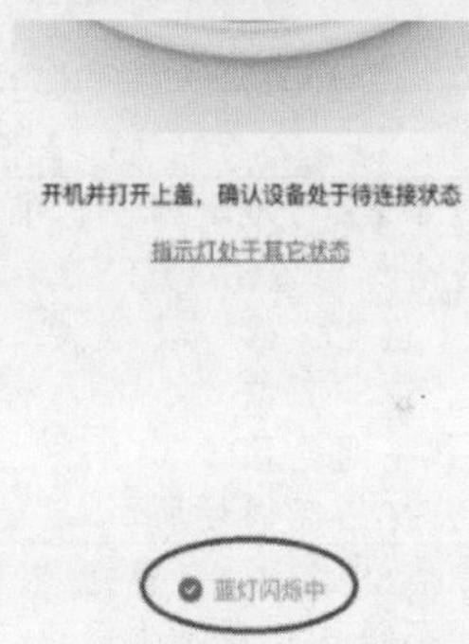 图 4-4-6　我的设备 • 提示输入 Wi-Fi 用户名密码，点击下一步，如图 4-4-7 所示。提示将手机连接到机器人，在“设置-无限局域网”中选择机器人（以 rockrobo-vacuum 开始）；待连接机器人成功（出现对勾）后，切回到米家 App，将开始和机器进行连接。如图 4-4-8 所示，然后返回小米智能家庭 App。  图 4-4-7　选择设备工作 Wi-Fi 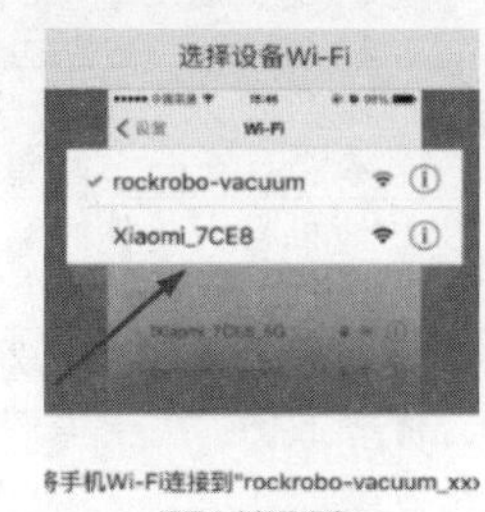 图 4-4-8　选择设备 Wi-Fi	

续表

操作步骤	操作内容	注意事项
第二步	• 连接成功后，修改名称后点击“开始体验”，App 将开始下载扫地机器人插件，如图 4-4-9 所示，下载完成后自动进入扫地机器人使用引导界面，如图 4-4-10 所示。 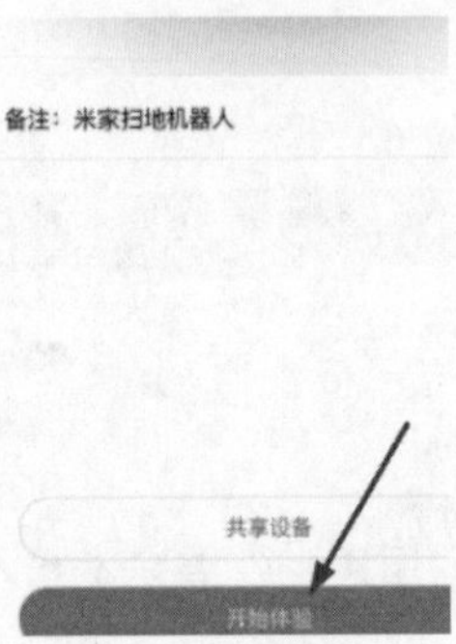 图 4-4-9 开始体验  图 4-4-10 引导界面 • 最后一个引导页点击“立即体验”，进入机器人主界面；点击“同意并继续”后，就可以正常的使用。	
第三步	• 测试。试验扫地机器人各项功能，如各个执行动作正确，安装配置无误，反之错误	
操作后		
1. 环境整理	按照 6S 标准之清扫标准（SEISO）、清洁标准（SEIKETSU）和安全标准（SAFETY），做如下环境整理工作： • 整理仪器、设备、工具。 • 清洁工位。 • 关闭电源。 • 打扫实训场所	
2. 实训报告	按照 6S 标准之素养标准（SHITSUKE）和安全标准（SAFETY），做如下报告整理工作： • 掌握扫地机器人的安装方法。 • 描述扫地机器人软件的配置方式	

【任务评价】

任务评价见表 4-4-2。

表 4-4-2 任务评价

序号	任务描述	评分标准	分值	得分
任务 4	扫地机器人的安装	1. 扫地机器人的安装 40 分：安装高度、位置、工艺符合要求，满分，每错一处扣 10 分，扣完为止	40	
		2. 扫地机器人软件的配置 40 分：配置正确、能够正常执行相关动作，满分，每错一处扣 10 分，扣完为止	40	
		3. 环境整理 20 分：实训完后整理仪器、设备、工具，清洁工位，关闭电源，满分，每错一处扣 5 分，扣完为止	20	
总得分		考核等级		

备注：考核满分为 100 分，60～69 分为及格；70～79 分为中等；80～89 分为良好；90 分及以上为优秀。

课后习题

【单选题】

1. 室内环境监测系统检测空气中的有害成分不包括（　　）。

A. 一氧化碳　　B. 甲烷

C. 氧气　　D. 二氧化硫

2. 智能家居环境监控系统中无线控制型采用了 ZigBee 技术，那么 ZigBee 的特点是（　　）。

A. 低复杂度、低功耗、低速率、低成本、自组网、高可靠

B. 高复杂度、低功耗、低速率、低成本、自组网、高可靠

C. 低复杂度、高功耗、低速率、低成本、自组网、高可靠

D. 低复杂度、高功耗、高速率、高成本、自组网、高可靠

3. 智能家居环境监控系统中外设模块分别有（　　）。

A. Wi-Fi 通信模块、温湿度模块、烟雾模块、蜂鸣器模块、小风扇和继电器模块

B. Wi-Fi 通信模块、温湿度模块、光敏电阻模块、烟雾模块、蜂鸣器模块、小风扇和继电器模块

C. Wi-Fi 通信模块、温湿度模块、光敏电阻模块、烟雾模块、小风扇和继电器模块

D. Wi-Fi 通信模块、光敏电阻模块、烟雾模块、蜂鸣器模块、小风扇和继电器模块

4. 继电器模块上一般有 6 个引脚，VCC 和 GND 分别指的是（　　）。

A. 电源负极、电源负极　　B. 电源负极、电源正极

C. 电源正极、电源正极　　D. 电源正极、电源负极

5. 智能家居环境监控系统中无线控制型可采用 Wi-Fi 技术，那么关于 Wi-Fi 的说法，以下正确的是（　　）。

A. Wi-Fi 是一种可以将笔记本电脑、收集、平板电脑等终端以无线方式连接的技术

B. 严格意义上来讲，Wi-Fi 就是我们常说的 WLAN

C. Wi-Fi 就是中国移动提供的无线网络服务

D. 所有的智能手机都具有 Wi-Fi 功能

6. 智能家居环境监控系统中主控制器模块采用 51 单片机系统，那么关于 51 单片机说法正确的是（　　）。

A. 具有功耗高、体积小、成本低的特点

B. 具有功耗低、体积小、成本高的特点

C. 具有功耗低、体积小、成本低的特点

D. 具有功耗低、体积大、成本低的特点

7. 采用热敏电阻的优缺点正确的是（　　）。

A. 价格便宜，线性特性会影响系统精度

B. 价格较高，非线性特性能够提高系统精度

C. 价格便宜，线性特性能够提高系统精度

D. 价格便宜，非线性特性会影响系统精度

8. 污染物浓度测量值的极限值判定，采用（　　）比较法。

A. 全数值　　B. 修约值

C. 平均值　　D. 比较值

9. 智能照明控制系统中无线控制型可采用 Wi-Fi 技术，那么 Wi-Fi 的基本协议基础是（　　）。

A. IEEE 802.15.4　　B. IEEE 811.15

C. IEEE 802.11　　D. IEEE 802.15.3a

10. ZigBee 是基于（　　）无线标准研制开发的有关组网技术。

A. IEEE 802.15.4.112　　B. IEEE 802.15

C. IEEE 802.15.4　　D. IEEE 802

【多选题】

1. 照明控制系统的基本类型包括（　　）。

A. 点（等）控制型　　B. 区域控制型

C. 网络控制型　　D. 节能控制型

2. 无线控制型可采用蓝牙技术，蓝牙技术的优势有（　　）。

A. 全球可用　　B. 局域网协议

C. 自组织和自愈功能　　D. 通用规格

3. ZigBee 的技术特点有（　　）。

A. 安全　　B. 成本高

C. 低功耗　　D. 可靠

4. 单片机中的定时/计数器一般具有的功能包括（　　）。

A. 定时器功能　　B. 计数器功能

C. 捕获功能　　D. 中断功能

5. 物联网网络架构的组成有（　　）。

A. 物理层　　B. 感知层

C. 网络层　　D. 应用层

【判断题】

1. GSM 系统全称为 Globe System For Mobile Communication。（　　）

2. STM32F407 单片机是意法半导体有限公司生产的一款低功耗、基于 ARM 内核的高性能 32 位微控制器。(　　)

3. DHT11 既有超小体积，又有极低功耗的特点，而且传输距离远。(　　)

4. Wi-Fi、ZigBee 是智能家居里常用连接方式。(　　)

5. X-10 协议即国际标准电力载波通讯协议。(　　)

6. 智能家居无法推进发展。(　　)

7. 智能家居控制系统英文为 Smarthome Control System，简称 SCS。(　　)

8. 烟雾传感器采用 MQ-2，它的探测范围广、灵敏度高、响应快、稳定性强，可用于液化气、甲烷、丙烷、丁烷、酒精、烟雾等气体的泄漏监测。(　　)

9. 智能在 20 世纪就开始研发。(　　)

10. 温湿度传感器、烟雾传感器、热释电传感器、光照度传感器为智能家居常用传感器。(　　)

【填空题】

1. 智能家居环境监控系统中主控制器模块采用 51 单片机系统，51 单片机有____条总线。

2. ZigBee 是基于______无线标准研制开发的有关组网技术。

3. 51 单片机的特点包括______、______、______。

4. 采用热敏电阻的优点是______。

5. 继电器模块上一般有______个引脚。

6. 污染物浓度测量值的极限值判定，应当采用______比较法。

7. 智能家居环境监控系统中主控制器模块采用 51 单片机系统，51 单片机是______位的。

8. 智能家居环境监测系统设计采用的嵌入式系统是______。

9. 智能家居环境监控系统中外设模块分别有________、________、________、________、________、________。

【问答题】

1. 智能家居环境监测系统由哪几部分组成？其系统构造应该包含哪些部件？

2. 智能家居环境监测系统的总体设计思路是怎么样的？举例说明即可。

3. 智能家居环境监测系统中需要配备烟雾检测系统，它需要具有怎么样的特点？

4. 智能家居环境监测系统进行系统选择时，应选择嵌入式系统还是通用 PC 系统？它的优点是什么？

项目 5　智能家居家庭影音系统

家庭影音系统也称家庭影院。它是由影音源（VCD、DVD 等）、电视机、功率放大器和音响等组成的家庭视听系统。简单通俗地说，就是通过一套智能家庭影院控制系统，统一管理与控制家庭影院内的各种视听影音设备，如功放、音响、高清播放器、影碟机、投影仪、电动投影幕、高清电视等。除此之外像影音室里各类中央空调、地暖、新风、电动窗帘、电动观影座椅也可以通过这套系统控制。只需通过墙面上的液晶控制面板或遥控器，甚至是手机、平板电脑、计算机等设备来控制。只要一键就可以实现“影院、K 歌、娱乐、入场、离开”等各种情景控制模式快速进入与自由切换，以节省单独手动控制每个影音设备与环境控制设备开关与调节的时间。

学习目标

【知识目标】

（1）掌握智能家居影音系统的硬件安装与软件调试。

（2）熟悉智能家居系统线缆敷设要求、安装方法和常用标准。

【能力目标】

（1）掌握音视频线的制作及接头焊接的方法。

（2）掌握智能家居影音系统的硬件安装。

（3）掌握智能家居影音系统的软件调试。

【素养目标】

培养学生养成踏实、严谨、不断进取的品质及独立思考的学习习惯。

【思政目标】

（1）培养学生树立正确的人生观、价值观，塑造良好的人格。

（2）培养学生的民族自豪感，激发学生对祖国的热爱。

知识准备

一、音频功率放大器

1. 定　义

音频功率放大器是指音响系统中最基本的设备，它的任务是把来自信号源（专业音响系统中则是来自调音台）的微弱电信号进行放大以驱动扬声器发出声音。简称功放，俗称“扩音机”。

2. 组　成

音频放大器通常由前置放大器和功率放大器组成。

前置放大器：音频信号源信号的幅度一般很小，不能直接驱动功率放大器，因此必须先将它们放大到一定幅度，这就需要用到前置放大器。除了信号放大功能，前置放大器还可以同时具有音量调节、音调控制、响度控制和声道均衡等功能。

功率放大器：功率放大器简称为功放，它的目的是给负载提供足够大的电流驱动能力，实现功率放大。D 类功放工作在开关状态，理论上它无需静态电流，具有很高的效率。

典型的 D 类功放拓扑结构如图 5-0-1 所示。它由三角波发生器、比较器、功率输出级以及 *LC* 低通滤波器组成。

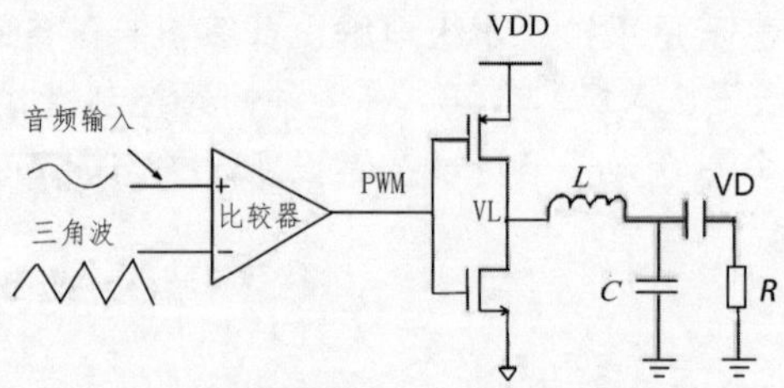

图 5-0-1　典型的 D 类功放拓扑结构

作用：音频功率放大器的作用是把来自音源或前级放大器的弱信号放大，推动音箱放声。也是将音源器材输入的较微弱信号进行放大后，产生足够大的电流去推动扬声器进行声音的重放。由于考虑功率、阻抗、失真、动态以及不同的使用范围和控制调节功能，不同的功放在内部的信号处理、线路设计和生产工艺上也各不相同。

二、什么是定压式功放

定压功放（定压功率放大器）是广泛应用于广播系统及报警系统，甚至应用于超声等的功率转换产品，常见的该类功率放大器主要承担音频远程传播系统的心脏功能。

三、什么是定阻式功放

定阻功放是这类放大器要求负载的阻抗恒定。输入信号一定时，输出电压随负荷改变而变化很大。

四、如何选用音频线

第一，选择的材料很重要。常见的优质的少失真导体材料从高到低排序依次为：6N 单晶铜镀银 > 纯银 > 6N 单晶铜 > 4N 无氧铜镀银，可以参考。

第二，线材的用料也很关键。导体的材料越好，导体越粗（横截面积越大），阻抗就越小，音频传输的失真就越小，音质就越佳。

第三，屏蔽层的材料选择。屏蔽越好，当然受外界干扰就越小；市面上的大多为金属屏蔽层、新型石墨烯屏蔽层，但是对于金属屏蔽层确实存在一个很难忽视的问题：金属屏蔽层越厚越好，但如果这样，线身会很硬，使用不便利。

最后，接插头也是不能忽视的问题，可以选择含保护层的接插头。因为接插头裸露在外面，容易被氧化，如果因为氧化生锈导致电阻变大音响音质就得不偿失了。

五、功率放大器与音箱的配接方式

1. 定压式功放

为了远距离传输音频功率信号，减少在传输线上的能量损耗，该方武以较高电压形式传送音频功率信号。一般有 75 V、120 V、240 V 等不同电压输出端子供使用者选择。使用定压功放要求功放和扬声器之问使用线性变压器进行阻抗匹配。

2. 定阻式功放

功率放大器以固定阻抗形式输出音频功率信号，也就是要求音箱按规定的阻抗进行配接，才能得到额定功率的输出分配。通常除远距离扩声外，剧院、歌舞厅等大多数扩声系统均使用定阻功放。

六、定压功放与定阻功放的特点

1. 定压功放

这类功放通常如果额定负载电压发生了变化，那么其功率也相应发生着一定的变化。比如 100 V，10 W 的音箱接在 70 V 上变成了 5 W（100 V 与 70 V 功率差一倍）。目前这类功放国内的定压标准是 120 V、240 V 国外的定压标准是 70 V、100 V。它要求负载的额定电压一定。定压功放以多个定压音箱并联的形式连接，搭配原则是定压功放功率≥所接喇叭总功率*1.3（此处 1.3 为冗余，即线路损耗）。

2. 定阻功放

这类功放要求负载的阻抗恒定，当输入的信号一定的时候，输出电压随着负荷变化而发生的变化非常大。这类功放由于放大器内采用了较深的负反馈装置，这种深负返馈量一般在 10 ~ 20dB 以上，因此，放大器的输出阻抗较低，负荷在一定范围内变化时，其输出电压仍能保持一定值，音质也可保持不变。

七、定压功放与定阻功放在输出形式上的区别

（1）定压不是电压一定，而是输出形式是定压，它要求负载的额定电压一定。定压功放以多个定压音箱并联的形式连接，只要总功率不超过定压功放的总功率。

（2）定阻功放要求输出负载电阻一定。在定阻功放中如果负载阻抗发生变化，功率就发生相映变化。8 欧姆 100 W 的定阻功放接 4 欧姆就变成接近 200 W。

八、定压功放与定阻功放应用区别

定压功放用在要求音质不是很高的大空间，主要应用于公共广播、背景音乐等大面积空间，主要作用是掩盖噪声并创造一种轻松和谐的气氛，为降低长距离功率传输中传输线的功率损耗，需要使用输出变压器，电压越高传输损耗越小，但由于使用输出变压器，故音质不十分优秀。

任务 1　音视频线制作与测试

【任务导入】

任务描述：

小李毕业后，应聘某科技公司售后工程师岗位，该公司开展智能家居产品研发、生产与整体解决方案服务业务，面试时，售后技术主管要求小李现场展示音视频线的制作与测试。

任务目标：

（1）了解音视频线测试的设备。

（2）掌握音视频线的制作及接头焊接的方法。

（3）熟悉智能家居系统线缆敷设要求、安装方法和常用标准。

【任务分析】

设备安装与调试能力是售后技术岗人员重要的技能，要求从业人员能够对照系统原理图和说明书，按照工程标准完成设备的安装与布线。本任务主要学习音视频线的制作及接头焊接的方法。

【任务实施】

任务实施见表 5-1-1。

表 5-1-1　任务实施

操作步骤	操作内容	注意事项
操作前		
1. 评估与沟通		
（1）评估	• 评估环境：按照 6S 标准之整顿标准（SEITON），进行清洁、安全、适合操作。 • 评估设备：设备的完整性和状态，以及工具、辅料、耗材情况	
（2）沟通	• 明确客户需求、确认任务目标要求	
2. 准备		
（1）环境准备	• 按照 6S 标准之整顿标准（SEITON），进行环境准备。	
（2）物品准备	• 电工配线端接。 • 智能化系统工具箱。该系统中用到的工具主要包括电烙铁、带焊锡盒的烙铁架、焊锡丝	
（3）人员准备	• 熟练使用工具。 • 具有一定的电工基础	

续表

操作步骤	操作内容	注意事项
	操作中	
1. 音视频线的制作	RCA 接头音视频线和 BNC 接头音视频线的制作方法相同，我们以 BNC 接头音视频线的制作为例进行介绍	
第一步	• 裁线。取出音视频电线，裁剪 250 mm 的电线	
第二步	• 将接头尾套、弹簧和绝缘套穿入线缆中，如图 5-1-1 所示 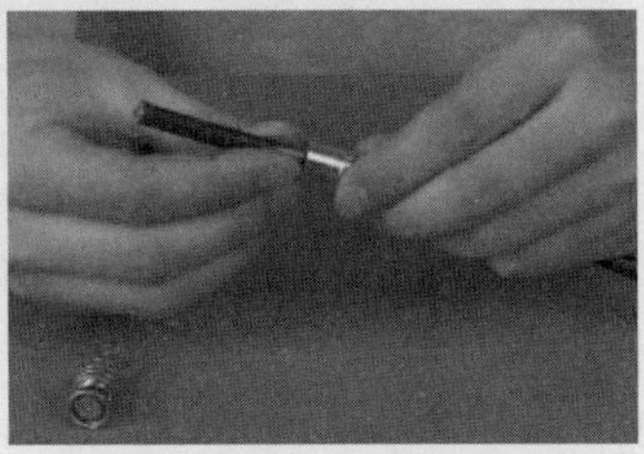 图 5-1-1　穿入线缆	
第三步	• 用旋转剥线器剥去线缆外套，保留屏蔽网，如图 5-1-2 所示 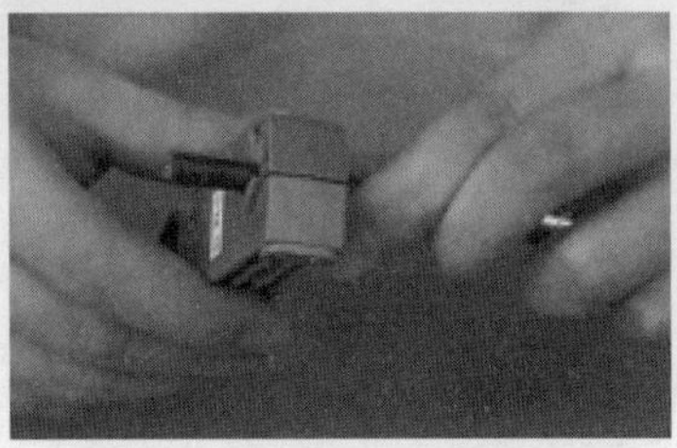 图 5-1-2　剥去线缆外套	操作中要求学生遵循 6S 管理标准之素养标准（SHITSUKE）和安全标准（SAFETY）
第四步	• 将屏蔽网整理到一侧，同时拧成一股，如图 5-1-3 所示 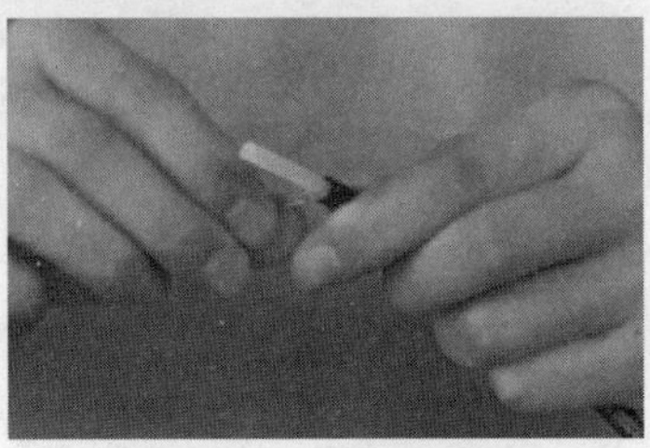 图 5-1-3　整理屏蔽网	
第五步	• 用剥线钳剥去绝缘皮，露出线芯 30 mm，如图 5-1-4 所示 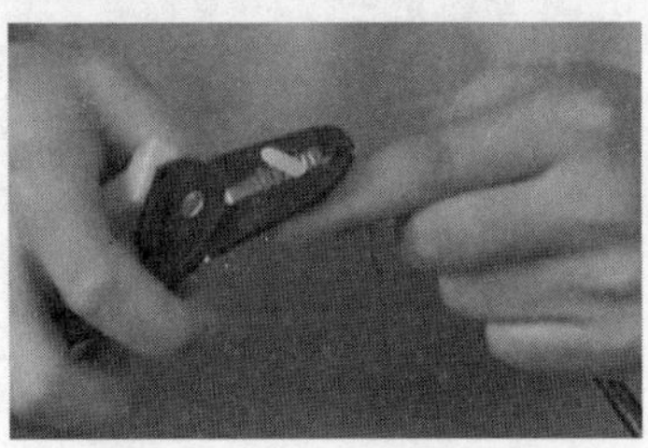 图 5-1-4　剥去绝缘皮	

续表

<table>
<tr><th>操作步骤</th><th>操作内容</th><th>注意事项</th></tr>
<tr><td>第六步</td><td>• 将屏蔽网穿入线夹孔，线芯插入探针孔中</td><td></td></tr>
<tr><td>第七步</td><td>• 依次焊接线芯与探针孔，屏蔽网与线夹孔，如图 5-1-5、图 5-1-6 所示
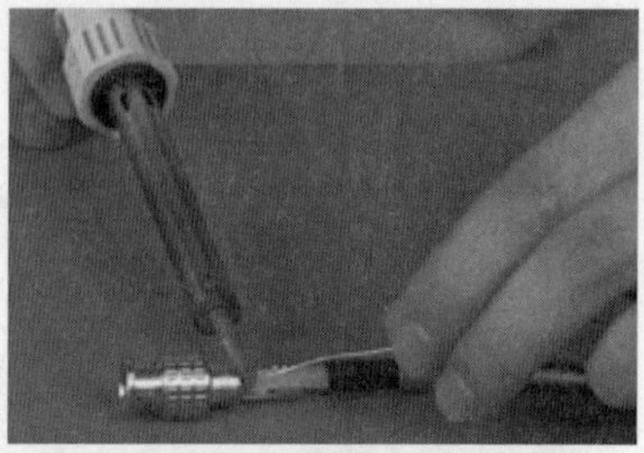
图 5-1-5　焊接线芯
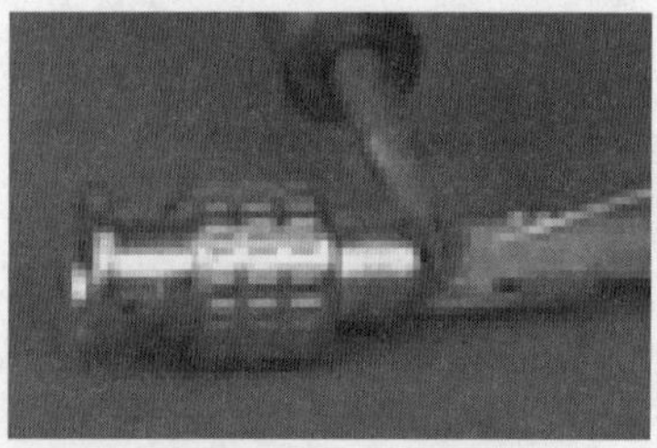
图 5-1-6　焊接屏蔽网</td><td rowspan="2">操作中要求学生遵循 6S 管理标准之素养标准（SHITSUKE）和安全标准（SAFETY）</td></tr>
<tr><td>第八步</td><td>• 用尖嘴钳把线夹和绝缘皮夹紧，如图 5-1-7 所示
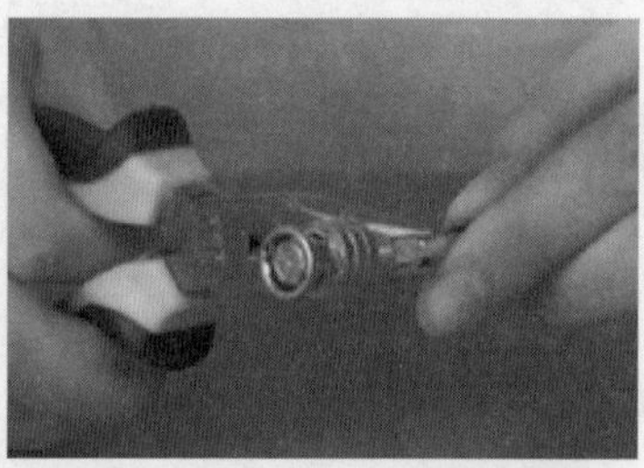
图 5-1-7　夹紧线夹和绝缘皮</td></tr>
<tr><td>第九步</td><td>• 将绝缘套移到焊接位置，然后拧紧尾套，如图 5-1-8 所示。图 5-1-9 所示为焊接完成的两个焊点
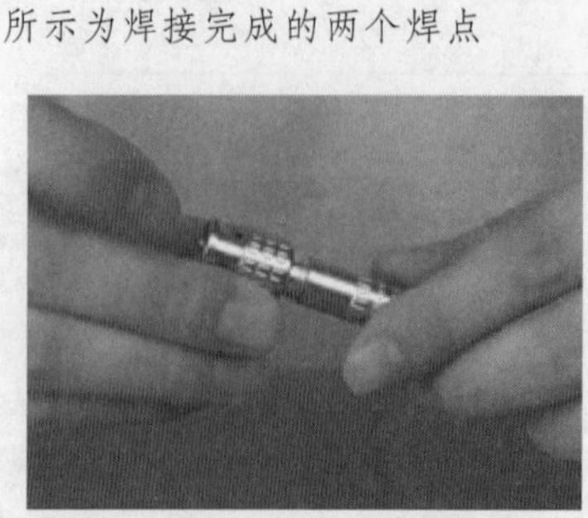
图 5-1-8　拧紧尾套</td><td></td></tr>
</table>

续表

操作步骤	操作内容	注意事项
	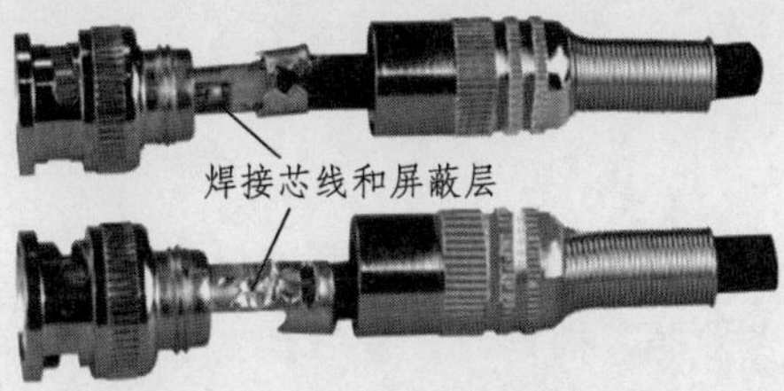 图 5-1-9　焊接完成的两个焊点	
第十步	• 将做好接头的线缆安装在上下对应的 BNC 插座	
2. 音视频线测试	• 线缆接头端接可靠、插接位置正确时，上下对应的一组指示灯同时反复闪烁。 • 线缆一端开路时，上下对应的一组指示灯不亮。 • 线缆插接位置错位时，上下指示灯按照实际错位的顺序反复闪烁	
操作后		
1. 环境整理	按照 6S 标准之清扫标准（SEISO）、清洁标准（SEIKETSU）和安全标准（SAFETY），做如下环境整理工作： • 整理仪器、设备、工具。 • 清洁工位。 • 关闭电源。 • 打扫实训场所	
2. 实训报告	按照 6S 标准之素养标准（SHITSUKE）和安全标准（SAFETY），做如下报告整理工作： • 描述音频线制作与测试的步骤与方法。 • 描述音视频线端接可能出现的 3 种情况以及原因。 • 记录每条音视频线端接的通断情况	

【任务评价】

任务评价见表 5-1-2。

表 5-1-2　任务评价

序号	任务描述	评分标准	分值	得分
任务 1	音视频线制作与测试	1. 接头尾套、弹簧和绝缘套安装正确 30 分，每错一处扣 10 分，扣完为止	30	
		2. 屏蔽网整理正确 20 分，每错一处扣 5 分，扣完为止	20	
		3. 线芯与探针孔焊接牢固 15 分，屏蔽网与线夹孔焊接牢固 15 分，每错一处扣 5 分，扣完为止	30	
		4. 接头牢固、无屏蔽网裸露在外 20 分，每错一处扣 10 分，扣完为止	20	
总得分		考核等级		

备注：考核满分为 100 分，60～69 分为及格；70～79 分为中等；80～89 分为良好；90 分及以上为优秀。

任务 2　智能家居家庭影音系统安装与调试

【任务导入】

任务描述：

小李毕业后，应聘某科技公司售后工程师岗位，该公司开展智能家居产品研发、生产与整体解决方案服务业务，面试时，售后技术主管要求小李现场展示家庭影音系统的安装与调试。

任务目标：

（1）掌握智能家居家庭影音系统的硬件安装。

（2）掌握智能家居家庭影音系统的软件调试。

（3）熟悉智能家居系统线缆敷设要求、安装方法和常用标准。

【任务分析】

设备安装与调试能力是售后技术岗人员重要的技能，要求从业人员能够对照系统原理图和说明书，按照工程标准完成设备的安装与布线。本任务主要学习智能家居家庭影音系统的安装与调试。

1. 智能家居家庭影音系统

智能家居家庭影音系统包括液晶电视、音柱、吸顶音箱、智能媒体播放器、硬盘播放器、音量旋钮开关、红外转发器等。图 5-2-1、5-2-2 所示为智能家居影音系统的原理图。其中，图 5-2-1 是以实物照片为图例设计的系统原理图，图 5-2-2 是按照《物联网智能家居 图形符号》(GB/T 34043—2017）中规定的图形符号设计的系统原理图，为了方便快速学习和理解，我们在图中增加了产品名称。

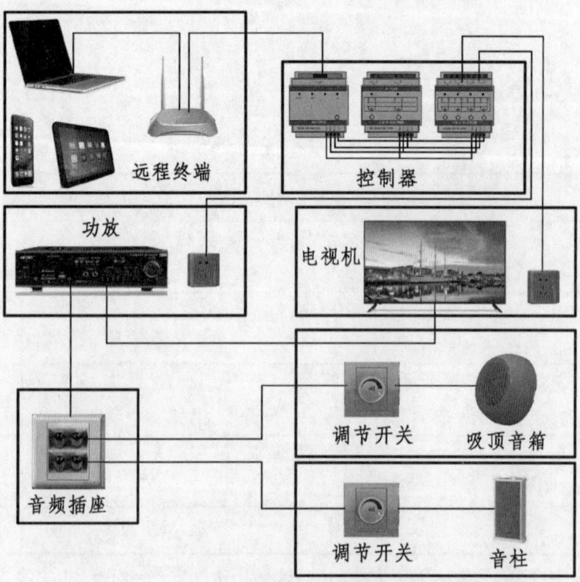

图 5-2-1　智能家居家庭影音系统原理图

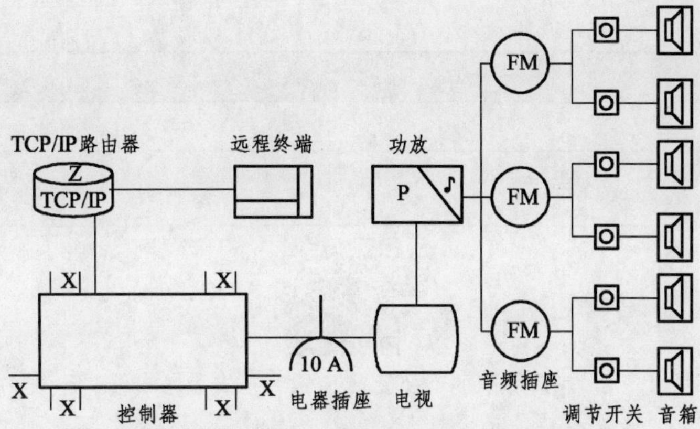

图 5-2-2　智能家居家庭影音系统原理图

2. 熟悉智能家居家庭影音系统常用器材

详见《工程技术索引手册》“5 智能家居系统工程常用器材”。

3. 熟悉智能家居常用工程标准

详见《工程技术索引手册》“6 智能家居系统工程常用标准”。

4. 熟悉智能家居系统的线缆敷设要求与安装方法

详见《工程技术索引手册》“16 智能家居系统的线缆敷设要求与安装方法”。

【任务实施】

任务实施见表 5-2-1。

表 5-2-1　任务实施

操作步骤	操作内容	注意事项
	操作前	
1. 评估与沟通		
（1）评估	• 评估环境：按照 6S 标准之整顿标准（SEITON），进行清洁、安全、适合操作。 • 评估设备：设备的完整性和状态，以及工具、辅料、耗材情况	
（2）沟通	• 明确客户需求、确认任务目标要求	
2. 准备		
（1）环境准备	• 按照 6S 标准之整顿标准（SEITON），进行环境准备。	
（2）物品准备	• 电工配线端接。 • 智能化系统工具箱。该系统中用到的工具主要包括电烙铁、带焊锡盒的烙铁架、焊锡丝。 • 物联网工具箱。本实训中用到的工具主要包括数字万用表、多功能剥线钳、斜口钳、十字螺丝刀、十字头微型螺丝刀、一字头微型螺丝刀。 • 材料：音频线 30 m	
（3）人员准备	• 熟练使用工具。 • 熟悉智能家居系统	

续表

<table>
<tr><th>操作步骤</th><th>操作内容</th><th>注意事项</th></tr>
<tr><td colspan="3">操作中</td></tr>
<tr><td>智能家居家庭影音系统安装与调试</td><td></td><td></td></tr>
<tr><td>第一步：将影音设备分别安装到设计位置</td><td>家庭影院的安装配置/背景音乐安装与布线
• 教师指定或学生自主选择 1~2 台影音设备，进行设备安装实训</td><td>操作中要求学生遵循 6S 管理标准之素养标准（SHITSUKE）和安全标准（SAFETY）</td></tr>
<tr><td>第二步：电源布线</td><td>• 实训时，教师首先详细介绍电源线的布线路由、线缆规格，然后指导学生进行影音设备接线，实现给设备供电</td><td></td></tr>
<tr><td>第三步：控制线接线</td><td>• 智能家居体验馆控制线已经全部接好，请勿随意拆卸。学生在教师指导下接线。图 5-2-3 所示为智能家居家庭影音系统接线图。
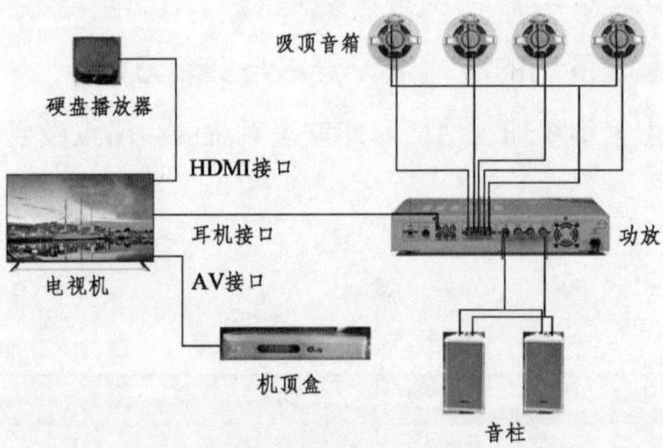

图 5-2-3 智能家居家庭影音系统接线图
• 实训时，教师断开设备电源，首先选择 1~2 台影音设备，拆除原有接线，然后在教师的监督下，由学生连接控制线</td><td>接线时，应按照影音系统接线图接线，切勿接错</td></tr>
<tr><td>第四步：系统通电</td><td>• 系统通电前，教师认真仔细检查全部设备是否安装正常，线缆中间接头处应处理妥当，线缆端头应可靠连接，确认无误后再给系统通电</td><td></td></tr>
<tr><td>第五步：操作实训</td><td>• 添加遥控器：通过红外转发器，将系统中用到的遥控器添加到移动终端客户端上，并做好分类和命名。
• 远程控制：通过移动终端，远程控制曲目选择、音量调节。
• 本地控制：通过功放正面旋钮，进行模式选择、曲目选择和音量调节；通过音量调节开关，调节对应区域音箱的音量</td><td></td></tr>
<tr><td colspan="3">操作后</td></tr>
<tr><td>1. 环境整理</td><td>按照 6S 标准之清扫标准（SEISO）、清洁标准（SEIKETSU）和安全标准（SAFETY），做如下环境整理工作：
• 整理仪器、设备、工具。
• 清洁工位。
• 关闭电源。
• 打扫实训场所</td><td></td></tr>
</table>

续表

操作步骤	操作内容	注意事项
操作中		
2. 实训报告	按照6S标准之素养标准（SHITSUKE）和安全标准（SAFETY），做如下报告整理工作： • 给出智能家居家庭影音系统的主要器材名称。 • 掌握智能家居家庭影音系统的工作原理，并绘制系统原理图。 • 描述智能家居家庭影音系统的控制线接线方法。 • 描述添加遥控器无线控制、远程控制、本地控制等的方法	

【任务评价】

任务评价见表 5-2-2。

表 5-2-2　任务评价

序号	任务描述	评分标准	分值	得分
任务 2	音视频线制作与测试	1. 设备安装检验 30 分：安装位置正确、安装牢固、横平竖直、符合相关标准规定，满分，每错一处扣 10 分，扣完为止	30	
		2. 线缆及敷设检验 30 分：控制线、电源线布线规范，接头正确处理，满分，每错一处扣 10 分，扣完为止	30	
		3. 系统功能检测 30 分：功能正确、性能好，满分，每错一处扣 10 分，扣完为止	30	
		4. 环境整理 10 分：实训完后整理仪器、设备、工具，清洁工位，关闭电源，满分，每错一处扣 5 分，扣完为止	10	
总得分			考核等级	

备注：考核满分为 100 分，60～69 分为及格；70～79 分为中等；80～89 分为良好；90 分及以上为优秀。

课后习题

【单选题】

1. 电源开关控制是对智能电视机（　　）的控制。

A. 主电源　　B. 亮度通道

C. 色度通道　　D. 遥控器

2. 在智能电视机电源开关控制系统中，微处理器输出的控制信号是（　　）。

A. 脉冲信号　　B. 脉宽调制信号

C. 锯齿形电压信号　　D. 高、低电平信号

3. 对于智能家庭影院系统中的视频显示设备来说，可以选择（　　）。

A. 投影机　　B. 激光电视

C. LCD 液晶电视　　D. 以上都可以

4. 现在的手机、电脑显示器、电视机、投影幕布，使用最多的比例是（　　）。

A. 4∶3　　B. 21∶10

C. 16∶9　　D. 16∶10

5. 智能电视系统的关键技术包括（　　）。

A. 数字电视接收技术　　B. IPTV（交互式网络电视）技术

C. 超级浏览器技术　　D. 以上都是

6. 智能电视系统结构包括（　　）。

A. 硬件系统、软件系统

B. 多核的 ARMcortex-A9、数模一体 Tuner

C. 最底层为 Linux 内核层，Android 运行库和 LiB 层

D. 应用程序框、架层、应用程序层

7. （　　）是家庭影院必不可少的。

A. 可视对讲系统　　B. 家庭云平台

C. 智能音箱　　D. 智能背景音乐

8. 智能电视的特点有（　　）。

A. 速度快　　B. 图声并茂

C. 直观性强　　D. 全开放式平台

9. 投影可以分为（　　）。

A. 中心投影和平行投影　　B. 平行投影和正投影

C. 正投影和斜投影　　D. 斜投影和正投影

10. 能够作为家庭影院系统的计算机是（　　）。

A. 准系统　　B. 平板电脑

C. HTPC（家庭影院计算机）　　D. 超极本

【多选题】

1. 智能家居无线控制方式有（ ）。

A. 蓝牙　　B. Wi-Fi

C. ZigBee　　D. 光波

2. Wi-Fi 智能控制的方式有（ ）。

A. 广域网控制　　B. 城域网控制

C. 局域网控制　　D. 互联网控制

3. 家电智能控制系统包括（ ）等终端设备。

A. 智能网关　　B. 智能插座

C. 红外转发器　　D. 红外控制器

4. 智能家庭影院的优势有（ ）。

A. 操作方便　　B. 播放时间长

C. 电影免费　　D. 隐私保护

5. 投影连接方式有（ ）。

A. 接线式　　B. 无线投影

C. 光波连接　　D. 互联网连接

【判断题】

1. 物联网技术就是智能家居技术。（ ）

2. 在智能家居系统中，电视机不可以通过手机来进行遥控。（ ）

3. 智能家庭影院是在家中观看电影的综合影音系统，包括显示部分、音响部分、视频源部分、装潢部分以及新晋的人工智能设备部分。（ ）

4. 家庭影院场景可以忽略声乐处理。（ ）

5. 利用红外转发器或万能遥控器可实现对传统家庭影院的智能控制。（ ）

6. 最近，同事小朱装修新房后，买了不少智能化家电，如智能冰箱、智能洗衣机、家庭影院等，同事们都称“小朱实现了智能家居”。（ ）

7. 目前智能电视仍有部分缺点。（ ）

8. 现在的智能电视一般可以通过 Wi-Fi 看在线电影。（ ）

9. 智能家居中可以将家庭背景音乐、智能音箱、智能视频共享、家庭影院系统进行有效整合，以避免重复布线，重复购置设备，既节省了资金又节约了空间。（ ）

10. Wi-Fi 无线投影设备只能与自家品牌投影机连接使用。（ ）

【填空题】

1. 智能家庭影院包括________设备、________设备、________设备。

2. 智能电视的关键技术为显示技术、________、________、软件和应用。

3. 智能家居分为________、网络家电、信息家电、家庭网络。

4. 家庭影院中控系统设计是整个智能家居设计的一部分，涉及________、智能灯光控制、情景模式。

5. 遥控器控制电视机采用________方式。

6. 智能家庭影院系统可以通过________统一控制。

7. ________是智能家居局域网的核心部分。

8. 智能电视属于________媒体。

9. 目前智能电视使用的智能系统主要分为________、________、________。

10. 控制端是通过互联网工作的，________距离限制，只要有________就可以。

【问答题】

1. 投影超出智能电动幕布范围怎么调试?

2. 什么是智能家庭影院?

3. 智能家庭影院系统包括什么子系统?

项目 6　智能家居电动窗与窗帘系统

学习目标

【知识目标】

（1）掌握智能家居电动窗和窗帘系统的基本概念。

（2）掌握智能家居电动窗和窗帘系统系统的工作原理和结构组成。

（3）熟悉智能家居工程常用标准。

【能力目标】

（1）掌握智能家居电动窗与窗帘系统的硬件安装与软件调试。

（2）熟悉智能家居系统的线缆敷设要求与安装方法。

（3）掌握电动窗与窗帘系统的无线和网络控制调试方法。

【素养目标】

（1）通过项目任务的实现，培养学生的团队协助、团队互助等意识。

（2）通过对 6S 管理标准[整理（SEIRI）、整顿（SEITON）、清扫（SEISO）、清洁（SEIKETSU）、素养（SHITSUKE）、安全（SAFETY）]和物联网行业标准的实践，培养学生的科学精神和态度。

【思政目标】

（1）在实现电动窗安装调试的任务环节中，培养学生踏实正确的职业观。

（2）在实现窗帘系统安装调试的任务环节中，逐渐引导学生树立精益求精的工匠精神。

知识准备

一、电动窗与电动窗帘

智能是为了使得生活更便利。最初作为防护、遮光、保护隐私的窗户和窗帘因为电机的使用而更加智能，与环境监测系统、安防系统一起联动，使得家居生活更加便捷。随着智能家居概念渐渐深入人心，智能窗和窗帘越来越为人们所接受。

根据控制方式的不同，电动窗可以分为有线控制电动窗、无线控制电动窗、网络控制电动窗；电动窗帘可以分为有线控制电动窗帘、无线控制电动窗帘、网络控制电动窗帘。

1. 电动窗三种控制方式的工作原理

（1）如图 6-0-1 所示，电动窗有线控制系统主要由推窗机和推窗机接收器组成。外部接入的 220 V 交流电源通过推窗机接收器转换为 24 V 直流电源，给推窗机提供动力电源，通过推窗机接收器面板上的按键，完成对推窗机内部电机的控制，进而实现对窗户的开关控制。

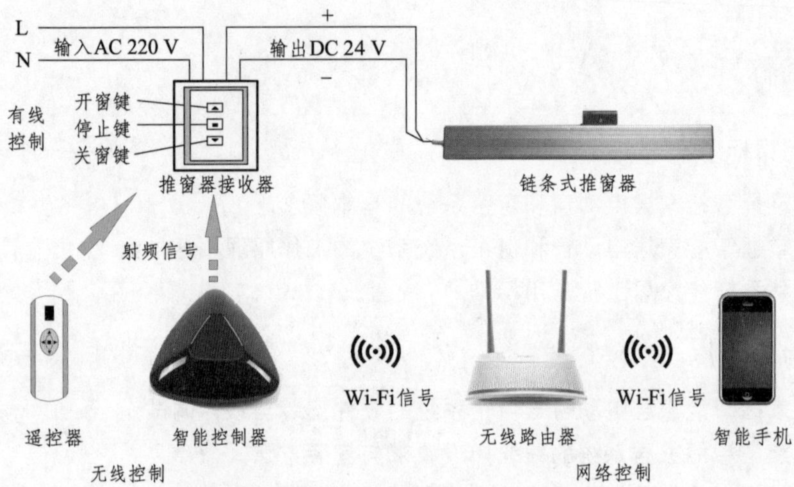

图 6-0-1　电动窗的工作原理示意图

（2）电动窗的无线控制原理。

如图 6-0-1 所示，电动窗无线控制系统是在电动窗有线控制系统的基础上配备了遥控器。遥控器与推窗机接收器通过对码学习，就能发射无线射频信号完成对推窗机的控制，进而实现对窗户的开关控制。

（3）电动窗的网络控制原理。

如图 6-0-1 所示，电动窗网络控制系统是在电动窗有线控制系统的基础上配备了智能遥控主机、无线路由器和智能手机等设备。在通过无线路由器搭建的 Wi-Fi 网络环境下，智能手机的控制信号通过智能遥控主机传输到推窗机接收器中，从而控制推窗机完成相应动作。

2. 电动窗帘三种控制方式的工作原理

（1）电动窗帘的有线控制原理。

如图 6-0-2 所示，电动窗帘有线控制系统主要由窗帘接收器和窗帘（卷帘）电机组成。外部接入的 220 V 交流电源通过窗帘接收器输出为正转、公共和反转三条控制线缆（220 V），用于给窗帘（卷帘）电机提供动力电源，通过窗帘接收器面板上的按键，完成对窗帘电机的控制，进而实现对窗帘的开合控制。

（2）电动窗帘的无线控制原理。

如图 6-0-2 所示，电动窗帘无线控制系统是在电动窗帘有线控制系统的基础上配备了遥控器。遥控器与窗帘接收器通过对码学习，就能发射无线射频信号完成对窗帘（卷帘）电机的控制，进而实现对窗帘的开合控制。

（3）电动窗帘的网络控制原理。

如图 6-0-2 所示，电动窗帘网络控制系统是在电动窗帘有线控制系统的基础上配备了智能遥控主机、无线路由器和智能手机等设备。在通过无线路由器搭建的 Wi-Fi 网络环境中，智能手机的控制信号通过智能遥控主机传输到接收器中，从而控制窗帘（卷帘）电机完成相应动作。

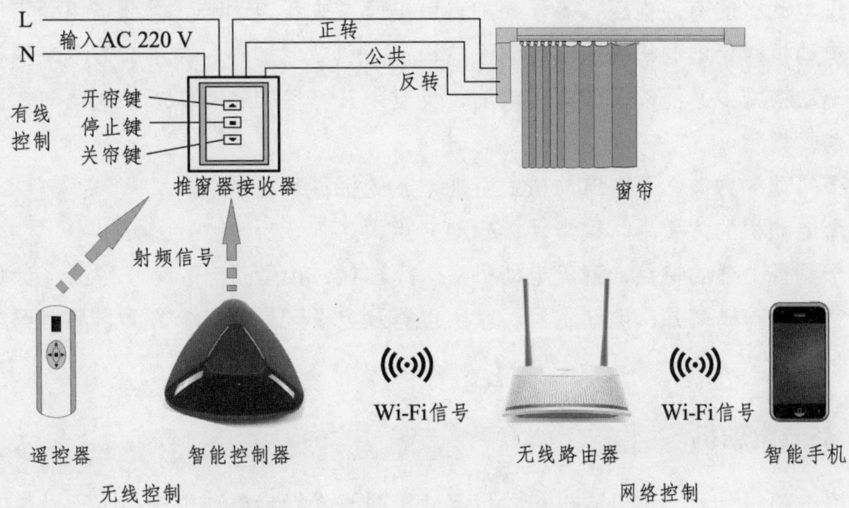

图 6-0-2　电动窗帘的工作原理示意图

二、电动机基础知识概要

1. 直流电动机

（1）直流电动机的工作原理。

直流电动机是电动机应用很广泛的一种。只要在它上面加适当电压，电动机就转动。图 6-0-3 是这种电动机的符号和简化等效电路。

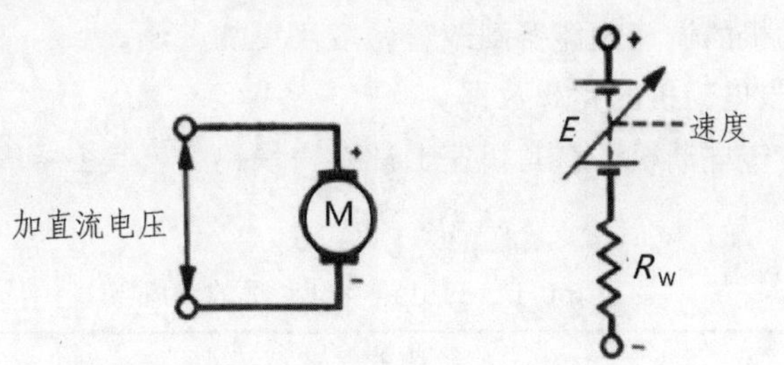

图 6-0-3　直流电动机的符号和等效电路

直流电动机由定子、转子、换向器（又称整流子）、电刷等组成。定子用作产生磁场，转子是在定子磁场作用下，得到转矩而旋转起来。换向器及时改变了电流方向，使转子能连续旋转下去。也就是说，直流电压加在电刷上，经换向器加到转子线圈，线圈流过电流而产生磁场，磁场与定子的固定磁场相互作用，使转子被强迫转动起来。当转子转动时，由于磁场的相互作用，也将产生反电动势，它的大小正比于转子的速度，方向和所加的直流电压相反。图 6-0-3（b）给出了等效电路。RW 代表转子绕组的总电阻，E 代表与速度相关的反电动势。

（2）直流电动机的特点。

当电动机负载固定时，电动机转速正比于所加的电源电压。

当电动机直流电源固定时，电动机的工作电流正比于转子负载的大小。

加于电动机的有效电压，等于外加直流电压减去反电动势。因此当用固定电压驱动直流电动机时，电动机的速度趋向于自稳定。负载增加时，转子有慢下来的倾向，于是反电动势减少，而使有效电压增加，反过来又将使转子有快起来的倾向，最后会使转子速度稳定。

转子转动的方向，可由电动机上所加电压的极性来控制。

直流电动机的体积小、重量轻、起动转矩大。

由于具备上述的特点，直流电动机在医疗器械、小型机床、电子仪器、计算机、气象探空仪、探矿测井、电动工具、家用电器及电子玩具等各个方面，都得到广泛的应用。

2. 交流电动机

交流电动机分为异步电动机和同步电动机两类。异步电动机按照定子相数的不同分为单项异步电动机、两相异步电动机和三相异步电动机。三相异步电动机又分笼型和绕线式，其结构简单，运行可靠，成本低廉等优点，广泛应用于工农业生产中。

（1）三相异步电动机的特点和用途。

三相异步电动机具有结构简单、工作可靠、价格低廉、维修方便、效率较高、体积小、重量轻等一系列优点。与同容量的直流电动机相比，三相异步电动机的重量和价格约为直流电动机的 1/3，所以应用最为广泛。三相异步电动机的缺点是功率因数较低，起动和调速性能不如直流电动机。因此，在调速性能要求较高的场合，不得不让位于直流电动机，但由于现代电子技术迅猛发展，采用由晶闸管组成的变频电源装置，三相异步电动机的调速性能得到改善，应用更加广泛。

（2）三相异步电动机的铭牌数据。

每一台三相异步电动机，在其机座上都有一块铭牌，其上标有型号、额定值等，如表 6-0-1 所示。

表 6-0-1　三相异步电动机的铭牌

<table>
<tr><td colspan="4">三相异步电动机</td></tr>
<tr><td colspan="2">型号 Y112M-2</td><td colspan="2">编号×××</td></tr>
<tr><td colspan="2">4 kW</td><td colspan="2">8.2A</td></tr>
<tr><td>380 V</td><td>2 890 r/min</td><td colspan="2">LW79dB（A）</td></tr>
<tr><td>接法△</td><td>防护等级 IP44</td><td>50 Hz</td><td>××kg</td></tr>
<tr><td>JB/T9619-1999</td><td>工作制</td><td>B 级绝缘</td><td>××年××月</td></tr>
<tr><td colspan="4">×××电机厂</td></tr>
</table>

① 型号。

异步电动机型号的表示方法是用汉语拼音的大写字母和阿拉伯数字表示电动机的种类、规格和用途等，其型号意义如图 6-0-4 所示。

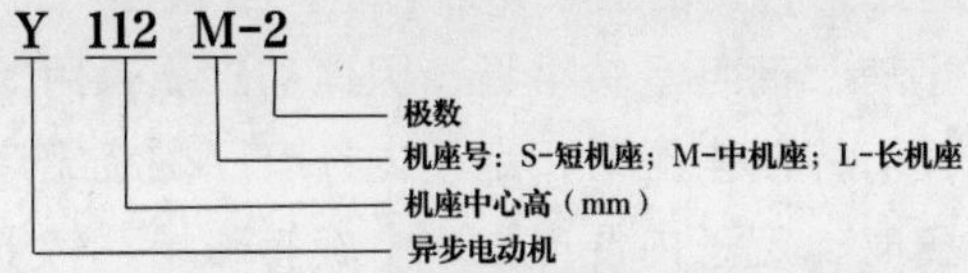

图 6-0-4 型号

中心高越大，电动机容量越大，中心高 80 ~ 315 mm 为小型电动机；315 ~ 630 mm 为中型电动机；630 mm 以上为大型电动机。在同一中心高下，机座长则铁心长，容量大。

② 额定值。

三相异步电动机在出厂时，机座上都固定着一块铭牌，铭牌上标注着额定数据。主要的额定数据为：

a. 额定功率 P_N（kW）：指电动机额定工作状态时，电动机轴上输出的机械功率。

$$P_N = \sqrt{3} I_N U_N \cos\varphi_N \eta_N$$

b. 额定电压 U_N（V）：指电动机额定工作状态时，电源加于定子绕组上的线电压。

c. 额定电流 I_N（A）：指电动机额定工作状态时，电源供给定子绕组上的线电流。

d. 额定转速门 n_N（r/min）：指电动机额定工作状态时，转轴上的每分转速。

e. 额定频率 f_N（Hz）：指电动机所接交流电源的频率。

f. 额定工作制：指电动机在额定状态下工作，可以持续运转的时间和顺序，可分为额定连续工作的定额 S1、短时工作的定额 S2、断续工作的定额 S3 等 3 种。

此外，铭牌上还标明绕组的相数与接法（接成星形或三角形）、绝缘等级及温升等。对绕线转子异步电动机，还应标明转子的额定电动势及额定电流。

3. 伺服电动机

伺服电机（servo motor ）是指在伺服系统中控制机械元件运转的发动机，是一种补助马达间接变速装置。伺服电机可使控制速度，位置精度非常准确，可以将电压信号转化为转矩和转速以驱动控制对象。伺服电机转子转速受输入信号控制，并能快速反应，在自动控制系统中，用作执行元件，且具有机电时间常数小、线性度高、始动电压等特性，可把所收到的电信号转换成电动机轴上的角位移或角速度输出。分为直流和交流伺服电动机两大类，其主要特点是，当信号电压为零时无自转现象，转速随着转矩的增加而匀速下降。

（1）交流伺服电动机。

交流伺服电动机定子的构造基本上与电容分相式单相异步电动机相似.其定子上装有两个位置互差 90°的绕组，一个是励磁绕组 R_f，它始终接在交流电压 U_f 上；另一个是控制绕组 L，联接控制信号电压 U_c。所以交流伺服电动机又称两个伺服电动机。

交流伺服电动机的转子通常做成鼠笼式，但为了使伺服电动机具有较宽的调速范围、线性的机械特性，无“自转”现象和快速响应的性能，它与普通电动机相比，应具有转子电阻大和转动惯量小这两个特点。目前应用较多的转子结构有两种形式：一种是采用高电阻率的导电材料做成的高电阻率导条的鼠笼转子，为了减小转子的转动惯量，转子做得细长；另一种是采用铝合金制成的空心杯形转子，杯壁很薄，仅 0.2 ~ 0.3 mm，为了减小磁路的磁阻，要在空心杯形转子内放置固定的内定子.空心杯形转子的转动惯量很小，反应迅速，而且运转平稳，因此被广泛采用。

交流伺服电动机在没有控制电压时，定子内只有励磁绕组产生的脉动磁场，转子静止不动。当有控制电压时，定子内便产生一个旋转磁场，转子沿旋转磁场的方向旋转，在负载恒定的情况下，电动机的转速随控制电压的大小而变化，当控制电压的相位相反时，伺服电动机将反转。

（2）永磁交流伺服电动机。

20 世纪 80 年代以来，随着集成电路、电力电子技术和交流可变速驱动技术的发展，永磁交流伺服驱动技术有了突出的发展，各国著名电气厂商相继推出各自的交流伺服电动机和伺服驱动器系列产品并不断完善和更新。交流伺服系统已成为当代高性能伺服系统的主要发展方向，使原来的直流伺服面临被淘汰的危机。90 年代以后，世界各国已经商品化了的交流伺服系统是采用全数字控制的正弦波电动机伺服驱动。交流伺服驱动装置在传动领域的发展日新月异。

永磁交流伺服电动机同直流伺服电动机比较，主要优点有：

① 无电刷和换向器，因此工作可靠，对维护和保养要求低。

② 定子绕组散热比较方便。

③ 惯量小，易于提高系统的快速性。

④ 适应于高速大力矩工作状态。

⑤ 同功率下有较小的体积和重量。

（3）伺服电动机与单相异步电动机比较

交流伺服电动机的工作原理与分相式单相异步电动机虽然相似，但前者的转子电阻比后者大得多，所以伺服电动机与单机异步电动机相比，有三个显著特点：

① 起动转矩大。

由于转子电阻大，与普通异步电动机的转矩特性曲线相比，有明显的区别。它可使临界转差率 $S_0>1$，这样不仅使转矩特性（机械特性）更接近于线性，而且具有较大的起动转矩。因此，当定子一有控制电压，转子立即转动，即具有起动快、灵敏度高的特点。

② 运行范围较广。

③ 无自转现象。

正常运转的伺服电动机，只要失去控制电压，电机立即停止运转。当伺服电动机失去控制电压后，它处于单相运行状态，由于转子电阻大，定子中两个相反方向旋转的旋转磁场与转子作用所产生的两个转矩特性（T_1-S_1、T_2-S_2 曲线）以及合成转矩特性（T-S 曲线）。

交流伺服电动机的输出功率一般是 0.1 ~ 100 W。当电源频率为 50 Hz，电压有 36 V、110 V、220 V、380 V；当电源频率为 400 Hz，电压有 20 V、26 V、36 V、115 V 等多种。

交流伺服电动机运行平稳、噪音小。但控制特性是非线性，并且由于转子电阻大，损耗大，效率低，因此与同容量直流伺服电动机相比，体积大、重量重，所以只适用于 0.5 ~ 100 W 的小功率控制系统。

任务 1　电动下悬窗有线控制系统的安装与调试

【任务导入】

任务描述：

小李毕业后，应聘某科技公司售后工程师岗位，该公司开展智能家居产品研发、生产与整体解决方案服务业务，面试时，售后技术主管要求小李现场展示电动窗的安装。

任务目标：

（1）掌握电动下悬窗有线控制系统的安装与调试。

（2）熟悉智能家居系统线缆敷设要求、安装方法和常用标准。

【任务分析】

设备安装与调试能力是售后技术岗人员重要的技能，要求从业人员能够对照设备原理图和说明书，按照工程标准完成设备的安装与布线。本任务主要学习电动下悬窗有线控制系统的安装与调试方法。

【任务实施】

任务实施见表 6-1-1。

表 6-1-1　任务实施

操作步骤	操作内容	注意事项
操作前		
1. 评估与沟通		
（1）评估	• 评估环境：按照 6S 标准之整理标准（SEIRI），进行清洁、安全、适合操作。 • 评估设备：设备的完整性和状态，以及工具、辅料、耗材情况。	
（2）沟通	• 明确客户需求、确认任务目标要求。	
2. 准备		
（1）环境准备	• 按照 6S 标准之整顿标准（SEITON），进行环境准备。	
（2）物品准备	• 智能家居电动窗与窗帘实训装置。 • 智能家居工具箱。本实训中用到的工具包括扳手、一字螺丝刀、十字螺丝刀、剥线钳。	
（3）人员准备	• 熟练使用工具。 • 具有一定的电工基础。 • 熟悉智能家居系统	
操作中		
1. 电动下悬窗有线控制系统设备安装		

续表

<table>
<tr><th>操作步骤</th><th>操作内容</th><th>注意事项</th></tr>
<tr><td>第一步：认识电动下悬窗</td><td>• 在实训装置左上侧安装有电动下悬窗，电动下悬窗控制系统主要包括链条式推窗机、下悬窗推窗机接收器和下悬窗窗户，如图 6-1-1 所示
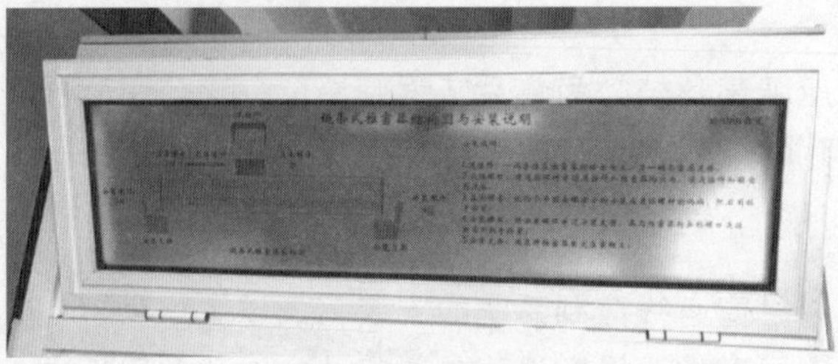
图 6-1-1　下悬窗</td><td></td></tr>
<tr><td>第二步：安装链条式推窗机</td><td>• 认识链条式推窗机结构，如图 6-1-2 所示。
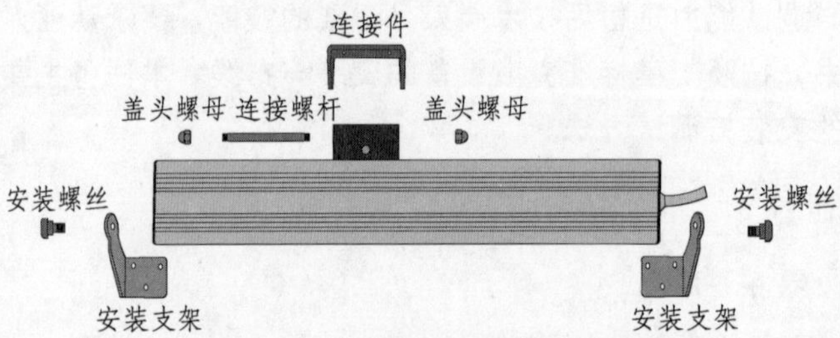

图 6-1-2　链条式推窗机结构图
• 将连接件的一端套接在推窗机的输出头上，另一端与窗扇连接。
• 将连接螺杆穿过连接件和推窗机输出头，使连接件和输出头连接。
• 把两个半圆头螺母分别安装在连接螺杆的两端，然后用扳手拧紧。
• 将安装螺丝穿过安装支架，再与推窗机两头的螺口连接，然后用扳手拧紧。
• 将推窗机固定在窗框上。
• 电动下悬窗链条式推窗机安装效果如图 6-1-3 所示

• 图 6-1-3　电动下悬窗链条式推窗机安装效果图</td><td>操作中要求学校遵循 6S 管理标准之素养标准（SHITSUKE）和安全标准（SAFETY）</td></tr>
</table>

续表

操作步骤	操作内容	注意事项
第三步：安装下悬窗推窗机接收器	• 安装86型底盒。在实训装置左侧立柱上，由上到下第一个安装孔上，合理安装固定86型底盒。 • 走线。将刚才安装的链条式推窗机的线缆从86型底盒中穿出，并预留合适长度。同样，将外部220 V供电线缆从86型底盒中穿出，并预留合适长度。 • 接线。注意接线前一定切断电源，学生在教师指导下完成接线。 • 将供电线缆和链条式推窗机线缆分别接入推窗机接收器对应的端口，确保线缆接触可靠、连接牢固。根据图6-1-4所示的推窗机接收器示意图（见表后）完成接线。 • 安装推窗机接收器。利用安装螺丝，将推窗机接收器安装在86型底盒上，并盖上盖板即可。	
2. 电动下悬窗有线控制系统调试		
第一步	• 设备通电前，请仔细检查和确认现场工作电压为交流220 V，设备可靠接地，固定牢固。	
第二步	• 将设备电源插头接入现场的电源插座，给设备供电，按下PDU开关键，电源指示灯亮。	
第三步	• 轻按【开启】、【关闭】和【停止】按钮，窗扇会自动开启、关闭、停止。	
第四步	• 如果窗户开启或关闭完全后，推窗机卡槽片是否触碰到了该侧的限位开关，并使其闭合，可手动调节限位开关的位置直至触碰不到限位开关。	
操作后		
1. 环境整理	按照6S标准之清扫标准（SEISO）、清洁标准（SEIKETSU）和安全标准（SAFETY），做如下环境整理工作： • 整理仪器、设备、工具。 • 清洁工位。 • 关闭电源。 • 打扫实训场所。	
2. 实训报告	按照6S标准之素养标准（SHITSUKE）和安全标准（SAFETY），做如下报告整理工作： • 描述电动下悬窗与链条式推窗机的安装方法与步骤。 • 绘制电动下悬窗推窗机接收器的接线图。 • 描述电动下悬窗有线控制系统的调试步骤。	

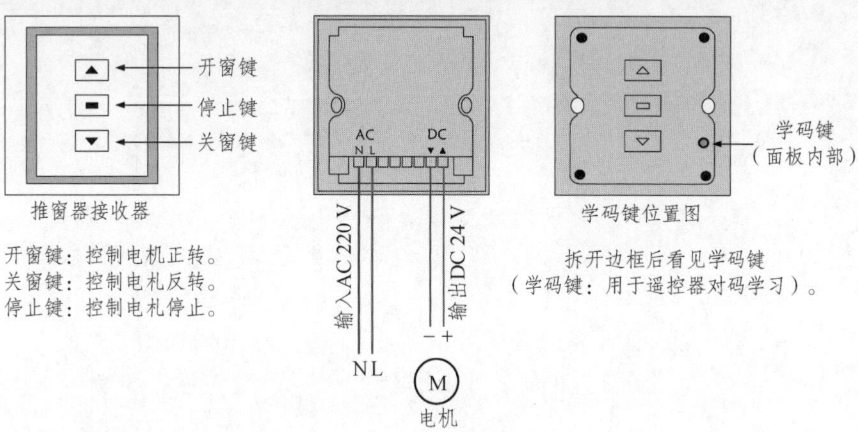

图 6-1-4　推窗机接收器示意图

【任务评价】

任务评价见表 6-1-2。

表 6-1-2　任务评价

序号	任务描述	评分标准		分值	得分
任务 1	电动下悬窗有线控制系统的安装与调试	1. 设备安装检验 30 分：安装位置正确、安装牢固、横平竖直、符合相关标准规定，满分，每错一处扣 10 分，扣完为止		30	
		2. 线缆及敷设检验 30 分：控制线、电源线布线规范，接头正确处理，满分，每错一处扣 10 分，扣完为止		30	
		3. 系统功能检测 30 分：功能正确、性能好，满分，每错一处扣 10 分，扣完为止		30	
		4. 环境整理 10 分：实训完后整理仪器、设备、工具，清洁工位，关闭电源，满分，每错一处扣 5 分，扣完为止		10	
总得分			考核等级		

备注：考核满分为 100 分，60～69 分为及格；70～79 分为中等；80～89 分为良好；90 分及以上为优秀。

任务 2　电动上悬窗有线控制系统的安装与调试

【任务导入】

任务描述：

小李毕业后，应聘某科技公司售后工程师岗位，该公司开展智能家居产品研发、生产与整体解决方案服务业务。面试时，售后技术主管要求小李现场展示电动窗的安装。

任务目标：

（1）掌握电动上悬窗有线控制系统的安装与调试。
（2）熟悉智能家居系统线缆敷设要求、安装方法和常用标准。

【任务分析】

设备安装与调试能力是售后技术岗人员重要的技能，要求从业人员能够对照设备原理图和说明书，按照工程标准完成设备的安装与布线。本任务主要学习电动上悬窗有线控制系统的安装与调试方法。

【任务实施】

任务实施见表 6-2-1。

表 6-2-1　任务实施

操作步骤	操作内容	注意事项
	操作前	
1. 评估与沟通		
（1）评估	• 评估环境：按照 6S 标准之整理标准（SEIRI），进行清洁、安全、适合操作。 • 评估设备：设备的完整性和状态，以及工具、辅料、耗材情况。	
（2）沟通	• 明确客户需求、确认任务目标要求。	
2. 准备		
（1）环境准备	• 按照 6S 标准之整顿标准（SEITON），进行环境准备。	
（2）物品准备	• 智能家居电动窗与窗帘实训装置。 • 智能家居工具箱。本实训中用到的工具包括扳手、一字螺丝刀、十字螺丝刀、剥线钳。	
（3）人员准备	• 熟练使用工具。 • 具有一定的电工基础。 • 熟悉智能家居系统	
	操作中	
1. 电动上悬窗有线控制系统设备安装		

续表

操作步骤	操作内容	注意事项
第一步：认识电动上悬窗	• 在实训装置左上侧安装有电动上悬窗，电动上悬窗控制系统主要包括链条式推窗机、上悬窗推窗机接收器和上悬窗窗户，如图 6-2-1 所示 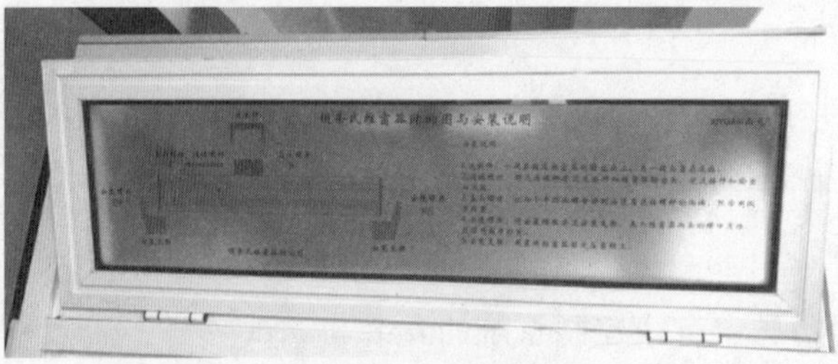 图 6-2-1　上悬窗	
第二步：安装链条式推窗机	• 认识链条式推窗机结构，如图 6-2-2 所示。 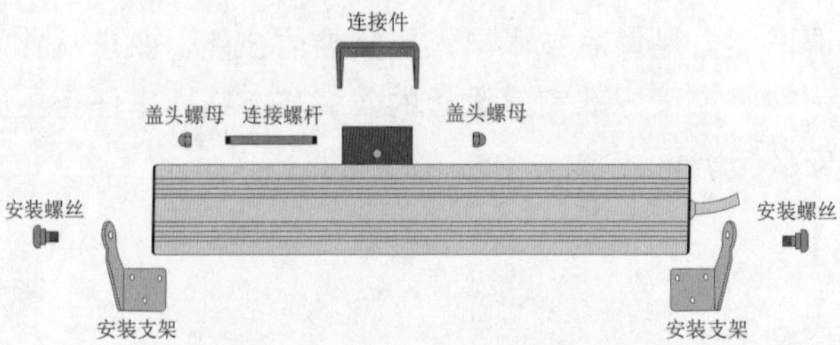 图 6-2-2　链条式推窗机结构图 • 将连接件的一端套接在推窗机的输出头上，另一端与窗扇连接。 • 将连接螺杆穿过连接件和推窗机输出头，使连接件和输出头连接。 • 把两个半圆头螺母分别安装在连接螺杆的两端，然后用扳手拧紧。 • 将安装螺丝穿过安装支架，再与推窗机两头的螺口连接，然后用扳手拧紧。 • 将推窗机固定在窗框上。 • 电动上悬窗链条式推窗机安装效果如图 6-2-3 所示  图 6-2-3　电动上悬窗链条式推窗机安装效果图	操作中要求学校遵循 6S 管理标准之素养标准（SHITSUKE）和安全标准（SAFETY）

续表

操作步骤	操作内容	注意事项
第三步：安装上悬窗推窗机接收器	• 安装 86 型底盒。在实训装置左侧立柱上，由上到下第一个安装孔上，合理安装固定 86 型底盒。 • 走线。将刚才安装的链条式推窗机的线缆从 86 型底盒中穿出，并预留合适长度。同样，将外部 220 V 供电线缆从 86 型底盒中穿出，并预留合适长度。 • 接线。注意接线前一定切断电源，学生在教师指导下完成接线。 • 将供电线缆和链条式推窗机线缆分别接入推窗机接收器对应的端口，确保线缆接触可靠、连接牢固。根据图 6-2-4 所示的推窗机接收器示意图（见表后）完成接线。 • 安装推窗机接收器。利用安装螺丝，将推窗机接收器安装在 86 型底盒上，并盖上盖板即可	
2. 电动上悬窗有线控制系统调试		
第一步	• 设备通电前，请仔细检查和确认现场工作电压为交流 220 V，设备可靠接地，固定牢固	
第二步	• 将设备电源插头接入现场的电源插座，给设备供电，按下 PDU 开关键，电源指示灯亮	
第三步	• 轻按【开启】按钮，控制电机正转，窗扇自动开启，到设定位置自动停止	
第四步	• 轻按【关闭】按钮，控制电机反转，窗扇自动关闭，到设定位置自动停止	
第五步	• 轻按【停止】按钮，控制电机停止，窗扇停止移动，控制窗扇停止在需要的位置	
操作后		
1. 环境整理	按照 6S 标准之清扫标准（SEISO）、清洁标准（SEIKETSU）和安全标准（SAFETY），做如下环境整理工作： • 整理仪器、设备、工具。 • 清洁工位。 • 关闭电源。 • 打扫实训场所	
2. 实训报告	按照 6S 标准之素养标准（SHITSUKE）和安全标准（SAFETY），做如下报告整理工作： • 描述电动上悬窗与链条式推窗机的安装方法与步骤。 • 绘制电动上悬窗推窗机接收器的接线图。 • 描述电动上悬窗有线控制系统的调试步骤	

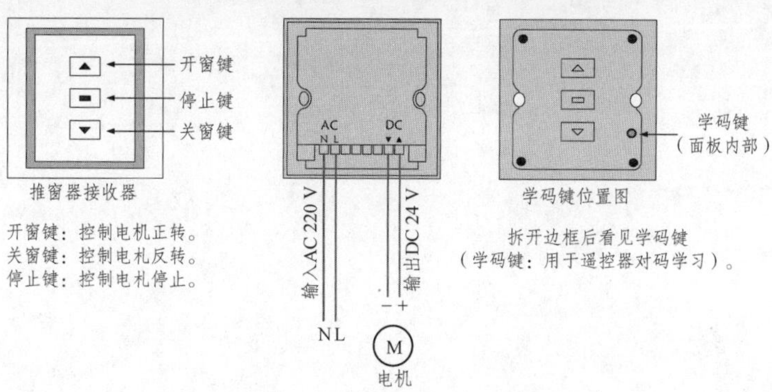

图 6-2-4　推窗机接收器示意图

【任务评价】

任务评价见表 6-2-2。

表 6-2-2　任务评价

<table>
<tr><th>序号</th><th>任务描述</th><th colspan="2">评分标准</th><th>分值</th><th>得分</th></tr>
<tr><td rowspan="4">任务 2</td><td rowspan="4">电动上悬窗有线控制系统的安装与调试</td><td colspan="2">1. 设备安装检验 30 分：安装位置正确、安装牢固、横平竖直、符合相关标准规定，满分，每错一处扣 10 分，扣完为止</td><td>30</td><td></td></tr>
<tr><td colspan="2">2. 线缆及敷设检验 30 分：控制线、电源线布线规范，接头正确处理，满分，每错一处扣 10 分，扣完为止</td><td>30</td><td></td></tr>
<tr><td colspan="2">3. 系统功能检测 30 分：功能正确、性能好，满分，每错一处扣 10 分，扣完为止</td><td>30</td><td></td></tr>
<tr><td colspan="2">4. 环境整理 10 分：实训完后整理仪器、设备、工具，清洁工位，关闭电源，满分，每错一处扣 5 分，扣完为止</td><td>10</td><td></td></tr>
<tr><td colspan="2">总得分</td><td></td><td>考核等级</td><td colspan="2"></td></tr>
</table>

备注：考核满分为 100 分，60～69 分为及格；70～79 分为中等；80～89 分为良好；90 分及以上为优秀。

任务 3　电动平开窗有线控制系统的安装与调试

【任务导入】

任务描述:

小李毕业后，应聘某科技公司售后工程师岗位，该公司开展智能家居产品研发、生产与整体解决方案服务业务，面试时，售后技术主管要求小李现场展示电动窗的安装。

任务目标:

（1）掌握电动平开窗有线控制系统的安装与调试。

（2）熟悉智能家居系统线缆敷设要求、安装方法和常用标准。

【任务分析】

设备安装与调试能力是售后技术岗人员重要的技能，要求从业人员能够对照设备原理图和说明书，按照工程标准完成设备的安装与布线。本任务主要学习电动平开窗有线控制系统的安装与调试方法。

【任务实施】

任务实施见表 6-3-1。

表 6-3-1　任务实施

操作步骤	操作内容	注意事项
操作前		
1. 评估与沟通		
（1）评估	• 评估环境：按照 6S 标准之整理标准（SEIRI），进行清洁、安全、适合操作。 • 评估设备：设备的完整性和状态，以及工具、辅料、耗材情况。	
（2）沟通	• 明确客户需求、确认任务目标要求。	
2. 准备		
（1）环境准备	• 按照 6S 标准之整顿标准（SEITON），进行环境准备。	
（2）物品准备	• 智能家居电动窗与窗帘实训装置。 • 智能家居工具箱。本实训中用到的工具包括扳手、一字螺丝刀、十字螺丝刀、剥线钳	
（3）人员准备	• 熟练使用工具。 • 具有一定的电工基础。 • 熟悉智能家居系统	
操作中		
1. 电动平开窗有线控制系统设备安装		

续表

<table>
<tr><th>操作步骤</th><th>操作内容</th><th>注意事项</th></tr>
<tr><td>第一步：认识电动平开窗</td><td>• 在实训装置左侧中间位置安装有电动平开窗，电动平开窗控制系统主要包括链条式推窗机、平开窗推窗机接收器和平开窗窗户，如图 6-3-1 所示

图 6-3-1　平开窗</td><td rowspan="2">操作中要求学校遵循 6S 管理标准之素养标准（SHITSUKE）和安全标准（SAFETY）</td></tr>
<tr><td>第二步：安装链条式推窗机</td><td>• 认识链条式推窗机结构，如图 6-3-2 所示。
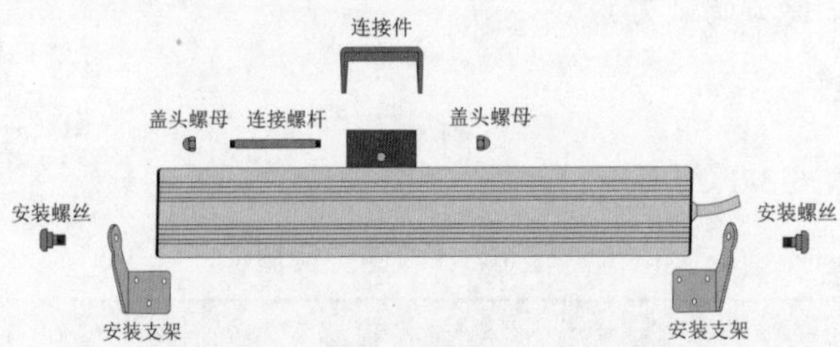

图 6-3-2　链条式推窗机结构图
• 将连接件的一端套接在推窗机的输出头上，另一端与窗扇连接。
• 将连接螺杆穿过连接件和推窗机输出头，使连接件和输出头连接。
• 把两个半圆头螺母分别安装在连接螺杆的两端，然后用扳手拧紧。
• 将安装螺丝穿过安装支架，再与推窗机两头的螺口连接，然后用扳手拧紧。
• 将推窗机固定在窗框上。
• 电动上悬窗链条式推窗机安装效果如图 6-3-3 所示

图 6-3-3　电动平开窗链条式推窗机安装效果图</td></tr>
</table>

续表

操作步骤	操作内容	注意事项
第三步：安装上悬窗推窗机接收器	• 安装 86 型底盒。在实训装置左侧立柱上，由上到下第一个安装孔上，合理安装固定 86 型底盒。 • 走线。将刚才安装的链条式推窗机的线缆从 86 型底盒中穿出，并预留合适长度。同样，将外部 220 V 供电线缆从 86 型底盒中穿出，并预留合适长度。 • 接线。注意接线前一定切断电源，学生在教师指导下完成接线。 • 将供电线缆和链条式推窗机线缆分别接入推窗机接收器对应的端口，确保线缆接触可靠、连接牢固。根据图 6-3-4 所示的推窗机接收器示意图（见表后）完成接线。 • 安装推窗机接收器。利用安装螺丝，将推窗机接收器安装在 86 型底盒上，并盖上盖板即可	
2. 电动平开窗有线控制系统调试		
第一步	• 设备通电前，仔细检查和确认现场工作电压为交流 220 V，设备可靠接地，固定牢固	
第二步	• 将设备电源插头接入现场的电源插座，给设备供电，按下 PDU 开关键，电源指示灯亮	
第三步	• 轻按【开启】按钮，控制电机正转，窗扇自动开启，到设定位置自动停止	
第四步	• 轻按【关闭】按钮，控制电机反转，窗扇自动关闭，到设定位置自动停止	
第五步	• 轻按【停止】按钮，控制电机停止，窗扇停止移动，控制窗扇停止在需要的位置	
操作后		
1. 环境整理	按照 6S 标准之清扫标准（SEISO）、清洁标准（SEIKETSU）和安全标准（SAFETY），做如下环境整理工作： • 整理仪器、设备、工具。 • 清洁工位。 • 关闭电源。 • 打扫实训场所	
2. 实训报告	按照 6S 标准之素养标准（SHITSUKE）和安全标准（SAFETY），做如下报告整理工作： • 描述电动平开窗与链条式推窗机的安装方法与步骤。 • 绘制电动平开窗推窗机接收器的接线图。 • 描述电动平开窗有线控制系统的调试步骤	

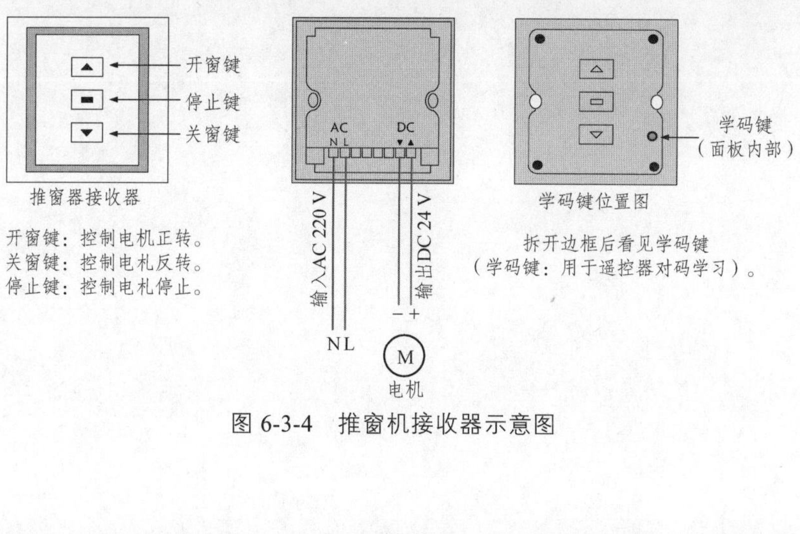

图 6-3-4 推窗机接收器示意图

【任务评价】

任务评价见表 6-3-2。

表 6-3-2　任务评价

<table>
<tr><th>序号</th><th>任务描述</th><th colspan="2">评分标准</th><th>分值</th><th>得分</th></tr>
<tr><td rowspan="4">任务 3</td><td rowspan="4">电动平开窗有线控制系统的安装与调试</td><td colspan="2">1. 设备安装检验 30 分：安装位置正确、安装牢固、横平竖直、符合相关标准规定，满分，每错一处扣 10 分，扣完为止</td><td>30</td><td></td></tr>
<tr><td colspan="2">2. 线缆及敷设检验 30 分：控制线、电源线布线规范，接头正确处理，满分，每错一处扣 10 分，扣完为止</td><td>30</td><td></td></tr>
<tr><td colspan="2">3. 系统功能检测 30 分：功能正确、性能好，满分，每错一处扣 10 分，扣完为止</td><td>30</td><td></td></tr>
<tr><td colspan="2">4. 环境整理 10 分：实训完后整理仪器、设备、工具，清洁工位，关闭电源，满分，每错一处扣 5 分，扣完为止</td><td>10</td><td></td></tr>
<tr><td colspan="2">总得分</td><td></td><td>考核等级</td><td colspan="2"></td></tr>
</table>

备注：考核满分为 100 分，60～69 分为及格；70～79 分为中等；80～89 分为良好；90 分及以上为优秀。

任务 4　电动推拉窗有线控制系统的安装与调试

【任务导入】

任务描述：

小李毕业后，应聘某科技公司售后工程师岗位，该公司开展智能家居产品研发、生产与整体解决方案服务业务，面试时，售后技术主管要求小李现场展示电动窗的安装。

任务目标：

（1）掌握电动推拉窗有线控制系统的安装与调试。

（2）熟悉智能家居系统线缆敷设要求、安装方法和常用标准。

【任务分析】

设备安装与调试能力是售后技术岗人员重要的技能，要求从业人员能够对照设备原理图和说明书，按照工程标准完成设备的安装与布线。本任务主要学习电动推拉窗有线控制系统的安装与调试方法。

【任务实施】

任务实施见表 6-4-1。

表 6-4-1　任务实施

操作步骤	操作内容	注意事项
	操作前	
1. 评估与沟通		
（1）评估	• 评估环境：按照 6S 标准之整理标准（SEIRI），进行清洁、安全、适合操作。 • 评估设备：设备的完整性和状态，以及工具、辅料、耗材情况。	
（2）沟通	• 明确客户需求、确认任务目标要求。	
2. 准备		
（1）环境准备	• 按照 6S 标准之整顿标准（SEITON），进行环境准备。	
（2）物品准备	• 智能家居电动窗与窗帘实训装置。 • 智能家居工具箱。本实训中用到的工具包括扳手、一字螺丝刀、十字螺丝刀、剥线钳。	
（3）人员准备	• 熟练使用工具。 • 具有一定的电工基础。 • 熟悉智能家居系统。	
	操作中	
1. 电动推拉窗有线控制系统设备安装		

续表

操作步骤	操作内容	注意事项
第一步：认识电动推拉窗	• 在实训装置右侧中间位置安装有电动推拉窗，电动推拉窗控制系统主要包括平移推窗机、推拉窗推窗机接收器和推拉窗窗户，如图 6-4-1 所示： 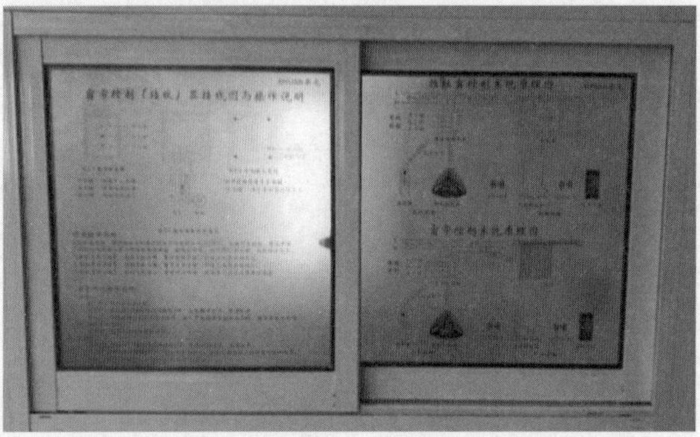 图 6-4-1　推拉窗	
第二步：安装平移推窗机	• 确定平移推窗机安装位置。根据窗户的实际位置和开合情况，合理选择平移推窗机的安装位置，并用螺丝上紧。 • 根据平移推窗机卡槽的位置及窗户开合位置，确定窗户上卡柱的安装位置，并用螺丝上紧。电动推拉窗推窗机安装图如图 6-4-2 所示：  图 6-4-2　推拉窗推窗机安装图	操作中要求学校遵循 6S 管理标准之素养标准（SHITSUKE）和安全标准（SAFETY）。
第三步：安装推拉窗推窗机接收器	• 安装 86 型底盒。在实训装置左侧立柱上，由上到下第一个安装孔上，合理安装固定 86 型底盒。 • 走线。将刚才安装的链条式推窗机的线缆从 86 型底盒中穿出，并预留合适长度。同样，将外部 220 V 供电线缆从 86 型底盒中穿出，并预留合适长度。 • 接线。注意接线前一定切断电源，学生在教师指导下完成接线。 • 将供电线缆和链条式推窗机线缆分别接入推窗机接收器对应的端口，确保线缆接触可靠、连接牢固。根据图 6-4-3 所示的推窗机接收器示意图（见表后）完成接线。 • 安装推窗机接收器。利用安装螺丝，将推窗机接收器安装在 86 型底盒上，并盖上盖板即可	

续表

操作步骤	操作内容	注意事项
2. 电动推拉窗有线控制系统调试		
第一步	• 设备通电前，请仔细检查和确认现场工作电压为交流 220 V，设备可靠接地，固定牢固	操作中要求学校遵循 6S 管理标准之素养标准（SHITSUKE）和安全标准（SAFETY）。
第二步	• 将设备电源插头接入现场的电源插座，给设备供电，按下 PDU 开关键，电源指示灯亮	
第三步	• 轻按【开启】按钮，控制电机正转，窗扇自动开启，到设定位置自动停止	
第四步	• 轻按【关闭】按钮，控制电机反转，窗扇自动关闭，到设定位置自动停止	
第五步	• 轻按【停止】按钮，控制电机停止，窗扇停止移动，控制窗扇停止在需要的位置	
操作后		
1. 环境整理	按照 6S 标准之清扫标准（SEISO）、清洁标准（SEIKETSU）和安全标准（SAFETY），做如下环境整理工作： • 整理仪器、设备、工具。 • 清洁工位。 • 关闭电源。 • 打扫实训场所	
2. 实训报告	按照 6S 标准之素养标准（SHITSUKE）和安全标准（SAFETY），做如下报告整理工作： • 描述电动推拉窗的安装方法与步骤。 • 绘制电动推拉窗推窗机接收器的接线图。 • 描述电动推拉窗有线控制系统的调试步骤	

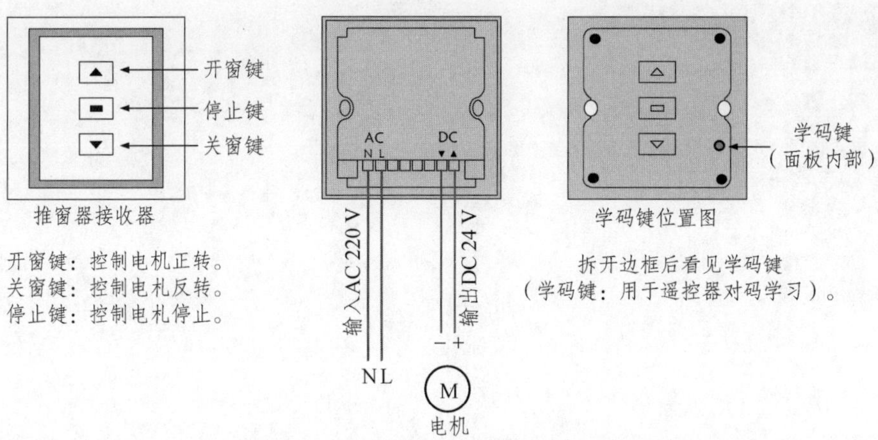

图 6-4-3　推窗机接收器示意图

【任务评价】

任务评价见表 6-4-2。

表 6-4-2 任务评价

<table>
<tr><th>序号</th><th>任务描述</th><th colspan="2">评分标准</th><th>分值</th><th>得分</th></tr>
<tr><td rowspan="4">任务 4</td><td rowspan="4">电动推拉窗有线控制系统的安装与调试</td><td colspan="2">1. 设备安装检验 30 分：安装位置正确、安装牢固、横平竖直、符合相关标准规定，满分，每错一处扣 10 分，扣完为止</td><td>30</td><td></td></tr>
<tr><td colspan="2">2. 线缆及敷设检验 30 分：控制线、电源线布线规范，接头正确处理，满分，每错一处扣 10 分，扣完为止</td><td>30</td><td></td></tr>
<tr><td colspan="2">3. 系统功能检测 30 分：功能正确、性能好，满分，每错一处扣 10 分，扣完为止</td><td>30</td><td></td></tr>
<tr><td colspan="2">4. 环境整理 10 分：实训完后整理仪器、设备、工具，清洁工位，关闭电源，满分，每错一处扣 5 分，扣完为止</td><td>10</td><td></td></tr>
<tr><td colspan="2">总得分</td><td></td><td>考核等级</td><td colspan="2"></td></tr>
</table>

备注：考核满分为 100 分，60～69 分为及格；70～79 分为中等；80～89 分为良好；90 分及以上为优秀。

任务 5　电动卷帘有线控制系统的安装与调试

【任务导入】

任务描述：

小李毕业后，应聘某科技公司售后工程师岗位，该公司开展智能家居产品研发、生产与整体解决方案服务业务，面试时，售后技术主管要求小李现场展示电动卷帘的安装。

任务目标：

（1）掌握电动卷帘有线控制系统的安装与调试。

（2）熟悉智能家居系统线缆敷设要求、安装方法和常用标准。

【任务分析】

设备安装与调试能力是售后技术岗人员重要的技能，要求从业人员能够对照设备原理图和说明书，按照工程标准完成设备的安装与布线。本任务主要学习电动卷帘有线控制系统的安装与调试方法。

【任务实施】

任务实施见表 6-5-1。

表 6-5-1　任务实施

操作步骤	操作内容	注意事项
操作前		
1. 评估与沟通		
（1）评估	• 评估环境：按照 6S 标准之整理标准（SEIRI），进行清洁、安全、适合操作。 • 评估设备：设备的完整性和状态，以及工具、辅料、耗材情况。	
（2）沟通	• 明确客户需求、确认任务目标要求。	
2. 准备		
（1）环境准备	• 按照 6S 标准之整顿标准（SEITON），进行环境准备。	
（2）物品准备	• 智能家居电动窗与窗帘实训装置。 • 智能家居工具箱。本实训中用到的工具包括扳手、一字螺丝刀、十字螺丝刀、剥线钳	
（3）人员准备	• 熟练使用工具。 • 具有一定的电工基础。 • 熟悉智能家居系统	
操作中		
1. 电动卷帘有线控制系统设备安装		

续表

操作步骤	操作内容	注意事项
第一步：认识电动卷帘	• 在实训装置左侧下方位置安装有电动卷帘，电动卷帘控制系统主要包括卷帘电机、卷帘电机接收器和卷帘布，如图 6-5-1 所示  图 6-5-1　电动卷帘	操作中要求学校遵循 6S 管理标准之素养标准（SHITSUKE）和安全标准（SAFETY）
第二步：安装卷帘与卷帘电机	• 确定卷帘安装位置。根据卷帘周围的空间，合理选择卷帘电机的安装位置，使其安装在中心位置。 • 将卷帘一侧的安装支架在确认的位置用螺丝固定。 • 将卷帘侧的固定轴卡入支架中，另一侧的固定轴卡入另一个未安装的支架中。 • 使两侧的安装支架卡紧卷帘，将另一侧的安装支架固定。图 6-5-2 为卷帘的安装图  图 6-5-2　卷帘的安装图	操作中要求学校遵循 6S 管理标准之素养标准（SHITSUKE）和安全标准（SAFETY）
第三步：安装窗帘接收器	• 安装 86 型底盒。在实训装置左侧立柱上，由上到下第一个安装孔上，合理安装固定 86 型底盒。 • 走线。将刚才安装的卷帘电机的线缆从 86 型底盒中穿出，并预留合适长度。同样，将外部 220 V 供电线缆从 86 型底盒中穿出，并预留合适长度。 • 接线。注意接线前一定切断电源，建议学生在教师指导下完成接线。 • 将供电线缆和卷帘电机线缆分别接入卷帘电机接收器对应的端口，确保线缆接触可靠、连接牢固。根据图 6-5-3 所示的窗帘接收器示意图（见表后）完成接线。 • 安装卷帘电机接收器。利用安装螺丝，将卷帘电机接收器安装在 86 型底盒上，并盖上盖板即可	

续表

操作步骤	操作内容	注意事项
2. 电动卷帘有线控制系统调试		
第一步	• 设备通电前，请仔细检查和确认现场工作电压为交流 220 V，设备可靠接地、固定牢固	
第二步	• 将设备电源插头接入现场的电源插座，给设备供电，按下 PDU 开关键，电源指示灯亮	
第三步	• 轻按【开启】按钮，控制电机正转，卷帘自动放下，当卷帘到达理想位置时，利用限位调节器，旋转卷帘电机上的下行限位旋钮，即可完成卷帘电机的下行限位设置	操作中要求学校遵循 6S 管理标准之素养标准（SHITSUKE）和安全标准（SAFETY）
第四步	• 轻按【关闭】按钮，控制电机反转，卷帘自动收起，当卷帘到达理想位置时，利用限位调节器，旋转卷帘电机上的上行限位旋钮，即可完成卷帘电机的上行限位设置	
第五步	• 轻按【停止】按钮，控制电机停止，卷帘停止移动，控制帘布停止在需要的位置	
	操作后	
1. 环境整理	按照 6S 标准之清扫标准（SEISO）、清洁标准（SEIKETSU）和安全标准（SAFETY），做如下环境整理工作： • 整理仪器、设备、工具。 • 清洁工位。 • 关闭电源。 • 打扫实训场所	
2. 实训报告	按照 6S 标准之素养标准（SHITSUKE）和安全标准（SAFETY），做如下报告整理工作： • 描述卷帘与卷帘电机的安装步骤。 • 绘制电动窗帘接收器的接线图。 • 描述电动卷帘有线控制系统的调试步骤	

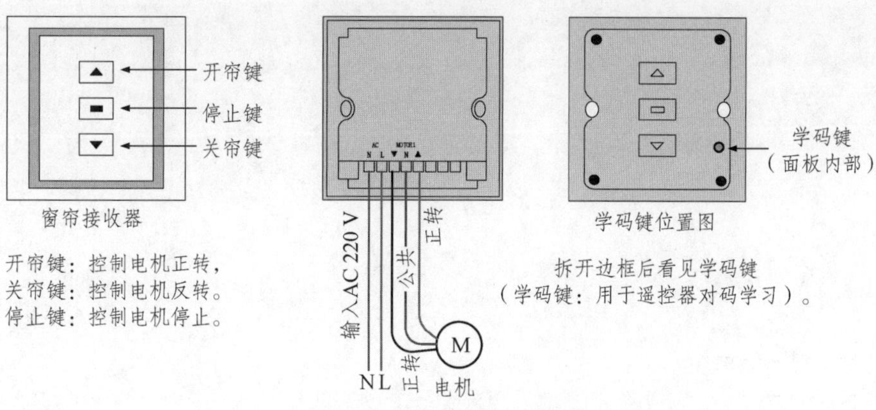

图 6-5-3　窗帘接收器示意图

【任务评价】

任务评价见表 6-5-2。

表 6-5-2 任务评价

序号	任务描述	评分标准	分值	得分
任务 5	电动卷帘有线控制系统的安装与调试	1. 设备安装检验 30 分：安装位置正确、安装牢固、横平竖直、符合相关标准规定，满分，每错一处扣 10 分，扣完为止	30	
		2. 线缆及敷设检验 30 分：控制线、电源线布线规范，接头正确处理，满分，每错一处扣 10 分，扣完为止	30	
		3. 系统功能检测 30 分：功能正确、性能好，满分，每错一处扣 10 分，扣完为止	30	
		4. 环境整理 10 分：实训完后整理仪器、设备、工具，清洁工位，关闭电源，满分，每错一处扣 5 分，扣完为止	10	
总得分			考核等级	

备注：考核满分为 100 分，60～69 分为及格；70～79 分为中等；80～89 分为良好；90 分及以上为优秀。

任务 6　电动窗帘有线控制系统的安装与调试

【任务导入】

任务描述：

小李毕业后，应聘某科技公司售后工程师岗位，该公司开展智能家居产品研发、生产与整体解决方案服务业务。面试时，售后技术主管要求小李现场展示电动窗帘的安装。

任务目标：

（1）掌握电动窗帘有线控制系统的安装与调试。

（2）熟悉智能家居系统线缆敷设要求、安装方法和常用标准。

【任务分析】

设备安装与调试能力是售后技术岗人员重要的技能，要求从业人员能够对照设备原理图和说明书，按照工程标准完成设备的安装与布线。本任务主要学习电动窗帘有线控制系统的安装与调试方法。

【任务实施】

任务实施见表 6-6-1。

表 6-6-1　任务实施

操作步骤	操作内容	注意事项
	操作前	
1. 评估与沟通		
（1）评估	• 评估环境：按照 6S 标准之整理标准（SEIRI），进行清洁、安全、适合操作。 • 评估设备：设备的完整性和状态，以及工具、辅料、耗材情况。	
（2）沟通	• 明确客户需求、确认任务目标要求。	
2. 准备		
（1）环境准备	• 按照 6S 标准之整顿标准（SEITON），进行环境准备。	
（2）物品准备	• 智能家居电动窗与窗帘实训装置。 • 智能家居工具箱。本实训中用到的工具包括扳手、一字螺丝刀、十字螺丝刀、剥线钳	
（3）人员准备	• 熟练使用工具。 • 具有一定的电工基础。 • 熟悉智能家居系统	
	操作中	
1. 电动窗帘有线控制系统设备安装	智能窗帘/自动窗帘布线	

续表

<table>
<tr><th>操作步骤</th><th>操作内容</th><th>注意事项</th></tr>
<tr><td>第一步：认识电动窗帘</td><td>• 在实训装置左侧下方位置安装有电动窗帘，电动窗帘控制系统主要包括窗帘电机、窗帘电机接收器、窗帘布，如图6-6-1所示

图 6-6-1　电动窗帘</td><td rowspan="6">操作中要求学校遵循6S管理标准之素养标准（SHITSUKE）和安全标准（SAFETY）。</td></tr>
<tr><td>第二步：安装窗帘电机及轨道</td><td>• 确定窗帘电机及轨道安装位置。根据窗帘周围的空间，合理选择窗帘电机的安装位置。
• 确定好安装位置后，将轨道的卡接片用螺丝安装在指定位置。
• 将窗帘轨道卡接在卡接片上。
• 将窗帘电机安装在轨道一端的电机卡接槽内。图 6-6-2为窗帘电机及轨道安装图
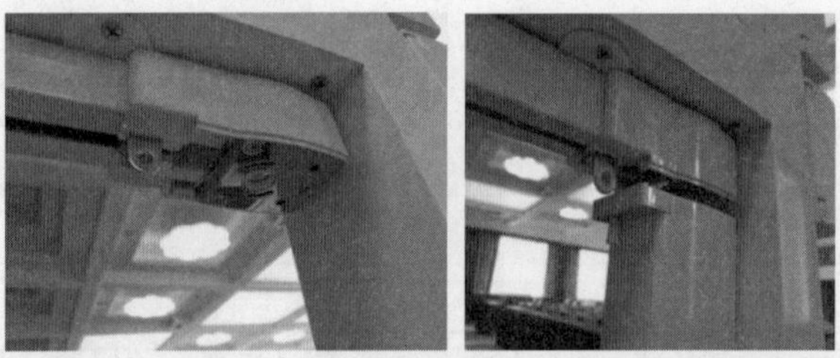
图 6-6-2　窗帘电机及轨道安装图</td></tr>
<tr><td>第三步：安装窗帘接收器</td><td>• 安装 86 型底盒。在实训装置左侧立柱上，由上到下第一个安装孔上，合理安装固定86型底盒。
• 走线。将刚才安装的窗帘电机的线缆从 86 型底盒中穿出，并预留合适长度。同样，将外部220 V供电线缆从86型底盒中穿出，并预留合适长度。
• 接线。注意接线前一定切断电源，学生在教师指导下完成接线。
• 将供电线缆和窗帘电机线缆分别接入窗帘电机接收器对应的端口，确保线缆接触可靠、连接牢固。根据图6-6-3所示的窗帘接收器示意图完成接线。
• 安装窗帘电机接收器。利用安装螺丝，将窗帘电机接收器安装在86型底盒上，并盖上盖板即可</td></tr>
<tr><td>2. 电动窗帘有线控制系统调试</td><td></td></tr>
<tr><td>第一步</td><td>• 设备通电前，请仔细检查和确认现场工作电压为交流220 V，设备可靠接地、固定牢固</td></tr>
<tr><td>第二步</td><td>• 将设备电源插头接入现场的电源插座，给设备供电，按下PDU开关键，电源指示灯亮</td></tr>
</table>

续表

操作步骤	操作内容	注意事项
	操作中	
第三步	• 轻按【开启】按钮，控制电机正转，窗帘自动开启，当窗帘开启到最大位置时，电机会自动识别设置此位置为限位点，并自动停止	操作中要求学校遵循6S管理标准之素养标准（SHITSUKE）和安全标准（SAFETY）
第四步	• 轻按【关闭】按钮，控制电机反转，窗帘自动关闭，当窗帘关闭到最大位置时，电机会自动识别设置此位置为限位点，并自动停止	
第五步	• 轻按【停止】按钮，控制电机停止，窗帘停止移动，控制窗帘停止在需要的位置	
	操作后	
1. 环境整理	按照 6S 标准之清扫标准（SEISO）、清洁标准（SEIKETSU）和安全标准（SAFETY），做如下环境整理工作： • 整理仪器、设备、工具。 • 清洁工位。 • 关闭电源。 • 打扫实训场所	
2. 实训报告	按照 6S 标准之素养标准（SHITSUKE）和安全标准（SAFETY），做如下报告整理工作： • 描述窗帘与窗帘电机的安装步骤。 • 绘制电动窗帘接收器的接线图。 • 描述电动窗帘有线控制系统的调试步骤	

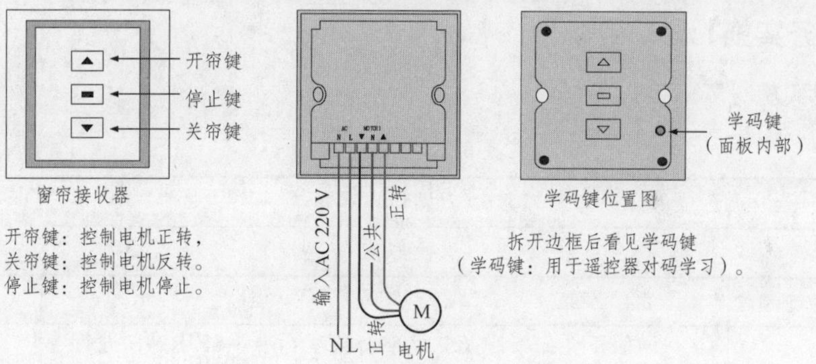

图 6-6-3　窗帘接收器示意图

【任务评价】

任务评价见表 6-6-2。

表 6-6-2　任务评价

序号	任务描述	评分标准	分值	得分
任务 6	电动窗帘有线控制系统的安装与调试	1. 设备安装检验 30 分：安装位置正确、安装牢固、横平竖直、符合相关标准规定，满分，每错一处扣 10 分，扣完为止	30	
		2. 线缆及敷设检验 30 分：控制线、电源线布线规范，接头正确处理，满分，每错一处扣 10 分，扣完为止	30	
		3. 系统功能检测 30 分：功能正确、性能好，满分，每错一处扣 10 分，扣完为止	30	
		4. 环境整理 10 分：实训完后整理仪器、设备、工具，清洁工位，关闭电源，满分，每错一处扣 5 分，扣完为止	10	
总得分		考核等级		

备注：考核满分为 100 分，60～69 分为及格；70～79 分为中等；80～89 分为良好；90 分及以上为优秀。

任务 7　电动窗与窗帘系统无线和网络控制调试

【任务导入】

任务描述：

小李毕业后，应聘某科技公司售后工程师岗位，该公司开展智能家居产品研发、生产与整体解决方案服务业务，面试时，售后技术主管要求小李现场展示电动窗帘的安装。

任务目标：

（1）掌握电动窗与窗帘系统无线和网络控制调试。

（2）熟悉智能家居系统线缆敷设要求、安装方法和常用标准。

【任务分析】

设备安装与调试能力是售后技术岗人员重要的技能，要求从业人员能够对照设备原理图和说明书，按照工程标准完成设备的安装与布线。本任务主要学习电动窗与窗帘系统无线和网络控制调试方法。

【任务实施】

任务实施见表 6-7-1。

表 6-7-1　任务实施

操作步骤	操作内容	注意事项
操作前		
1. 评估与沟通		
（1）评估	• 评估环境：按照 6S 标准之整理标准（SEIRI），进行清洁、安全、适合操作。 • 评估设备：设备的完整性和状态，以及工具、辅料、耗材情况。	
（2）沟通	• 明确客户需求、确认任务目标要求。	
2. 准备		
（1）环境准备	• 按照 6S 标准之整顿标准（SEITON），进行环境准备。	
（2）物品准备	• 智能家居电动窗与窗帘实训装置。 • 智能家居工具箱。本实训中用到的工具包括扳手、一字螺丝刀、十字螺丝刀、剥线钳。	
（3）人员准备	• 熟练使用工具。 • 具有一定的电工基础。 • 熟悉智能家居系统	
操作中		
1. 遥控器的无线控制调试与操作		

续表

操作步骤	操作内容	注意事项
（1）认识遥控器	• 遥控器按键功能示意图如图 6-7-1 所示 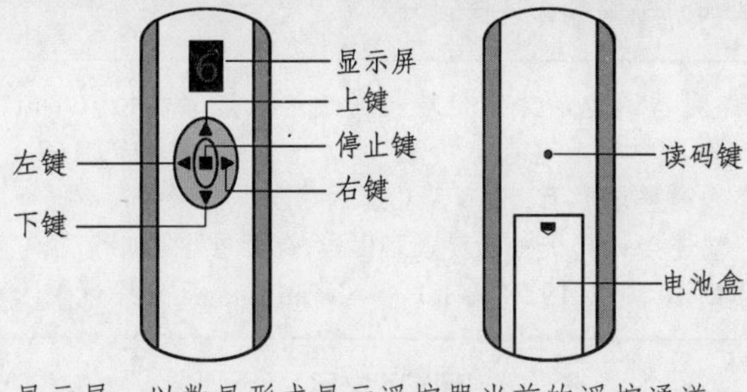 显示屏：以数显形式显示遥控器当前的遥控通道。 上键：发送电机正转信号，控制电机正转。 停止键：发送电机停止信号，控制电机停止工作。 下键：发送电机反转信号，控制电机反转。 左/右键：只能切换遥控通道，共有 9 个遥控通道。 电池盒：安装 2 节 7 号电池。 图 6-7-1 遥控器的按键功能示意图	
（2）对码	• 以下悬窗推窗机接收器对码为例，其他窗户和窗帘的对码可参考下列步骤	品牌型号不同，方式有差异
第一步	• 按住接收器学码键约 3 s，直至指示灯亮，然后松开，如图 6-7-2 所示 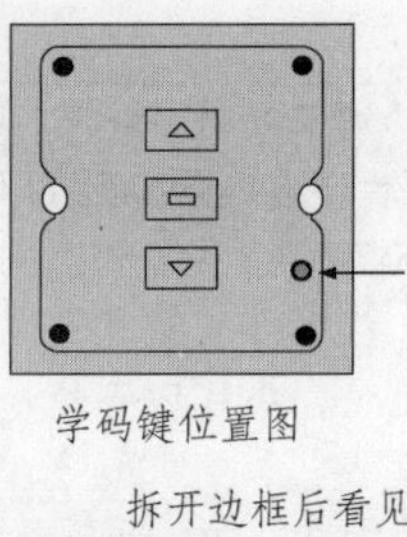 学码键位置图 拆开边框后看见学码键 （学码键：用于遥控器对码学习）。  图 6-7-2 按下学码键	操作中要求学校遵循 6S 管理标准之素养标准（SHITSUKE）和安全标准（SAFETY）
第二步	• 选择遥控器上通道编号为 1 的通道，按一下遥控器背面的读码键，接收器指示灯熄灭，表示对码成功。对码成功后，分别按下该通道下遥控器的“上键”“停止键”和“下键”，此时遥控器可以无线控制下悬窗的开启、停止和关闭	
（3）清除	• 以遥控器对下悬窗的清除为例，其他窗户和窗帘的清除可参考下列步骤。注意：清除之后遥控器无法对窗户、窗帘进行无线控制	品牌型号不同，方式有差异
第一步	• 按住下悬窗接收器学码键约 3 s，直至指示灯亮，然后松开	

续表

操作步骤	操作内容	注意事项
第二步	• 再按住学码键约 7 s，直至指示灯熄灭，此时已经消除了遥控器的对码编号即消除成功	操作中要求学校遵循6S管理标准之素养标准（SHITSUKE）和安全标准（SAFETY）
2. 无线路由器的配置与操作	• 路由器通电后，手机连接通过路由器建立的 Wi-Fi。在手机浏览器中输入路由器的 IP 地址（初始 IP：192.168.1.1），进入路由器登录界面，设置路由器的名称和登录密码（也可以用网线一端连接计算机一端接入路由器，然后在电脑浏览器中输入路由器的 IP 地址 192.168.1.1 进入路由器进行相关设置）	
3. 系统网络控制调试与操作	Z-WAVE 技术	
（1）窗户和窗帘的网络控制调试与操作	• 以下悬窗的网络控制调试与操作为例，其他窗户和窗帘的调试与操作可参考下列步骤	品牌型号不同，方式有差异
第一步	• 在智能手机上下载安装“易控”App，如图 6-7-3 所示。手机连接通过路由器建立的 Wi-Fi，打开“易控”App，进入控制界面	操作中要求学校遵循 6S 管理标准之素养标准（SHITSUKE）和安全标准（SAFETY）。
第二步	• 给智能遥控主机通电，用尖细的针长按【Reset】键，直至 Wi-Fi 蓝色指示灯亮快闪	
第三步	• 点击控制界面右上角【+】选择【添加设备】，如图 6-7-4 所示。进入如图 6-7-5 所示的配置界面后，输入 Wi-Fi 密码，点击配置，配置完成后，会出现如图 6-7-6 所示的界面，配置成功。智能遥控后面为 Wi-Fi 标志，表示此智能遥控主机与通过路由器建立的无线网络完成了配置，并且设备处于在线状态 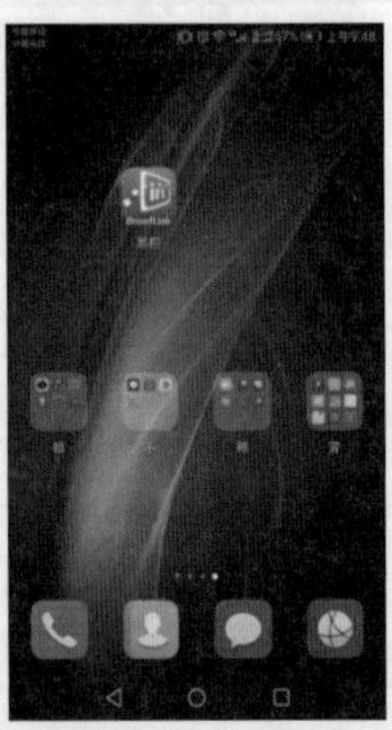 图 6-7-3 “易控”APP 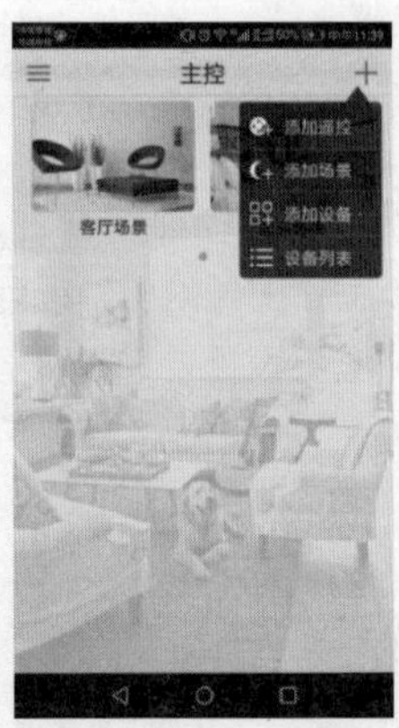 图 6-7-4 添加设备	

续表

操作步骤	操作内容	注意事项
第三步	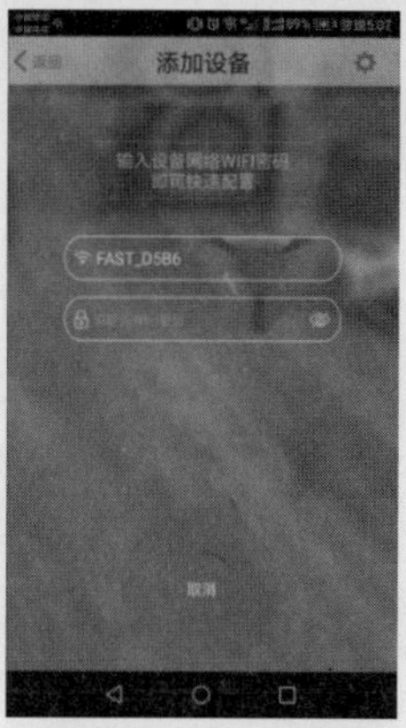 图 6-7-5　点击配置  图 6-7-6　配置成功	
第四步	• 点击在线的智能遥控，进入添加遥控界面，点击【设置】标志，选择【添加遥控】，如图 6-7-7 所示	
第五步	• 选择【定义】→【自由排序】，如图 6-7-8 所示，继续选择【排序-添加】，对遥控信息进行自定义，输入名称为“开启”，点击保存，如图 6-7-9、图 6-7-10 所示 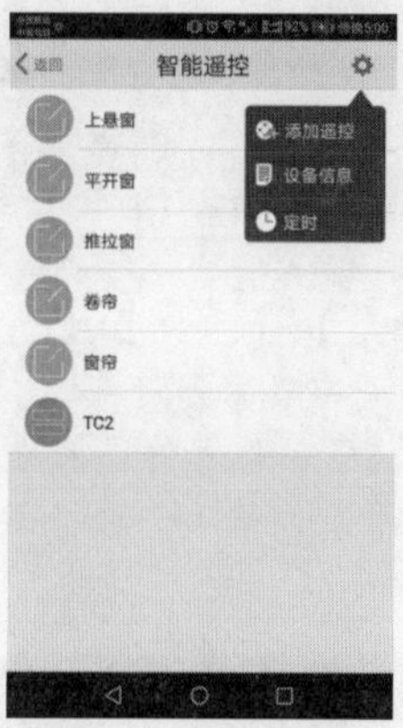 图 6-7-7　添加遥控 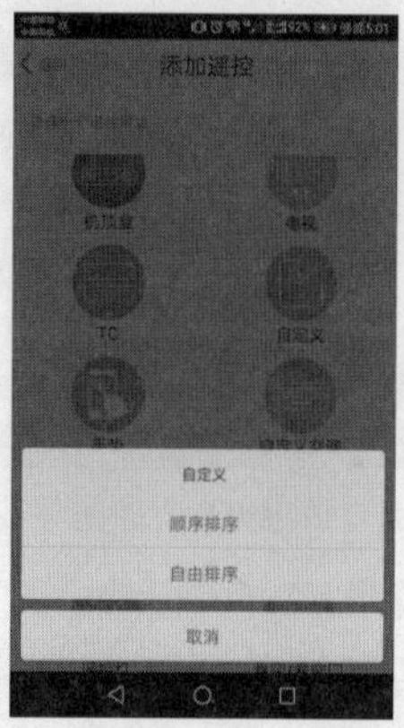 图 6-7-8　自定义添加  图 6-7-9　添加排序  图 6-7-10　自定义排序	操作中要求学校遵循 6S 管理标准之素养标准（SHITSUKE）和安全标准（SAFETY）。

续表

<table>
<tr><th>操作步骤</th><th>操作内容</th><th>注意事项</th></tr>
<tr><td>第六步</td><td>• 按上述步骤，继续添加两个自定义排序，分别命名为“停止”和“关闭”，并把这三个遥控标志按顺序排列，如图 6-7-11 所示</td><td rowspan="3">操作中要求学校遵循 6S 管理标准之素养标准（SHITSUKE）和安全标准（SAFETY）</td></tr>
<tr><td>第七步</td><td>• 定义面板信息。在图 6-7-9 中，选择【面板信息】，设置其名称为“下悬窗”，如图 6-7-12 所示
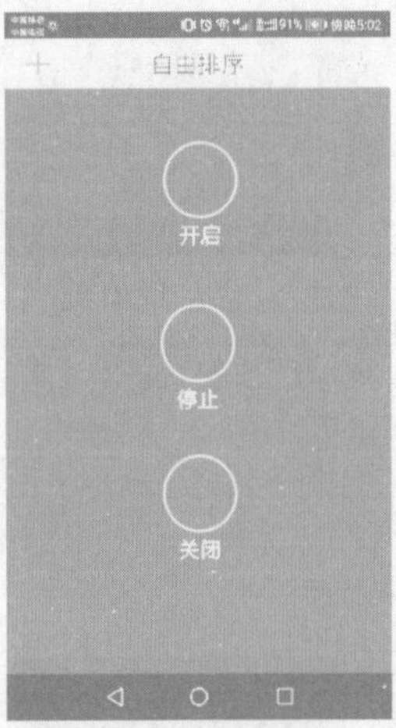

图 6-7-11　添加完成

图 6-7-12　编辑面板信息</td></tr>
<tr><td>第八步</td><td>• 依次选择【开启】→【单键学习】→【扫频】，如图 6-7-13、图 6-7-14 所示。根据提示，长按遥控器的开启按键，扫频完成后，点击【确定】，然后再按一下遥控器的开启按键，即完成了下悬窗“开启”按键的学习，如图 6-7-15、图 6-7-16 所示
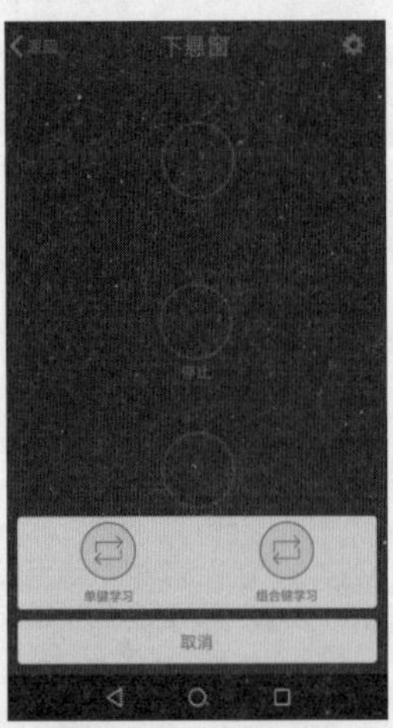

图 6-7-13　单键学习
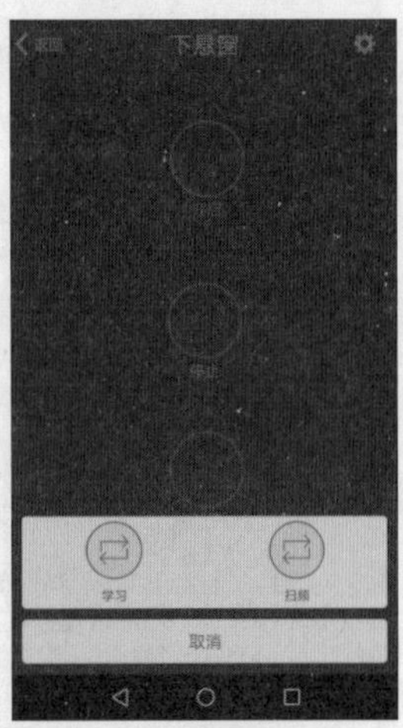

图 6-7-14　扫频</td></tr>
</table>

续表

<table>
<tr><th>操作步骤</th><th>操作内容</th><th>注意事项</th></tr>
<tr><td>第八步</td><td>
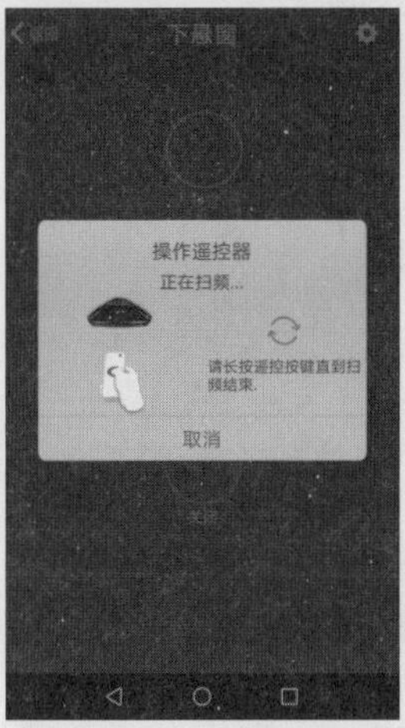

图 6-7-15　操作遥控器　　图 6-7-16　确认频点</td><td rowspan="3">操作中要求学校遵循 6S 管理标准之素养标准（SHITSUKE）和安全标准（SAFETY）</td></tr>
<tr><td>第九步</td><td>• 根据上述内容，依次进行“停止”和“关闭”的学习操作</td></tr>
<tr><td>第十步</td><td>• 根据上述内容，完成对其余窗户与窗帘的调试与操作。操作完成后，即可实现智能手机对电动窗与窗帘的网络控制</td></tr>
<tr><td>（2）顶灯的网络控制调试与操作</td><td></td><td>品牌型号不同，方式有差异</td></tr>
<tr><td>第一步</td><td>• 在图 6-7-8 中选择【添加遥控】→【TC】，选择设备开关类型【TC2 1 路】，进入开关学习界面，如图 6-7-17 所示</td><td rowspan="2">操作中要求学校遵循 6S 管理标准之素养标准（SHITSUKE）和安全标准（SAFETY）</td></tr>
<tr><td>第二步</td><td>• 学习开关。如图 6-7-18 所示，根据提示长按智能开关按钮约 5 s，当按钮闪烁时，设备进入学习状态，点击【配置】，当提示“按钮是否停止闪烁”时，观察智能开关，当智能开关按钮停止闪烁时，点击 App 页面的【确定】按钮，学习完成后，即可实现手机对顶灯的网络控制，如图 6-7-19 所示
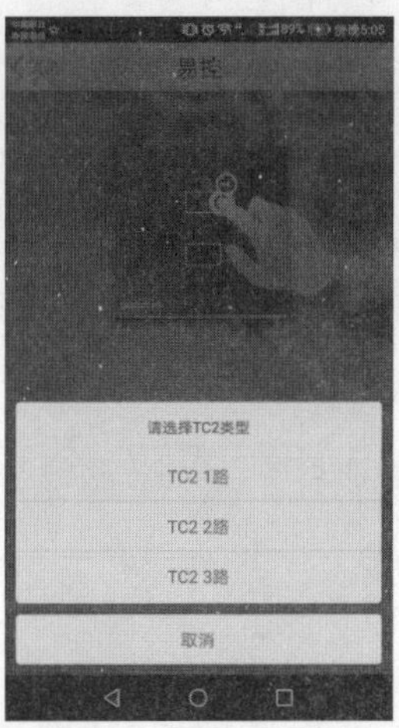

图 6-7-17　选择开关类型　　图 6-7-18　选择开关类型</td></tr>
</table>

续表

操作步骤	操作内容	注意事项
第二步	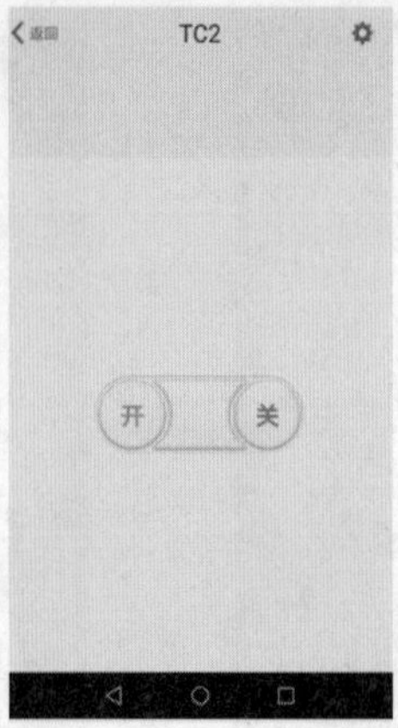 图 6-7-19　开关控制	操作中要求学校遵循 6S 管理标准之素养标准（SHITSUKE）和安全标准（SAFETY）
操作后		
1. 环境整理	按照 6S 标准之清扫标准（SEISO）、清洁标准（SEIKETSU）和安全标准（SAFETY），做如下环境整理工作： • 整理仪器、设备、工具。 • 清洁工位。 • 关闭电源。 • 打扫实训场所。	
2. 实训报告	按照 6S 标准之素养标准（SHITSUKE）和安全标准（SAFETY），做如下报告整理工作： • 描述遥控器对码的步骤与操作方法。 • 描述添加设备的方法和步骤。 • 描述面板按键学习的方法和步骤。 • 描述顶灯的网络控制调试与操做步骤。	

【任务评价】

任务评价见表 6-7-2。

表 6-7-2　任务评价

序号	任务描述	评分标准	分值	得分
任务 7	电动窗与窗帘系统无线和网络控制调试	1. 遥控器对码 20 分：安装位置正确、安装牢固、横平竖直、符合相关标准规定，满分，每错一处扣 10 分，扣完为止	20	
		2. 无线路由器的配置 30 分：配置正确，满分，每错一处扣 10 分，扣完为止	30	
		3. 系统网络控制调试 40 分：功能正确、性能好，满分，每错一处扣 10 分，扣完为止	40	
		4. 环境整理 10 分：实训完后整理仪器、设备、工具，清洁工位，关闭电源，满分，每错一处扣 5 分，扣完为止	10	
总得分			考核等级	

备注：考核满分为 100 分，60～69 分为及格；70～79 分为中等；80～89 分为良好；90 分及以上为优秀。

课后习题

【单选题】

1. 智能家居电动窗帘采用的 ZigBee 协议为（　　）。

A. IEEE 802.15.　　B. IEEE 811.15

C. IEEE 802.15.3a　　D. IEEE 802.15.a

2. 智能家居电动窗与窗帘系统的核心为（　　）。

A. 步进机　　B. 光敏感应

C. 计算机　　D. 单片机

3. 具有控制功能的是（　　）。

A. 步进机　　B. 光敏感应

C. 计算机　　D. 单片机

4. 具有驱动功能的是（　　）。

A. 步进机　　B. 光敏感应

C. 计算机　　D. 单片机

5. 具有感应光源功能的是（　　）。

A. 步进机　　B. 光敏感应

C. 计算机　　D. 单片机

6. 具有显示器功能的是（　　）。

A. 步进机　　B. 光敏感应

C. 计算机　　D. 单片机

7. 步进机的转动是通过（　　）来实现的。

A. 硬件　　B. 软件

C. 元件　　D. 物件

8. 步进机是哪一种类型？（　　）

A. 执行电机　　B. 供电电机

C. 感应电机　　D. 控制电机

9. 当步进机接收到一个脉冲信号后，步进角是怎么样的？（　　）

A. 随机的　　B. 固定的

C. 变量的　　D. 不存在

10. 步进机可以用到的芯片为（　　）。

A. ULN2003　　B. TBD62083 AFNG

C. ULN2803　　D. UDN2981

【多选题】

1. 现在的电动窗帘或电动卷帘，起控制的方式有（　　）。

A. 遥控控制　　B. 风光感应智能控制

C. 中央控制系统控制　　D. 手动控制

2. 智能窗帘零火触摸开关的特点有（　　）。

A. 强力干扰　　B. 快速传输速度

C. 极强稳定性与兼容性　　D. 防水性

3. 控制单元有（　　）。

A. 平板电脑　　B. 手机

C. 遥控器　　D. 控制面板

4. 智能窗帘系统的控制模块有（　　）。

A. 步进电机模块　　B. 光敏感应模块

C. 单片机模块　　D. 上位机软件模块

5. 智能电动窗帘的优势有（　　）。

A. 操作更简单便捷　　B. 突显空间高档气氛

C. 控制方式多样　　D. 可配合多种智能化场景需求

【判断题】

1. 为降低系统硬件成本，通常采用由廉价的芯片组成的驱动电路来实现整数高位灭零和闪烁显示功能。（　　）

2. 每条电动窗帘轨道电机必须是接一条三芯线，两条轨道的电机零线最好不要共用。（　　）

3. 电动窗帘默认使用是 220 V 交流电，部分国外地区使用 110 V 电源，电机需要定制。（　　）

4. 键盘在单片机运用系统中能实现向单片机输入数据、传输命令等功能，是人工干涉单片机的主要手段。（　　）

5. DS1287 实时时钟芯片有 MOTOROLA 和 INTEL 两种工作时序。（　　）

6. 数码管显示有静脉显示和动脉显示两种方法。（　　）

7. 利用可见光光敏电阻的特性，在系统中可实现电动窗帘的自动开关控制功能。（　　）

8. ADC0809 与 8031 的中断方式接口电路只需将 0809 的 EOC 端经过一非门连接到 8031 的 INTI 端即可。（　　）

9. 电动窗帘需要长时间运行或者对于安全要求比较高的情况下选择直流电机。（　　）

10. 智能窗帘系统的核心是步进机。（　　）

【填空题】

1. 控制电机分为________与________。

2. 电动窗帘输出端是________，继电器的线圈必须采用是________。

3. 接线柱“L”接 220 V 电源线的______，接线柱“N”接 220 V 电源线的______。

4. 输出端“1”接线柱接电机________，输出端“2”接线柱接电机________。

5. 电动窗帘布线的五种方案是_________、__________、__________、_________、________。

6. 数据转换完成后，可采用________、________、________进行传送。

7. 智能家居电动窗帘的四种工作方式是_______、_______、_______、_______。

8. 若想在电动窗帘中设置好开窗帘的时间和关窗帘的时间，需要配合________的使用。

9. 电动窗帘的类型从安装上可分为________和________。

10. 根据电动开合，窗帘电机可分为________、________和________。

【问答题】

1. 电动窗帘的主要工作原理是什么？

2. 智能家居电动窗帘与电动窗对人们而言有什么优点？

3. 电动窗设计的基本要求是什么？

4. AT89C51 单片机与 8048 单片机相较的优点是什么？

5. 电动窗帘的主要组成部分是什么？

项目 7 智能家居家电控制系统

智能家居家电控制系统是指用手机、平板电脑等实现对家用电器的控制。控制方式包括遥控和定时控制等，受控电器包括饮水机、插座、空调、地暖、电视机等，例如控制电器开关或者插座避免安全隐患，控制空调或者地暖提供舒适温度等。

学习目标

【知识目标】

（1）掌握智能家居家电控制系统的工作原理。

（2）掌握遥控控制模块的调试方法。

（3）掌握智能插座模块的调试方法 。

（4）电热水器远程控制的调试与操作。

（5）熟悉智能家居工程常用标准。

【能力目标】

（1）掌握智能家居电器控制系统的安装调试。

（2）掌握遥控控制模块和智能插座模块的调试。

（3）电热水器远程控制的调试与操作。

（4）熟悉智能家居系统的线缆敷设要求与安装方法。

【素养目标】

通过学习与实践，提高学生对掌握智能家居控制系统的认知与团队协作能力。

【思政目标】

树立理论联系实际、爱国、自信、进取的精神，培养民族自豪感、辩证思维、逻辑分析能力。

知识准备

一、智能家居家电控制系统的工作原理

智能家居家电控制系统原理图如图 7-0-1 所示。在由无线路由器搭建的网络环境中，智能手机与智能插座之间可进行相关控制信息的传输，进而控制插接在智能插座上的电器设备，如加湿器、电饭煲等。在由无线路由器搭建的网络环境中，智能遥控主机将智能手机发送的控制信号转发到液晶电视上，进而控制液晶电视的开关、频道

选择和音量调节。在由无线路由器搭建的网络环境中，智能遥控主机将智能手机发送的控制信号转发到电动卷帘接收器，进而控制电动卷帘的开合。

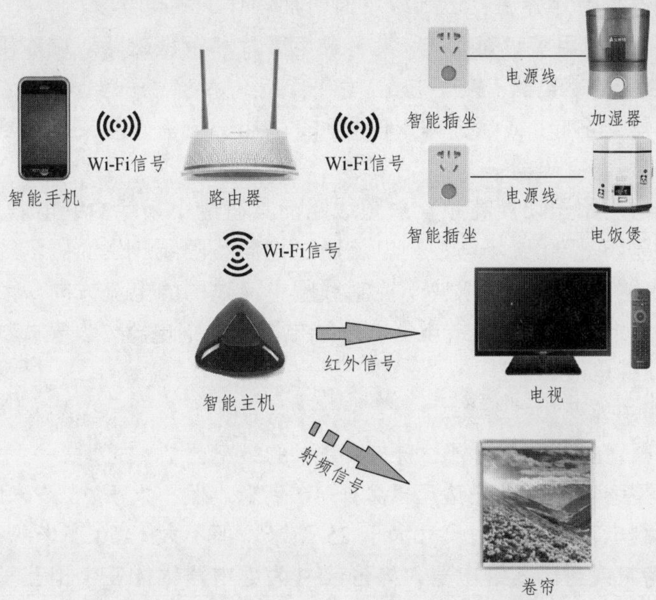

图 7-0-1　智能家居家电控制系统原理图

二、继电器基础知识

1. 继电器的概念

继电器（英文名称：relay）是一种电控制器件，是当输入量（激励量）的变化达到规定要求时，在电气输出电路中使被控量发生预定的阶跃变化的一种电器。它具有控制系统（又称输入回路）和被控制系统（又称输出回路）之间的互动关系。通常应用于自动化的控制电路中，它实际上是用小电流去控制大电流运作的一种“自动开关”。故在电路中起着自动调节、安全保护、转换电路等作用。

2. 继电器的作用

（1）扩大控制范围：例如，多触点继电器控制信号达到某一定值时，可以按触点组的不同形式，同时换接、开断、接通多路电路。

（2）放大：例如，灵敏型继电器、中间继电器等，用一个很微小的控制量，可以控制很大功率的电路。

（3）综合信号：例如，当多个控制信号按规定的形式输入多绕组继电器时，经过比较综合，达到预定的控制效果。

（4）自动、遥控、监测：例如，自动装置上的继电器与其他电器一起，可以组成程序控制线路，从而实现自动化运行。

3. 继电器的分类

（1）按继电器的工作原理或结构特征分类。

① 电磁继电器：利用输入电路内电流在电磁铁铁芯与衔铁间产生的吸力作用而工作的一种电气继电器。

② 固体继电器：指电子元件履行其功能而无机械运动构件的，输入和输出隔离的一种继电器。

③ 度继电器：当外界温度达到给定值时而动作的继电器。

④ 簧继电器：利用密封在管内，具有触电簧片和衔铁磁路双重作用的舌簧动作来开，闭或转换线路的继电器。

⑤ 间继电器：当加上或除去输入信号时，输出部分需延时或限时到规定时间才闭合或断开其被控线路继电器。

⑥ 频继电器：用于切换高频，射频线路而具有最小损耗的继电器。

⑦ 化继电器：有极化磁场与控制电流通过控制线圈所产生的磁场综合作用而动作的继电器。继电器的动作方向取决于控制线圈中流过的的电流方向。

⑧ 他类型的继电器：如光继电器，声继电器，热继电器，仪表式继电器，霍尔效应继电器，差动继电器等。

（2）继电器的外形尺寸分类。

① 型继电器：最长边尺寸不大于 10 毫米的继电器。

② 小型微型继电器：最长边尺寸大于 10 毫米，但不大于 25 毫米的继电器。

③ 型微型继电器：最长边尺寸大于 25 毫米，但不大于 50 毫米的继电器。

注：对于密封或封闭式继电器，外形尺寸为继电器本体三个相互垂直方向的最大尺寸，不包括安装件，引出端，压筋，压边，翻边和密封焊点的尺寸。

（3）继电器的负载分类。

① 功率继电器：当触点开路电压为直流 28 V 时，（阻性）为 0.1 A、0.2 A 的继电器。

② 功率继电器：当触点开路电压为直流 28 V 时，（阻性）为 0.5 A、1 A 的继电器。

③ 功率继电器：当触点开路电压为直流 28 V 时，（阻性）为 2 A、5 A 的继电器。

④ 功率继电器：当触点开路电压为直流 28 V 时，（阻性）为 10 A、15 A、20 A、25 A、40 A 的继电器。

（4）继电器的防护特征分类。

① 封继电器：采用焊接或其他方法，将触点和线圈等密封在罩子内，与围介质相隔离，其泄漏率较低的继电器。

② 闭式继电器：用罩壳将触点和线圈等密封（非密封）加以防护的继电器。

③ 开式继电器：不用防护罩来保护触电和线圈等的继电器。

以上继电器在电子制作中最常用的是电磁继电器和干簧继电器两种。

（5）电器主要产品技术参数。

① 定工作电压：是指继电器正常工作时线圈所需要的电压。根据继电器的型号不同可以是交流电压，也可以是直流电压。

② 流电阻：是指继电器中线圈的直流电阻，可以通过万用表测量。

③ 合电流：是指继电器能够产生吸合动作的最小电流。在正常使用时，给定的电流必须略大于吸合电流，这样继电器才能稳定地工作。而对于线圈所加的工作电压，一般不要超过额定工作电压的 1.5 倍，否则会产生较大的电流而把线圈烧毁。

④ 放电流：是指继电器产生释放动作的最大电流。当继电器吸合状态的电流减小到定程度时，继电器就会恢复到未通电的释放状态，这时的电流远远小于吸合电流。

⑤ 点切换电压和电流：是指继电器允许加载的电压和电流。它决定了继电器能控制电压和电流的大小，使用时不能超过此值，否则很容易损坏继电器的触点。

任务 1　智能家居电器控制系统的安装与调试

【任务导入】

任务描述：

小李毕业后，应聘某科技公司售后工程师岗位，该公司开展智能家居产品研发、生产与整体解决方案服务业务。面试时，售后技术主管要求小李现场展示家电控制系统的安装。

任务目标：

（1）掌握智能家居家电控制系统的工作原理。

（2）掌握智能家居电器控制系统的硬件安装与软件调试。

（3）熟悉智能家居系统线缆敷设要求、安装方法和常用标准。

【任务分析】

设备安装与调试能力是售后技术岗人员重要的技能，要求从业人员能够对照设备原理图和说明书，按照工程标准完成设备的安装与布线。本任务主要学习家电控制系统的安装与调试方法。

【任务实施】

任务实施见表 7-1-1。

表 7-1-1　任务实施

操作步骤	操作内容	注意事项
操作前		
1. 评估与沟通		
（1）评估	• 评估环境：按照 6S 标准之整顿标准（SEITON），进行清洁、安全、适合操作。 • 评估设备：设备的完整性和状态，以及工具、辅料、耗材情况。	
（2）沟通	• 明确客户需求、确认任务目标要求。	
2. 准备		
（1）环境准备	• 按照 6S 标准之整顿标准（SEITON），进行环境准备。	
（2）物品准备	• 智能家居工程技术实训装置。 • 智能家居工具箱。本实训中用到的工具有数字万用表、多功能剥线钳、测电笔、斜口钳、十字螺丝刀、微型螺丝批、十字头微型螺丝刀、一字头微型螺丝刀。 • 材料：超五类 RJ45 网络跳线 1 根，长度为 5 m。	
（3）人员准备	• 熟练使用工具。 • 具有一定的电工基础。 • 熟悉智能家居系统。	

续表

操作步骤	操作内容	注意事项
	操作中	
1. 智能家居电器控制系统的安装与调试		
第一步：看懂图纸	• 图 7-1-1 是按照《物联网智能家居 图形符号》（GB/T 34043—2017）中规定的图形符号设计的控制系统原理图。图 7-1-2 是以实物照片为图例设计的控制系统原理图。 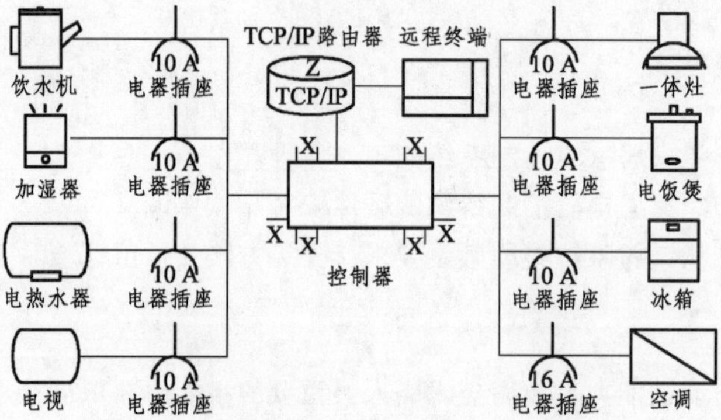 图 7-1-1 智能家居电器控制系统原理图 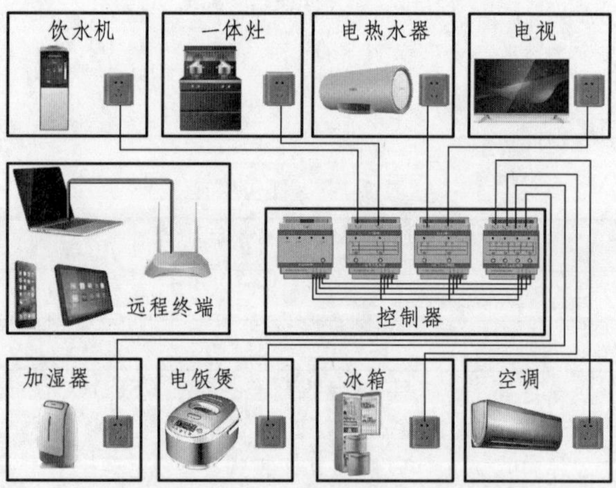 图 7-1-2 智能家居电器控制系统原理图	操作中要求学校遵循 6S 管理标准之素养标准（SHITSUKE）和安全标准（SAFETY）。
第二步：将电器设备分别安装到设计位置	• 教师指定或学生自主选择 1～2 台电器设备，进行实际安装或模拟安装。例如，对加湿器、饮水机、电饭煲、冰箱等可以移动的电器设备进行实际安装；对空调、电热水器等设备进行模拟安装。	
第三步：电源布线	• 实训时，教师首先详细介绍电源线的布线路由、线缆规格，然后指导学生安装电源插线板，或者将电器设备插头直接插到电源插座上，实现给设备供电。	
第四步：控制器接线	• 在教师指导下接线。 • 实训时，教师断开设备电源，首先选择 1～2 台电器设备，拆除原有接线，然后在教师的监督下，由学生连接控制线。注意红色线为火线，蓝色线为零线，切勿接错。	

续表

操作步骤	操作内容	注意事项
第五步：系统通电	• 系统通电前，教师认真仔细检查全部设备，要求安装正常，电器插头连接正确，没有外露的接线端子，确认无误后再给系统通电。	
第六步：绘制电子地图	• 使用 Visio 或 AutoCAD 软件，绘制智能家居平面布局图，包括电器设备安装位置和编号。 • 实训时，教师首先给学生介绍电子地图，然后安排学生独立绘制电子地图，掌握绘制电子地图的方法和步骤。	
第七步：软件调试		
1）创建环境	• 打开智能家居体验馆配置的笔记本电脑，找到《智能家居软件系统》调试软件，并且双击打开。 • 点击【添加设备】，选择【新建层】，输入楼层 ID、楼层名称，如图 7-1-3、图 7-1-4 所示。 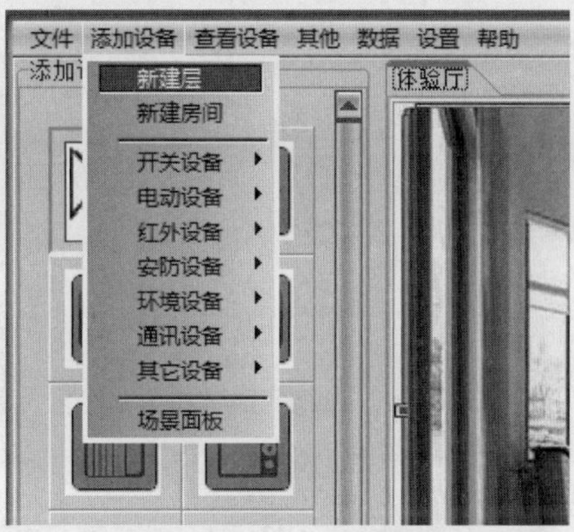 图 7-1-3　新建楼层 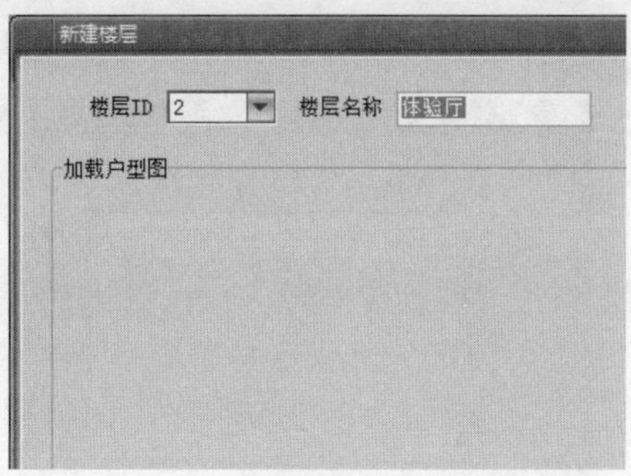 图 7-1-4　输入楼层 ID 和楼层名称 • 点击【户型平面】，选择第五步绘制的电子地图作为户型平面图，如图 7-1-5 所示，双击电子地图，进入预览模式，点击【确定】，即可完成电子地图插入，如图 7-1-6 所示。 • 点击【添加设备】，选择【新建房间】，可根据需要自由定义房间的编号、房间名称，点击【确定】，即可完成房间的添加，如图 7-1-7 所示。图 7-1-8 所示为房间添加完成，点击关闭，退出房间添加步骤，至此，完成整个家居环境的创建。	

续表

<table>
<tr><th>操作步骤</th><th>操作内容</th><th>注意事项</th></tr>
<tr><td>1）创建环境</td><td>
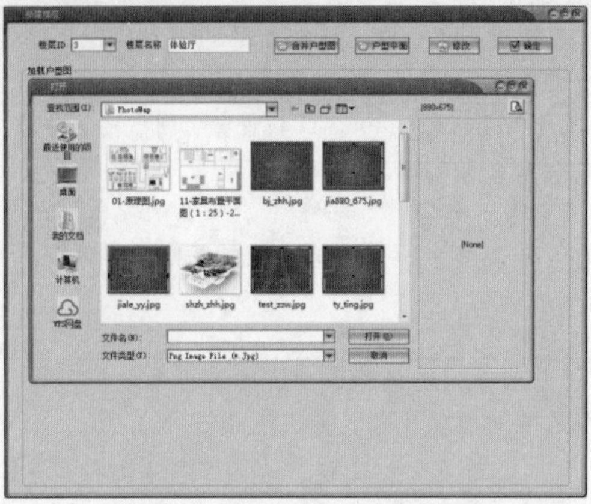

图 7-1-5　选择电子地图

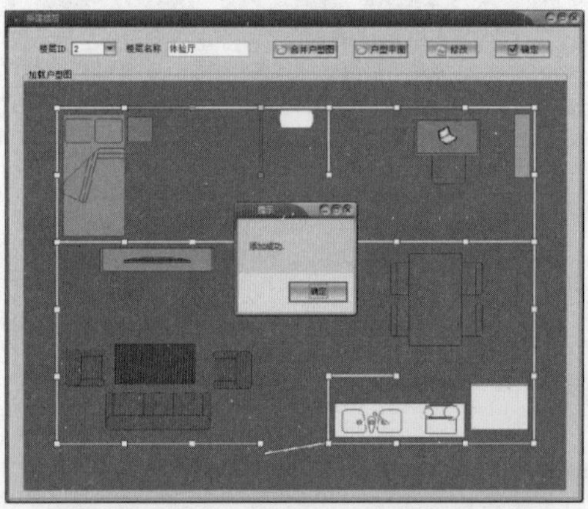

图 7-1-6　插入电子地图

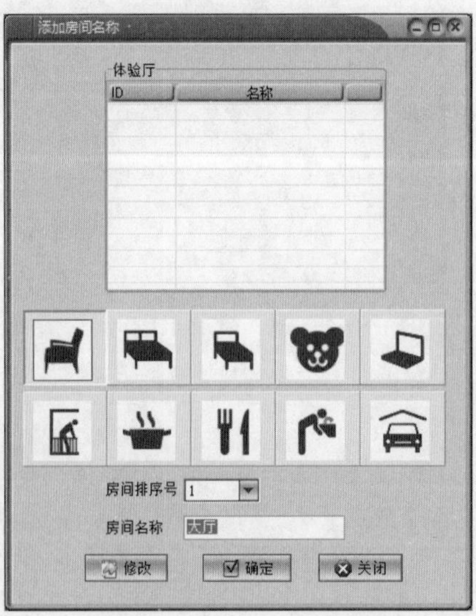

图 7-1-7　添加房间
</td><td></td></tr>
</table>

续表

<table>
<tr><th>操作步骤</th><th>操作内容</th><th>注意事项</th></tr>
<tr><td>1）创建环境</td><td>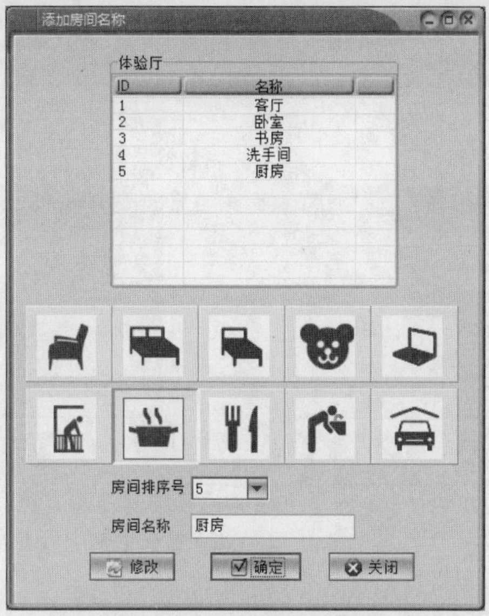

图 7-1-8　房间添加完成</td><td></td></tr>
<tr><td>2）添加设备</td><td>• 在软件页面左侧【添加设备栏】中选择设备，点击户型图即可弹出添加设备对话框。
• 选择【房间名称】，选择需要添加设备的房间，如图 7-1-9 所示。
• 选择【设备编号】，对添加的设备进行编号，如图 7-1-10 所示。
• 选择【设备名称】，修改添加设备的名称。如果添加设备为灯具，还需要选择【灯光范围】为普通开关或亮度调节，如图 7-1-11、图 7-1-12 所示。
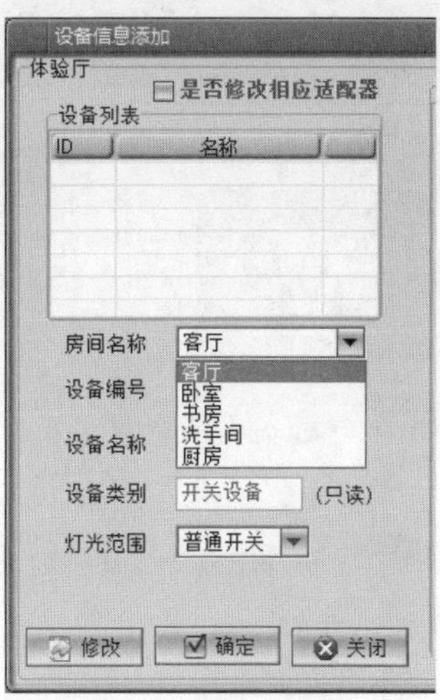

图 7-1-9　选择房间
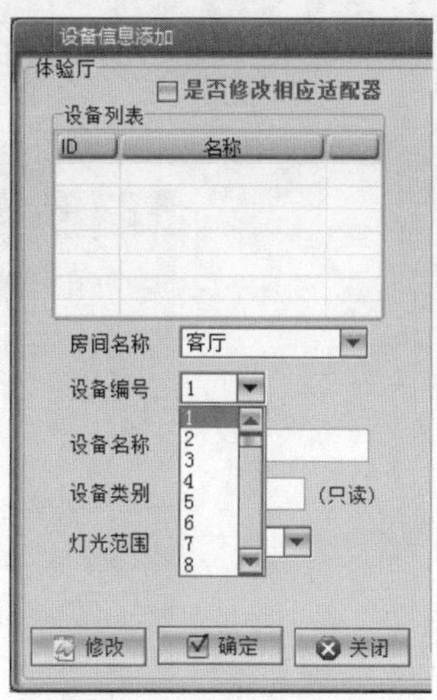

图 7-1-10　修改设备编号</td><td></td></tr>
</table>

续表

操作步骤	操作内容	注意事项
2）添加设备	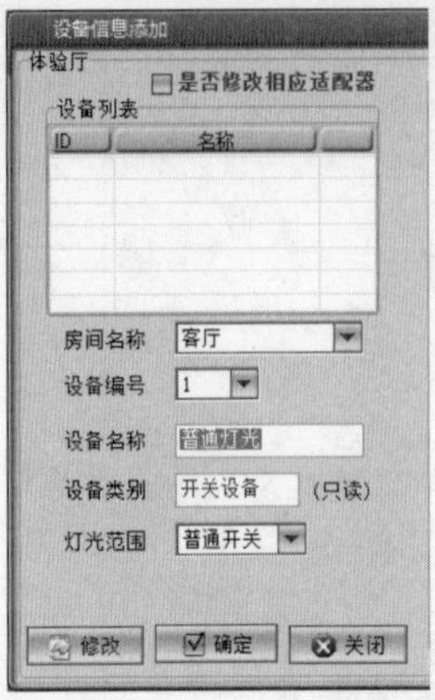图 7-1-11　修改设备名称 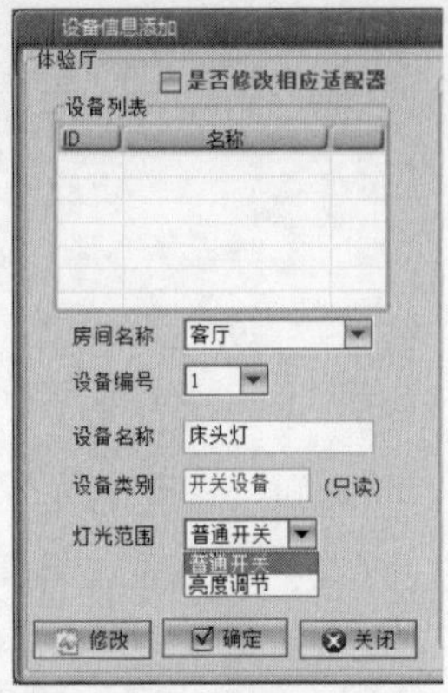图 7-1-12　选择灯光范围	
3）通信设置	• 网线连接：用网络跳线将远程控制器与笔记本电脑连通。 • 网关设置：点击【设置】，选择【网关（CAN-TCPIP）设置】，弹出网关设置界面，单击该页面的【清空】按钮，清空已有的 SN 序列码，然后按压远程控制器的 LAN 指示灯所对应的按钮，获取新的 SN 序列码，如图 7-1-13 所示。 • 通讯设置：点击【设置】，选择【通讯设置】，弹出通讯设置界面，选择【网络方式】，点击【确定】，进行网络连接，如图 7-1-14 所示。 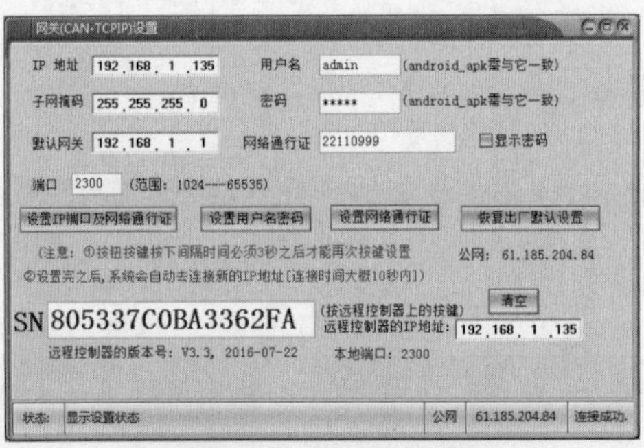图 7-1-13　网关设置 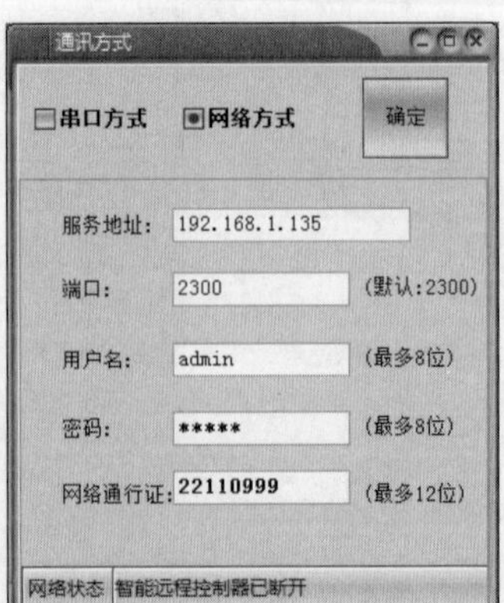图 7-1-14　通讯设置	

续表

操作步骤	操作内容	注意事项
4）设备地址学习		
（1）控制器通道地址的学习		
①	• 点击【设置】，选择【设备地址学习】，弹出地址编程界面。	
②	• 选中需要编写地址的设备，选择通道，该通道即为控制器通道，如图 7-1-15 所示。 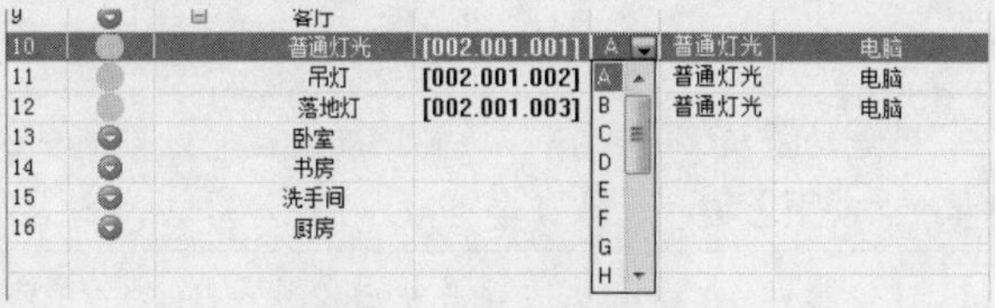 图 7-1-15 通道选择	
③	• 按压控制器通道对应的按键大约 5 s，通道指示灯闪烁一下，在地址编程界面选中需要编写地址的设备，右键点击，选择【编程】，右侧【指令显示】处将显示一组编码，在编码学习倒计时结束前，连续按 5 下控制器按键，即可在【指令显示】处显示学习成功与否。若学习失败，则需要重新学习。	
（2）智能面板与软件界面联动	• 同时按住智能面板两个水平按键，长鸣一声后放开，双击需要控制的软界面中的设备图标，然后选择智能面板两个水平按键中的一个先按一下，长鸣一声再连续按四下即可。	
第八步：控制演示	• 控制器控制：按压电器插座对应连接的控制器按钮，实现控制插座电源的通断。 • 智能面板控制：按压设置为电器插座开关的智能面板按钮，实现控制插座电源的通断。 • 笔记本电脑控制：点击软件界面对应的插座图标，实现控制插座电源的通断。	
	操作后	
1. 环境整理	按照 6S 标准之清扫标准（SEISO）、清洁标准（SEIKETSU）和安全标准（SAFETY），做如下环境整理工作： • 整理仪器、设备、工具。 • 清洁工位。 • 关闭电源。 • 打扫实训场所。	
2. 实训报告	按照 6S 标准之素养标准（SHITSUKE）和安全标准（SAFETY），做如下报告整理工作： • 掌握智能家居电器控制系统的工作原理，并绘制系统原理图。 • 描述控制器的接线方法。 • 描述绘制电子地图的方法，并且给出自己绘制的电子地图。 • 描述系统软件调试的步骤和方法，给出在软件中添加设备、通信设置、设备地址的截图。	

【任务评价】

任务评价见表 7-1-2。

表 7-1-2 任务评价

序号	任务描述	评分标准		分值	得分
任务 1	智能家居电器控制系统的安装与调试	1. 设备安装检验 30 分：安装位置正确、安装牢固、横平竖直、符合相关标准规定，满分，每错一处扣 10 分，扣完为止		30	
		2. 线缆及敷设检验 30 分：控制线、电源线布线规范，接头正确处理，满分，每错一处扣 10 分，扣完为止		30	
		3. 系统功能检测 30 分：功能正确、性能好，满分，每错一处扣 10 分，扣完为止		30	
		4. 环境整理 10 分：实训完后整理仪器、设备、工具，清洁工位，关闭电源，满分，每错一处扣 5 分，扣完为止		10	
总得分			考核等级		

备注：考核满分为 100 分，60～69 分为及格；70～79 分为中等；80～89 分为良好；90 分及以上为优秀。

任务 2　遥控控制模块调试

【任务导入】

任务描述：

小李毕业后，应聘某科技公司售后工程师岗位，该公司开展智能家居产品研发、生产与整体解决方案服务业务。面试时，售后技术主管要求小李现场展示家电控制系统的安装。

任务目标：

掌握遥控控制模块的调试方法。

【任务分析】

设备安装与调试能力是售后技术岗人员重要的技能，要求从业人员能够对照设备原理图和说明书，按照工程标准完成设备的安装与布线。本任务主要学习遥控控制模块的调试。

【任务实施】

任务实施见表 7-2-1。

表 7-2-1　任务实施

操作步骤	操作内容	注意事项
	操作前	
1. 评估与沟通		
（1）评估	• 评估环境：按照 6S 标准之整顿标准（SEITON），进行清洁、安全、适合操作。 • 评估设备：设备的完整性和状态，以及工具、辅料、耗材情况。	
（2）沟通	• 明确客户需求、确认任务目标要求。	
2. 准备		
（1）环境准备	• 按照 6S 标准之整顿标准（SEITON），进行环境准备。	
（2）物品准备	• 智能家居工程技术实训装置。 • 智能手机一部。	
（3）人员准备	• 熟练使用工具。 • 熟悉智能家居系统。	
	操作中	
遥控控制模块的调试与操作	红外智能遥控器（米家智能遥控器）	

续表

<table>
<tr><th>操作步骤</th><th>操作内容</th><th>注意事项</th></tr>
<tr><td>第一步</td><td>• 给实训装置通电，检查确认设备通电都正常。</td><td></td></tr>
<tr><td>第二步</td><td>• 手机连接路由器建立的 Wi-Fi，打开《易控》App，进主控界面。</td><td>品牌型号不同，方式有差异</td></tr>
<tr><td>第三步</td><td>• 点击控制界面右上角【+】选择【添加遥控】，如图 7-2-1 所示。</td><td></td></tr>
<tr><td>第四步</td><td>• 在如图 7-2-2 所示的遥控类型界面中，选择【电视】选项，进入电视模拟遥控界面，如图 7-2-3 所示。
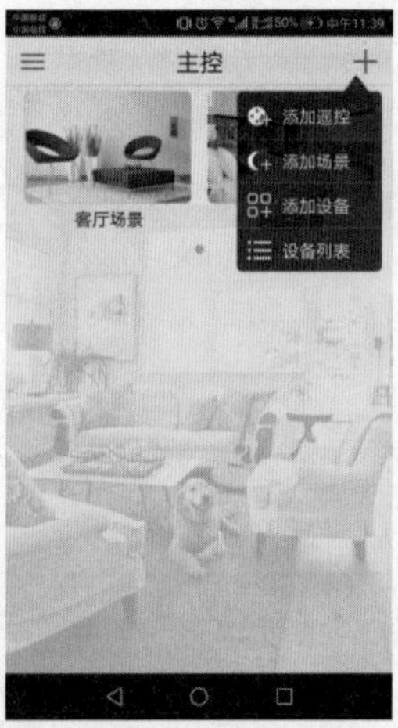

图 7-2-1 添加遥控

图 7-2-2 遥控类型界面
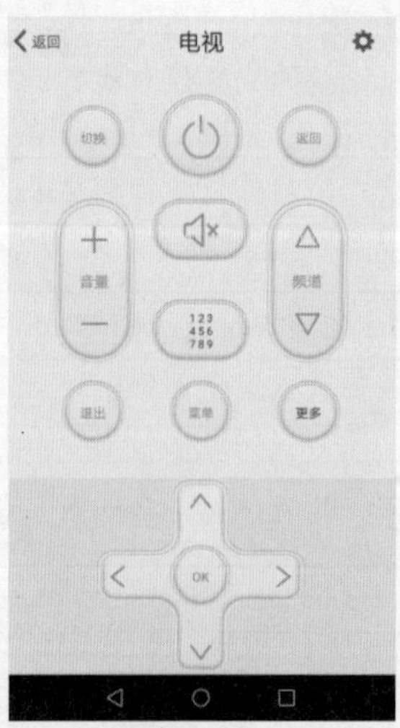

图 7-2-3 电视模拟遥控界面</td><td>操作中要求学校遵循 6S 管理标准之素养标准（SHITSUKE）和安全标准（SAFETY）。</td></tr>
</table>

续表

操作步骤	操作内容	注意事项
第五步	• 点击控制界面中的【电源键】，在弹出的对话框中选择【学习】，如图 7-2-4 所示。 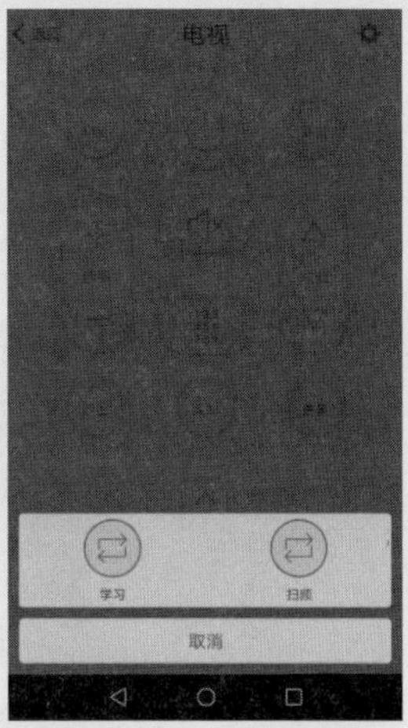 图 7-2-4 学习	
第六步	• 根据图 7-2-5 提示，按下电视机遥控器的电源按键，此时模拟遥控界面显示保存成功，即完成了【电源键】的学习，此时控制界面的电源按键标志由浅灰色变为深色，如图 7-2-6 所示。 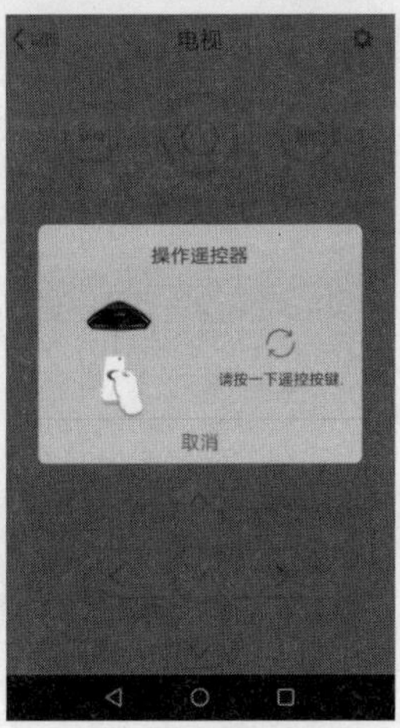 图 7-2-5 按下遥控器按键 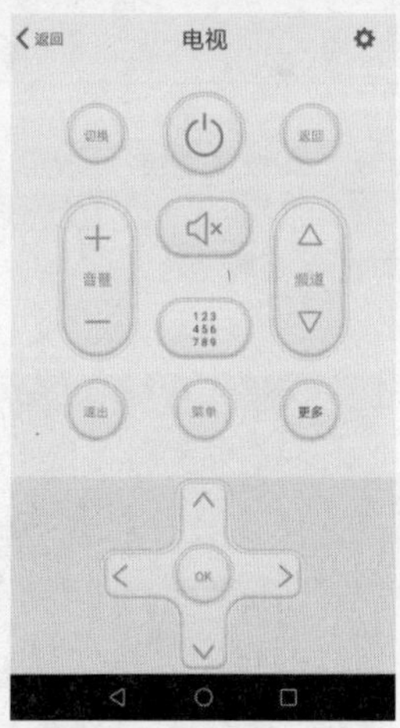 图 7-2-6 按键学习完成	
第七步	• 根据图 7-2-3 所示按键内容，按照上述步骤，依次点击学习电视机遥控器的对应功能键，学习完成后，手机模拟遥控界面对应的按键均变为深色。	
第八步	• 由于市面上电视机遥控器种类繁多，图 7-2-3 中主要显示了电视机遥控器常用的功能按键，如需学习电视机遥控器其他功能按键，可点击图 7-2-3 中【更多】按键。	

续表

<table>
<tr><th>操作步骤</th><th>操作内容</th><th>注意事项</th></tr>
<tr><td>学习遥控器信号源功能键时的主要操作</td><td></td><td></td></tr>
<tr><td>① 按键学习</td><td>

• 依次点击【更多】→【自定义】→【单键学习】→【学习】，如图 7-2-7、图 7-2-8、图 7-2-9 所示，按下遥控器的信号源按键完成学习。

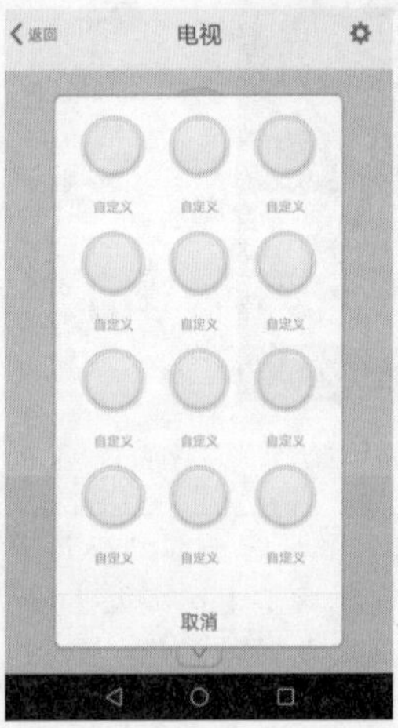

图 7-2-7　自定义

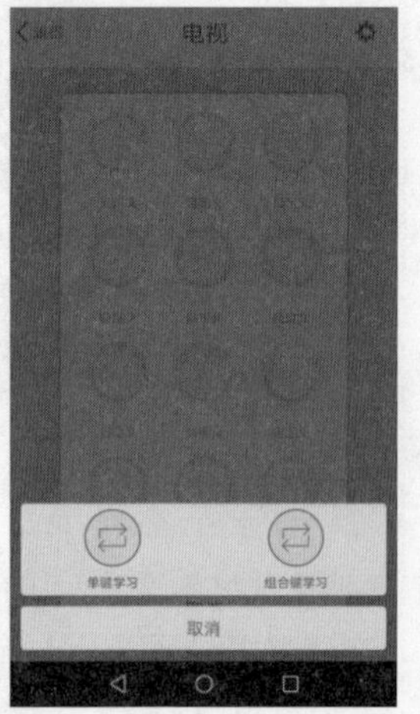

图 7-2-8　单键学习

</td><td></td></tr>
<tr><td>② 修改按键名称</td><td>

• 长按完成学习的自定义按键，在弹出的对话框中，选择【编辑】，如图 7-2-10 所示。修改名称为“信号源”，点击保存即可，如图 7-2-11、图 7-2-12 所示。

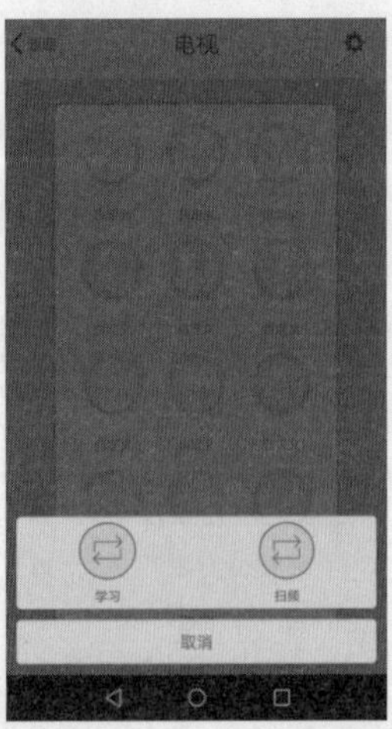

图 7-2-9　学习

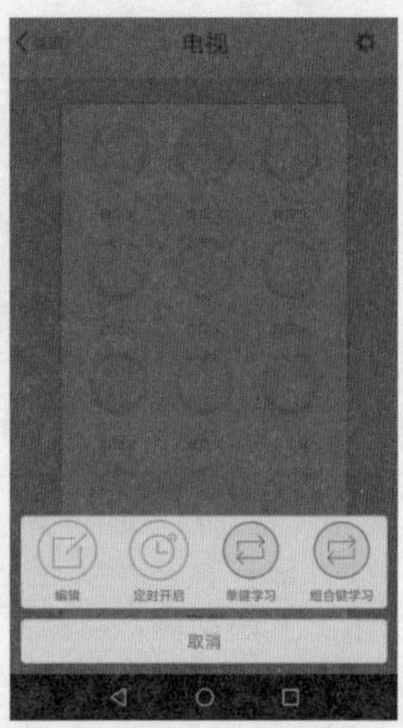

图 7-2-10　编辑

</td><td></td></tr>
</table>

续表

操作步骤	操作内容	注意事项
② 修改按键名称	 图 7-2-11　修改名称 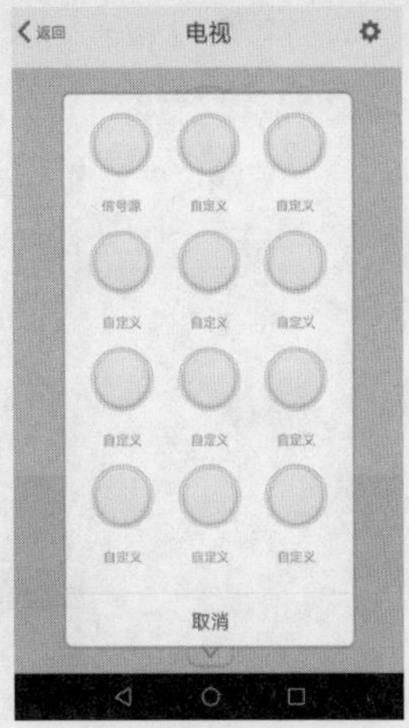 图 7-2-12　保存	
第九步	• 完成模拟遥控界面按键学习后，可用手机代替遥控器来控制液晶电视。	
第十步	• 定时设置，以定时开启电视为例。 • 在电视控制界面点击【设置】标识，选择【定时】，如图 7-2-13 所示。 • 点击【+】，选择【电视】，点击【电源键】，进入【添加定时】设置界面，如图 7-2-14 所示。 • 设置时间点，重复方式，修改名称为“开启电视”，点击保存。如图 7-2-15 所示，表示在每天 19：00 打开电视。  图 7-2-13　选择定时 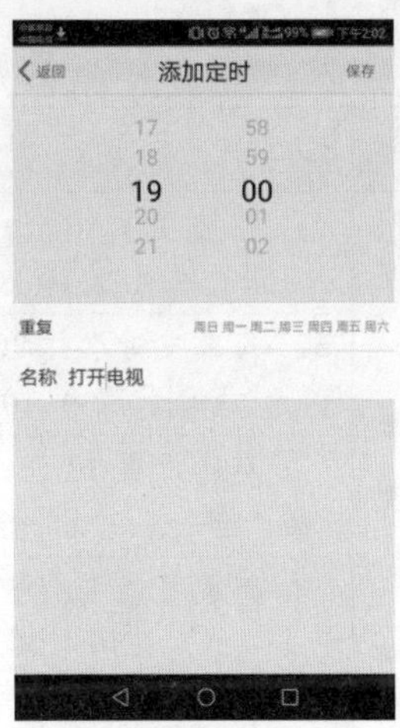 图 7-2-14　添加定时	

续表

操作步骤	操作内容	注意事项
第十步	 图 7-2-15　定时任务	
操作后		
1. 环境整理	按照 6S 标准之清扫标准（SEISO）、清洁标准（SEIKETSU）和安全标准（SAFETY），做如下环境整理工作： • 整理仪器、设备、工具。 • 清洁工位。 • 关闭电源。 • 打扫实训场所。	
2. 实训报告	按照 6S 标准之素养标准（SHITSUKE）和安全标准（SAFETY），做如下报告整理工作： • 给出添加遥控器及遥控按键功能设置的操作步骤。 • 给出液晶电视定时控制的设置步骤。	

【任务评价】

任务评价见表 7-2-2。

表 7-2-2　任务评价

序号	任务描述	评分标准	分值	得分
任务 2	遥控控制模块调试	1. 按键学习 30 分：成功学习电视机的各个按键，满分，每错一处扣 10 分，扣完为止	30	
		2. 修改按键名称 30 分：成功修改各个按键的名称，满分，每错一处扣 10 分，扣完为止	30	
		3. 定时设置 30 分：选择定时、添加定时、定时任务正确，满分，每错一处扣 10 分，扣完为止	30	
		4. 环境整理 10 分：实训完后整理仪器、设备、工具，清洁工位，关闭电源，满分，每错一处扣 5 分，扣完为止	10	
总得分		考核等级		

备注：考核满分为 100 分，60～69 分为及格；70～79 分为中等；80～89 分为良好；90 分及以上为优秀。

任务 3　智能插座控制模块的调试

【任务导入】

任务描述：

小李毕业后，应聘某科技公司售后工程师岗位，该公司开展智能家居产品研发、生产与整体解决方案服务业务。面试时，售后技术主管要求小李现场展示智能插座的调试。

任务目标：

掌握智能插座模块的调试。

【任务分析】

设备安装与调试能力是售后技术岗人员重要的技能，要求从业人员能够对照设备原理图和说明书，按照工程标准完成设备的安装与调试。本任务主要学习智能插座的调试方法。

【任务实施】

任务实施见表 7-3-1。

表 7-3-1　任务实施

操作步骤	操作内容	注意事项
	操作前	
1. 评估与沟通		
（1）评估	• 评估环境：按照 6S 标准之整顿标准（SEITON），进行清洁、安全、适合操作。 • 评估设备：设备的完整性和状态，以及工具、辅料、耗材情况。	
（2）沟通	• 明确客户需求、确认任务目标要求。	
2. 准备		
（1）环境准备	• 按照 6S 标准之整顿标准（SEITON），进行环境准备。	
（2）物品准备	• 智能电器控制系统实训装置。 • 智能手机一部。。	
（3）人员准备	• 熟练使用工具。 • 具有一定的电工基础。 • 熟悉智能家居系统。	
	操作中	
1. 智能插座调试		
第一步	• 将智能插座插接在插座面板上，将电饭煲及加湿器的电源插头插接在智能插座上。	

续表

操作步骤	操作内容	注意事项
第二步	• 手机连接路由器建立的 Wi-Fi，打开《易控》App，进入主控界面。	品牌型号不同，方式有差异
第三步	• 智能插座接通电源后，若指示灯处于快闪状态，则表示该智能插座处于配对模式，若智能插座不处于配对模式，可长按【开关键】6 s 以上，直至指示灯快闪。图 7-3-1 所示为智能插座的示意图。 配对模式：指示灯快闪（2～3 秒/次）； 设备复位：长按开关键 6 秒以上直至指示灯快闪。  图 7-3-1　智能插座的示意图	操作中要求学校遵循 6S 管理标准之素养标准（SHITSUKE）和安全标准（SAFETY）。
第四步	• 点击控制界面右上角【+】选择【添加设备】，如图 7-3-2 所示。进入如图 7-3-3 所示的配置界面后，输入 Wi-Fi 密码点击【配置】，配置完成后，会出现如图 7-3-4 所示的界面，若智能插座后面有 Wi-Fi 标识，表示此智能插座与路由器建立的无线网络完成了配置，并且设备处于在线状态。  图 7-3-2　添加设备 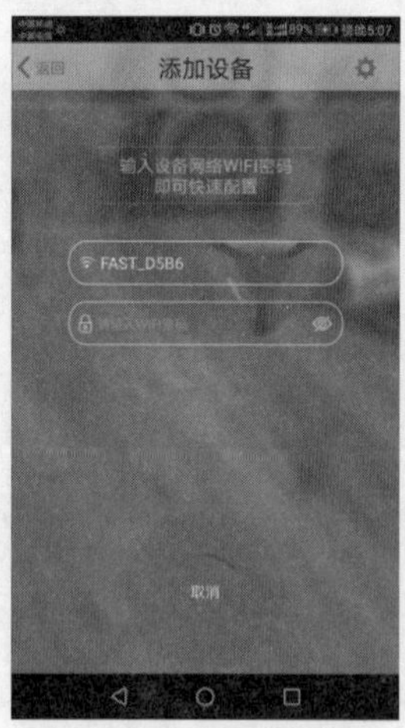 图 7-3-3　点击配置	
第五步	• 点击 Wi-Fi 插座，进入插座控制界面，如图 7-3-5 所示，点击【设置】标识，选择 Wi-Fi 插座，进入设备编辑界面，可对设备的图像和名称进行修改，如图 7-3-6 所示。	

续表

操作步骤	操作内容	注意事项
第五步	 图 7-3-4　配置成功  图 7-3-5　插座控制界面	
第六步	• 修改名称为“电饭煲”，点击保存，返回控制界面，此时插座名称变为电饭煲，如图 7-3-7 所示。  图 7-3-6　修改名称  图 7-3-7　电饭煲控制界面	
第七步	• 控制操作	
（1）手动控制	• 手动按下智能插座的开关按钮，控制智能插座的通断，进而实现对电饭煲通断电的控制。	
（2）手机控制	• 在电饭煲控制界面中，点击开关键，即可控制智能插座的通断，进而实现对电饭煲通断电的控制，如图 7-3-8、图 7-3-9 所示。	

续表

操作步骤	操作内容	注意事项
（2）手机控制	 图 7-3-8　开启  图 7-3-9　关闭	
第八步	• 定时操作	
（1）点击【定时器】	• 在电饭煲控制界面，依次点击【定时器】→【添加】，可进行如图 7-3-10 所示的三种定时操作，实现对电饭煲的延时、定时和循环开关控制。	
（2）添加延时	• 点击【添加延时】，进入延时设置界面，如图 7-3-11 所示，可设置执行命令为“开”或者“关”，设置时间为 0～24 h，设置完成后，点击【存储】即可。延时即设定一段时间，过了这段时间执行设置的开关命令。 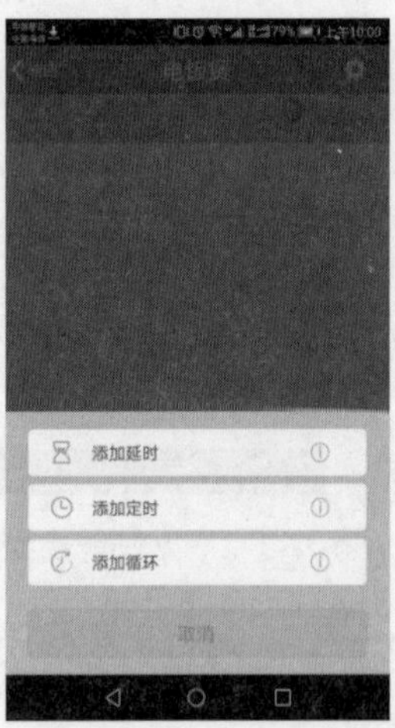 图 7-3-10　定时器  图 7-3-11　添加延时	
（3）添加定时	• 点击【添加定时】，进入定时设置界面，如图 7-3-12 所示，可设置智能插座的“开”“关”操作时间及重复方式，设置完成后，点击【存储】即可。定时即设一个时间点，到了这个时间点执行设置的开关命令。	

续表

<table>
<tr><th>操作步骤</th><th>操作内容</th><th>注意事项</th></tr>
<tr><td>（4）添加循环</td><td>• 点击【添加循环】，进入循环设置界面，如图 7-3-13 所示，可设置循环执行的时间段、连续开关的时长及重复方式，设置完成后，点击【存储】即可。循环即设置一段时间及开与关的时长，在这段时间内按照设置好的时长交替开、关。

图 7-3-12　添加定时

图 7-3-13　添加循环</td><td></td></tr>
<tr><td colspan="3">操作后</td></tr>
<tr><td>1. 环境整理</td><td>按照 6S 标准之清扫标准（SEISO）、清洁标准（SEIKETSU）和安全标准（SAFETY），做如下环境整理工作：
• 整理仪器、设备、工具。
• 清洁工位。
• 关闭电源。
• 打扫实训场所。</td><td></td></tr>
<tr><td>2. 实训报告</td><td>按照 6S 标准之素养标准（SHITSUKE）和安全标准（SAFETY），做如下报告整理工作：
• 给出添加智能插座操作步骤以及操作要点。
• 描述手动控制和手机控制的操作方法。
• 给出定时操作的方法与操作步骤。</td><td></td></tr>
</table>

【任务评价】

任务评价见表 7-3-2。

表 7-3-2　任务评价

<table>
<tr><th>序号</th><th>任务描述</th><th colspan="2">评分标准</th><th>分值</th><th>得分</th></tr>
<tr><td rowspan="4">任务 3</td><td rowspan="4">智能插座控制模块的调试</td><td colspan="2">1. 设备安装检验 30 分：安装位置正确、安装牢固、名称修改正确、符合相关标准规定，满分，每错一处扣 10 分，扣完为止</td><td>30</td><td></td></tr>
<tr><td colspan="2">2. 控制操作 30 分：手动控制、手机控制正确，满分，每错一处扣 15 分，扣完为止</td><td>30</td><td></td></tr>
<tr><td colspan="2">3. 定时操作 30 分：添加延时、添加定时、添加循环功能正确，满分，每错一处扣 10 分，扣完为止</td><td>30</td><td></td></tr>
<tr><td colspan="2">4. 环境整理 10 分：实训完后整理仪器、设备、工具，清洁工位，关闭电源，满分，每错一处扣 5 分，扣完为止</td><td>10</td><td></td></tr>
<tr><td colspan="2">总得分</td><td></td><td>考核等级</td><td colspan="2"></td></tr>
</table>

备注：考核满分为 100 分，60～69 分为及格；70～79 分为中等；80～89 分为良好；90 分及以上为优秀。

任务 4　电热水器远程控制的调试与操作

【任务导入】

任务描述：

小李毕业后，应聘某科技公司售后工程师岗位，该公司开展智能家居产品研发、生产与整体解决方案服务业务。面试时，售后技术主管要求小李现场展示电热水器远程控制的调试与操作。

任务目标：

掌握电热水器远程控制的调试与操作。

【任务分析】

设备安装与调试能力是售后技术岗人员重要的技能，要求从业人员能够对照设备原理图和说明书，按照工程标准完成设备的安装与布线。本任务主要学习电热水器远程控制的调试与操作。

【任务实施】

任务实施见表 7-4-1。

表 7-4-1　任务实施

操作步骤	操作内容	注意事项
	操作前	
1. 评估与沟通		
（1）评估	• 评估环境：按照 6S 标准之整顿标准（SEITON），进行清洁、安全、适合操作。 • 评估设备：设备的完整性和状态，以及工具、辅料、耗材情况。	
（2）沟通	• 明确客户需求、确认任务目标要求。	
2. 准备		
（1）环境准备	• 按照 6S 标准之整顿标准（SEITON），进行环境准备	
（2）物品准备	• 智能电热水器实训装置。 • 智能手机一部。	
（3）人员准备	• 熟练使用工具。 • 具有一定的电工基础。 • 熟悉智能家居系统。	
	操作中	
1. 热水器配网		
第一步	• 下载安装《美居》App，根据页面提示完成注册。	
第二步	• 利用网线将路由器接入互联网，手机连接其 Wi-Fi.	

续表

<table>
<tr><th>操作步骤</th><th>操作内容</th><th>注意事项</th></tr>
<tr><td>第三步</td><td>

• 打开《美居》App，在 App 界面找到【+】按钮选择【添加设备】，扫描热水器机身上的“联网激活二维码”，也可以在品类中选择热水器的型号，进入配网流程，如图 7-4-1、图 7-4-2、图 7-4-3 所示。

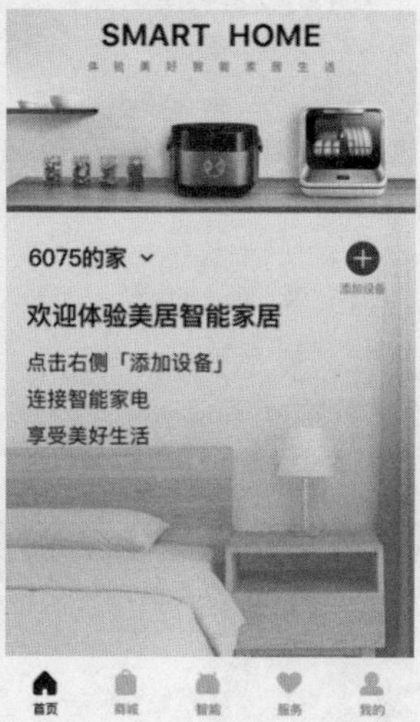

图 7-4-1　APP 主页

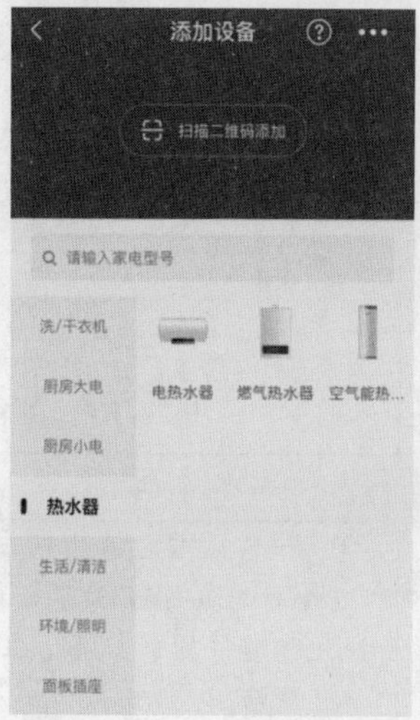

图 7-4-2　添加设备

图 7-4-3　设备组网

</td><td>操作中要求学校遵循 6S 管理标准之素养标准（SHITSUKE）和安全标准（SAFETY）。</td></tr>
<tr><td>2. 热水器智能控制</td><td>• 组网完成后，在电热水器控制界面即可完成相关智能控制操作，包括开、关机，预约定时，水温设置等。智能电热水器控制原理图如图 7-4-4 所示。</td><td>品牌型号不同，方式有差异</td></tr>
</table>

续表

操作步骤	操作内容	注意事项
2. 热水器智能控制	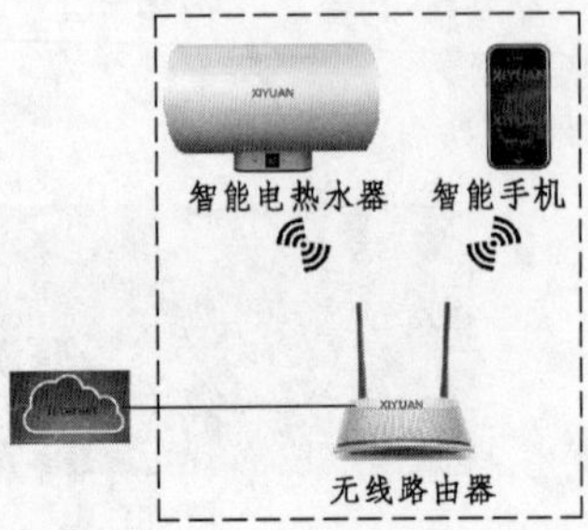 控制说明： （1）本地控制。 设备配网完成后，可拔掉路由器的外接网线，只需用手机连接其 Wi-Fi，即可实现对电热水器的智能控制。 （2）远程控制。 不在设备附近，手机不能连接该路由器 Wi-Fi 时，保持路由器与互联网的连接，手机只需能够上网，即可实现对电热水器的远程智能控制。 图 7-4-4　智能电热水器控制原理图	
操作后		
1. 环境整理	按照 6S 标准之清扫标准（SEISO）、清洁标准（SEIKETSU）和安全标准（SAFETY），做如下环境整理工作： • 整理仪器、设备、工具。 • 清洁工位。 • 关闭电源。 • 打扫实训场所。	
2. 实训报告	按照 6S 标准之素养标准（SHITSUKE）和安全标准（SAFETY），做如下报告整理工作： • 描述热水器配网的操作步骤。 • 描述手机远程操控的感受。	

【任务评价】

任务评价见表 7-4-2。

表 7-4-2　任务评价

序号	任务描述	评分标准		分值	得分
任务 4	电热水器远程控制的调试与操作	1. 热水器配网 30 分：配网正确，满分，每错一处扣 10 分，扣完为止		30	
		2. 热水器智能控制 40 分：开、关机，预约定时，水温设置正确，满分，每错一处扣 10 分，扣完为止		40	
		3. 控制方式 20 分：实现本地控制、远程控制，满分，每错一处扣 10 分，扣完为止		20	
		4. 环境整理 10 分：实训完后整理仪器、设备、工具，清洁工位，关闭电源，满分，每错一处扣 5 分，扣完为止		10	
总得分			考核等级		

备注：考核满分为 100 分，60～69 分为及格；70～79 分为中等；80～89 分为良好；90 分及以上为优秀。

课后习题

【单选题】

1. 智能插座的主要特性是（　　），因此大量应用于家用及办公电器。

A. 节能 、安全　　B. 节能、稳定

C. 安全、稳定　　D. 安全、可控

2. 智能开关是指利用控制板和（　　）的组合与编程，实现电路智能开关控制的单元。

A. 控制回路　　B. 执行器

C. 控制器　　D. 电子元器件

3. 路由器是连接互联网中各局域网、广域网的设备，它会根据信道的情况自动选择和设定路由，以最佳路径，按（　　）发送信号。

A. 特定顺序　　B. 自动方式

C. 前后顺序　　D. 主从顺序

4. 下列（　　）不属于电烙铁分类中的任何一类。

A. 内热式电烙铁　　B. 外热式电烙铁

C. 变温电烙铁　　D. 恒温电烙铁

5. 下列对红外转发器的功能描述错误的是（　　）。

A. 可以用来控制电视、空调等传统家电

B. 红外转发器与所控制的电视、空调等设备之间不能隔墙壁使用

C. 不使用红外遥控的家电设备也可以通过红外转发器进行遥控

6. 检查和维护设备线缆时，设备应处于（　　）状态。

A. 运行　　B. 待机

C. 断电　　D. 通电

7. 智能家居系统工程的调试工作应由（　　）负责。

A. 供应商　　B. 第三方

C. 施工方　　D. 监理

8. 选用系统的主电源和备用电源时，应根据系统的供电消耗，按总系统额定功率的（　　）倍设置主电源容量。

A. 1　　B. 1.5

C. 2　　D. 3

9. 视频监控设备验收要求中规定，摄像机可进行录像和（　　）的操作。

A. 语音对讲　　B. 录像回放

C. 人脸识别　　D. 越界侦测

10. 智能设备的通信协议和方式多种多样，除了规定设备自带的通信方式，也可通过红外转发器和（　　）搭建可统一控制的智能家居系统。

A. 智能网关　　B. 通信协议转化器

C. 协调器　　D. 无线路由器

【多选题】

1. 智能遥控主机通过（　　）将接收到的信号转发给相应的（　　），实现信号的集中接收与转发。

A. 内置转发器　　B. 前端设备

C. 终端设备　　D. 传输设备

2. 家用加湿器多选用（　　）和（　　）两种技术。

A. 超声波　　B. 次声波

C. 独立型　　D. 纯净型

3. 报警探测器是由（　　）和信号（　　）组成。

A. 传感器　　B. 报警器

C. 探测器　　D. 处理器

4. 智能摄像机在未来将演变出高精度（　　）摄像机和依托后端支撑的（　　）摄像机。

A. 专业型　　B. 工业类

C. 家用类　　D. 通用类

5. 按通信方式来分，智能门禁控制器分为（　　）。

A. 485 联网门禁控制器　　B. 单门门禁控制器

C. TCP/IP 网络门禁控制器　　D. 多门门禁控制器

6. 在智能家居系统工程调试中，单台设备的调试主要包括系统中各设备的（　　）和（　　）调试。

A. 基本功能　　B. 拓展功能

C. 布线方式　　D. 控制方式

7. 照明系统的控制方式有多种，主要有本地控制、遥控控制、场景控制、（　　）和（　　）等，还可设置定时控制、延时控制等多种自动控制方式。

A. 手动控制　　B. 被动控制

C. 远程控制　　D. 多点控制

8. 电（光）缆敷设完毕，可根据实际情况定期抽查部分线缆，主要检查线缆规格是否符合设计要求和（　　）要求，检查（　　）是否清晰完整。

A. 设备用电　　B. 系统供电

C. 线标　　D. 商标印字

9. 安防监控系统的探测器接线螺丝一般为（　　）等小螺丝，必须使用（　　）安装。

A. M3、M4　　B. M4、M5

C. T 型螺丝刀　　D. 仪表螺丝刀

10.（   ）与（   ）结合，实现室内自动调光。

A. 门禁系统　　B. 照明系统

C. 视频监控　　D. 窗帘控制系统

【填空题】

1. 电源适配器是专门为小型电子电器供电的设备，其作用就是________，提供电子电器工作需要的________。

2. 智能遥控主机为________设备，主要用于________的接收与转发。

3. 智能网关是实现________的主要设备，具有________功能，能把外部所有的通信信号转化成无线信号。

4. 路由器是一种计算机网络设备，又称________，它能将数据包一个个通过网络传送至目的地，这个过程称为________。

5. 智能灯泡是一种新的灯泡产品，采用________技术，将________模块嵌入到节能灯泡。

6. 智能电饭煲的工作原理是利用_________，控制加热器件的温度，精准地对锅底温度进行________。

7. 电热水器按加热功率大小可分为__________和__________。

8. 入侵报警系统的设备一般包括__________和__________。

9. 电动窗帘是通过__________来控制窗帘开合动作的，从安装位置上分为________。

10. 智能家居系统中用到的仪表螺丝刀是由三把不同规格的十字螺丝刀和三把不同规格的一字螺丝刀组成的套装，主要用于________以及________。

【问答题】

1. 智能家电控制与能源管控系统由哪几部分组成?

2. 红外线转发器有什么作用?

3. 无线智能插座有哪几种？它与普通智能插座有什么不同？

4. 什么是电能监控插座？

5. 智能开关主要分为哪几类？写出人体红外开关的工作原理。

项目 8　智能家居工程布线系统

智能家居的布线系统是家居房间内的神经系统，它在各个设备之间传递着各种信号。智能家居的布线系统是智能家居最基本的系统，其他系统都需要依靠布线系统进行通信和交流。

学习目标

【知识目标】

（1）掌握智能家居工程布线系统的基本知识；

（2）掌握智能家居工程布线系统的基本原理。

【能力目标】

（1）熟悉智能家居工程布线系统的基本技能；

（2）熟悉智能家居工程常用标准。

【素养目标】

培养社会主义现代化建设急需的，德，智、体、美、劳全面发展，掌握智能家居工程布线系统的理论知识及实践技能；培养具有社会责任感强、专业竞争力强和人格魅力强的高素质专业技术人才；养成踏实、严谨、进取的品质及独立思考的学习习惯。

【思政目标】

（1）培养学生的民族自豪感和自信心；

（2）培养学生远大的理想，树立中国特色社会主义共同理想，实现个人价值与社会价值的统一；

（3）培养学生树立正确的世界观、人生观、价值观、道德观和法制观。

知识准备

一、智能家居布线系统概述

智能家居综合布线设计流程

1. 智能家居布线系统的结构

智能家居布线系统主要包括管理间子系统和水平子系统，一般采用星状结构。工作区子系统相对比较复杂，应根据各种应用系统与通信方式，明确布线结构，因此工作区子系统往往会设计成混合式布线结构。旧房改造一般首先考虑减少布线，降低工作难度，此时优先考虑电力线载波和无线传输等方式。智能家居布线系统结构如图 8-0-1 所示。

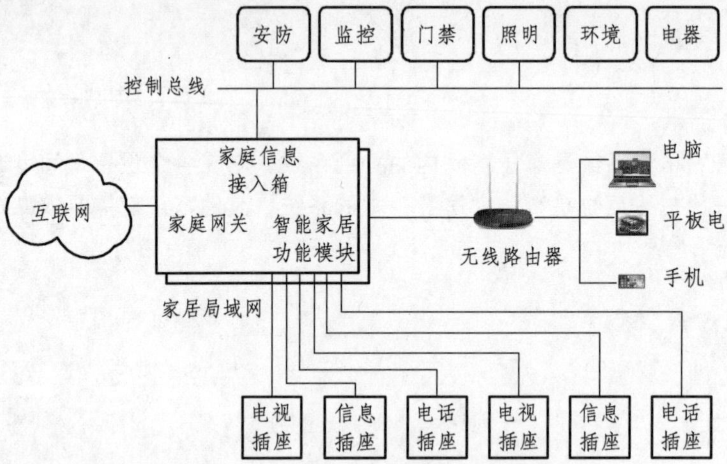

图 8-0-1　智能家居布线系统结构图

2. 智能家居工程布线系统

详见《工程技术索引手册》“1 智能家居布线系统”。

3. 智能家居常用工程标准

详见《工程技术索引手册》“6 智能家居系统工程常用标准”。

4. 智能家居系统的线缆敷设要求与安装方法

详见《工程技术索引手册》“16 智能家居系统的线缆敷设要求与安装方法”。

二、综合布线是什么?

综合布线是一种模块化的、灵活性极高的建筑物内或建筑群之间的信息传输通道。通过它可使话音设备、数据设备、交换设备及各种控制设备与信息管理系统连接起来，同时也使这些设备与外部通信网络相连的综合布线。它还包括建筑物外部网络或电信线路的连接点与应用系统设备之间的所有线缆及相关的连接部件。综合布线由不同系列和规格的部件组成，其中包括：传输介质、相关连接硬件（如配线架、连接器、插座、插头、适配器）以及电气保护设备等。这些部件可用来构建各种子系统，它们都有各自的具体用途，不仅易于实施，而且能随需求的变化而平稳升级。

三、综合布线系统的组成

综合布线系统的基本结构是星形的，根据《综合布线系统工程设计规范》（GB

50311—2016），综合布线系统可划分成七个子系统：工作区子系统、配线（水平）子系统、干线（垂直）子系统、设备间子系统、进线间子系统、管理子系统、建筑群子系统。

工作区：一个独立的需要设置终端设备（TE）的区域可划分为一个工作区。工作区应由配线子系统的信息插座模块（TO）延伸到终端设备处的连接缆线及适配器组成。

配线子系统：配线子系统应由工作区的信息插座模块、信息插座模块至电信间配线设备（FD）的配线电缆和光缆、电信间的配线设备及设备缆线和跳线组成。

干线子系统：干线子系统应由设备间至电信间的干线电缆和光缆，安装在设备间的建筑物配线设备（BD）及设备缆线和跳线组成。

建筑群子系统：建筑群子系统应由连接多个建筑物之间的主干电缆和光缆，建筑群配线设备（CD）及设备缆线和跳线组成。

设备间：设备间是在每幢建筑物的适当地点进行网络管理和信息交换的场地。

进线间：进线间是建筑物外部通信和信息管线的入口部位，并可作为入口设施和建筑群配线设备的安装场地。

管理：管理应对工作区、电信间、设备间、进线间的配线设备、缆线、信息插座模块等设施按一定的模式进行标识和记录。

智能建筑与智能建筑园区的综合布线设计，应根据建筑物类型及区域功能的实际需要，划分多个工作区，工作区面积需求可参照《综合布线系统工程设计规范》（GB 50311—2016）相关建议，且每一个工作区信息插座模块的数量不宜少于 2 个，并满足各种业务的需求。当采用光纤信息插座时，光纤信息插座的数量不宜少于 2 芯。光纤至工作区域满足用户群活大客户使用时，光纤芯数至少应有 2 芯备份，按 4 芯水平光缆配置。

综合布线系统应能满足所支持的数据系统的传输速率要求，并应选用相应等级的缆线和传输设备。

综合布线系统应能满足所支持的电话、数据和电视系统的传输标准要求。

综合布线系统工程设计，选用的电缆、光缆、各种连接电缆、跳线，以及配线设备等所有硬件设施，均应符合 ISO/IEC 11801：2010 国际标准的各项规定，确保系统指标得以实施。

综合和线系统应设置汉显计算机信息管理系统。人工登录与综合布线系统相关的硬件设施的工作状态信息，这些状态信息包括：设备和缆线的用途和使用部门、组成局域网的拓扑结构、传输信息速率、终端设备配置状况、占用硬件编号和色标、链路的功能和各项主要特征参数、链路的完好状况和故障记录等内容。还应登录设备位置和缆线走向内容以及建筑物名称、位置、区号、楼层号和房间号等内容。

在系统设计时，全系统所选的缆线、连接硬件、跳线、连接线等必须与选定的类别相一致。如采用屏蔽措施时，则全系统必须都按屏蔽设计，需要保持屏蔽的连续性。

四、综合布线的要点

（1）标注明确，结构清晰，易于管理和维护。在原来，布线时没有统一的规划和管理，各个部分分别设计施工，每个系统走线和管理都独立，没有统一管理和维护，比如电话系统、数据系统和控制系统都是自己独自分线转接。这样不但造成布线管理困难，成本高昂，而且互联互通不畅。综合布线采取统一规划管理、统一安装施工，使布线结构清晰，便于管理和维护。

智能家居系统的线缆敷设要求

（2）优先选购优质、先进材料，采用通用标准，具有统一性和前瞻性现代综合布线系统都要求采用优质、先进的材料。如6类非屏蔽双绞线、六芯光纤等，其传输速率都能够适应未来5年以上的发展需要。

光纤接口主要采用ST、SC、MT-RJ接头三种，另外还有FC、LC接头。双绞线的模块、面板和连接器都采用RJ-45标准接口，接线方式采用EIA/TIA-568A和EIA/TIA-568B标准。

（3）采用模块化设计，便于升级配线的扩充和重组所谓模块化设计，就是将产品的某些布线要素重组构成具有特定功能的子系统，将子系统作为通用性的模块和其他产品要素进行不同组合，构成多种不同系统功能。

综合布线系统中元件，如信息插座、配线架和终端等也都采用模块化设计，相互通用性强。

模块化设计是将绿色设计思想与标准化设计方法结合起来，一方面可以缩短产品研发与制造周期，增加产品系列，快速应对市场变化；另一方面，可以减少对环境的不利影响，方便重用、回收、利用和处理，具有很强的经济性和社会性。

（4）采用星型拓扑结构便于系统扩充和系统升级。

传统布线一般采用总线拓扑结构，因为对互联网络的利用率不高，传统布线使用的线缆标准较低，价格便宜，但因为缺乏规划经常造成走线冗余和空间的浪费，基本不能直接升级，重置成本高。而现代综合布线采用的是星型拓扑结构，布设严格遵照国际标准，预留的端口充足，一般能满足五年以上的数据传输需要，既提高了工作能力又为进一步升级提供空间，降低成本。采用标准化的配件更便宜，很长时间内都会有相应配件。相比之下，综合布线功能更为强大，总体更能节约维护成本和升级成本，虽然初装比较昂贵和费时，但长时间综合使用费用平均下来更低。

（5）设计布局要独立性和规范性相结合。

综合布线最根本的特点就是独立性，其中，位于底层的为物理布线，它和网络的数据链层（路基拓扑结构）直接相关联，其中的网络层和应用层与物理布线没有任何关系，也就是说系统软件、网络传输协议和应用软件等与物理布线无关。综合布线的设计要满足多种信号的传输，如语音、数据等。

在布线的总体设计过程中，应按照用户的近期和远期语音、数据和多媒体等使用需求，结合资金能力及具体工作进行等级划分，选用的线缆等配件标准应高于当下使用标准，线缆不得布放在电梯或供水、供气、供暖管道竖井中，也不能布放在强电竖井中，埋设时要采用塑料线槽和金属桥架保护。

任务 1　网络跳线制作和测试

【任务导入】

任务描述：

小李毕业后，应聘某科技公司售后工程师岗位，该公司开展智能家居产品研发、生产与整体解决方案服务业务。面试时，售后技术主管要求小李现场展示网络跳线的制作技能。

任务目标：

（1）掌握网络跳线的制作和测试。

（2）熟悉智能家居系统线缆敷设要求、安装方法和常用标准。

【任务分析】

工程布线施工能力是售后技术岗人员的重要技能，要求从业人员能够对照设备原理图和说明书，按照工程标准完成设备的连接与布线。本任务主要学习网络跳线的制作和测试方法。

【任务实施】

任务实施见表 8-1-1。

表 8-1-1　任务实施

操作步骤	操作内容	注意事项
操作前		
1. 评估与沟通		
（1）评估	• 评估环境：按照 6S 标准，评估环境清洁、安全、适合操作。 • 评估设备：设备的完整性和状态，以及工具、辅料、耗材情况	
（2）沟通	• 明确客户需求、确认任务目标要求	
2. 准备		
（1）环境准备	• 按照 6S 标准之整顿标准（SEITON），进行环境准备。	
（2）物品准备	• 智能家居工程技术实训装置。 • 智能家居工具箱。本实训中用到的工具有压线钳、剥线剪、测线仪。 • 材料：超五类非屏蔽网线 1 m，超五类非屏蔽水晶头 4 个	
（3）人员准备	• 熟练使用工具。 • 具有一定的电工基础。 • 熟悉智能家居系统	

续表

<table>
<tr><th>操作步骤</th><th>操作内容</th><th>注意事项</th></tr>
<tr><td colspan="3">操作中</td></tr>
<tr><td>1. 网络跳线制作</td><td></td><td></td></tr>
<tr><td>第一步</td><td>• 剥开双绞线外绝缘护套。首先剪裁掉端头破损的双绞线，使用专门的剥线剪或者压线钳沿双绞线外皮旋转一圈，剥去约30 mm的外绝缘护套，如图8-1-1所示。特别注意不能损伤8根线芯的绝缘层，更不能损伤任何一根铜线芯
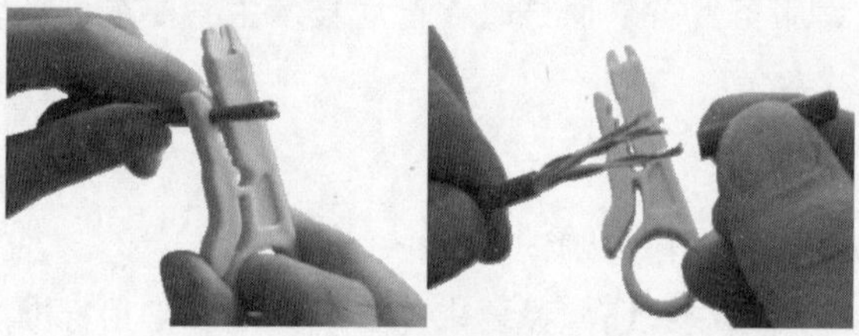
图8-1-1　剥开护套和抽取绝缘护套</td><td rowspan="3">操作中要求学校遵循6S管理标准之素养标准（SHITSUKE）和安全标准（SAFETY）。</td></tr>
<tr><td>第二步</td><td>• 拆开4根双绞线。将端头已经抽去外皮的双绞线按照对应颜色拆开成为4对单绞线。拆开4对单绞线时，必须按照绞绕顺序慢慢拆开，同时保护2根单绞线不被拆开和保持比较大的曲率半径，如图8-1-2所示。不允许硬拆线对或者强行拆散，形成比较小的曲率半径，如图8-1-3所示。
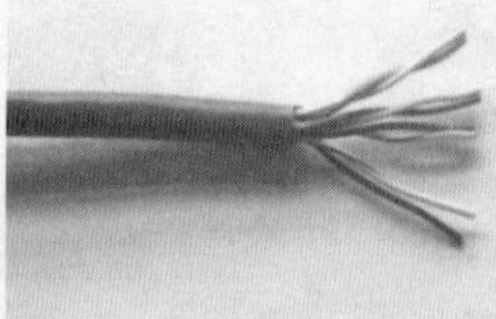　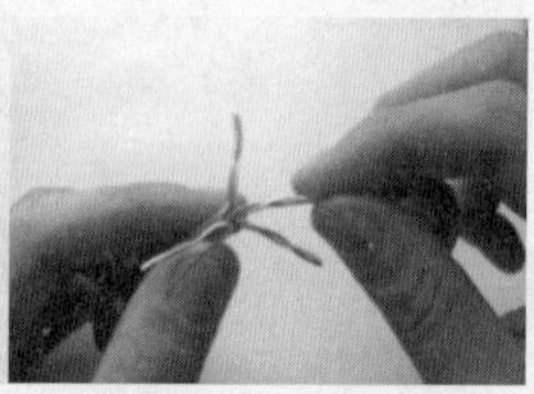
图8-1-2　拆开双绞线　　图8-1-3　折成小曲率半径
• 拆开单绞线。将4对单绞线分别拆开。注意RJ-45水晶头制作和模块压接线时，线对拆开方式和长度不同。
• RJ-45水晶头制作时注意，双绞线的接头处拆开线段的长度不应超过20 mm，压接好水晶头后拆开线芯长度必须小于14 mm，过长会引起较大的近端串扰。
• 模块压接时，双绞线压接处拆开线段长度应该尽量短，能够满足压接就可以了，不能为了压接方便拆开线芯很长，过长会引起较大的近端串扰。
• 拆开单绞线和8芯线排好线序。把4对单绞线分别拆开，同时将每根线轻轻捋直，按照568B线序水平排好，在排线过程中注意从线端开始，至少10 mm导线之间不应有交叉或者重叠。568B线序为白橙、橙、白绿、蓝、白蓝、绿、白棕、棕，如图8-1-4所示</td></tr>
<tr><td>第三步</td><td>• 剪齐线端把整理好线序的8根线端头一次剪掉，留14 mm长度，如图8-1-5所示</td></tr>
</table>

续表

操作步骤	操作内容	注意事项
第三步	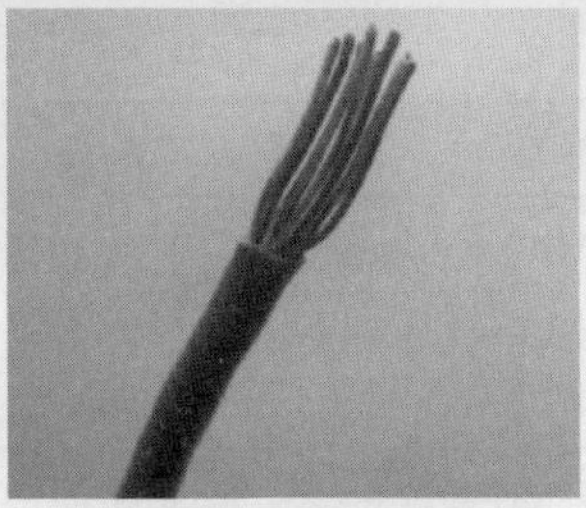 图 8-1-4　排好线序  图 8-1-5　剪齐线端	操作中要求学校遵循 6S 管理标准之素养标准（SHITSUKE）和安全标准（SAFETY）。
第四步	• 插入水晶头和压接。把水晶头刀片一面朝自己，将白橙线对准第一个刀片插入 8 芯双绞线，每芯线必须对准一个刀片，插入 RJ-45 水晶头内，线序正确，而且一定要插到底。然后放入压线钳对应的刀口中，用力一次压紧，如图 8-1-6 和图 8-1-7 所示 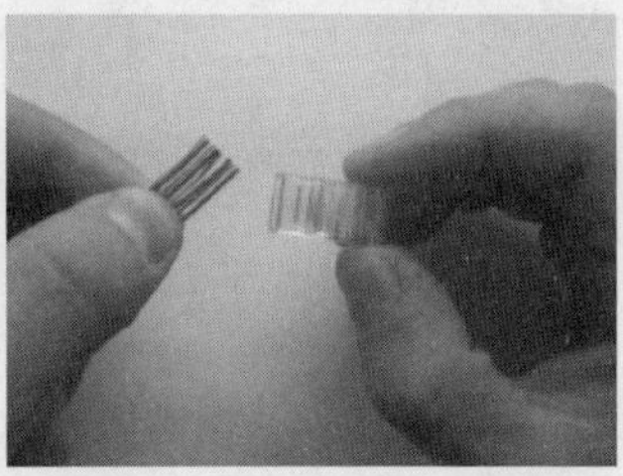 图 8-1-6　插入 RJ45 水晶头  图 8-1-7　压接后的水晶头	
2. 网络跳线测试		
第一步	• 把跳线两端 RJ-45 水晶头分别插入测试仪上下对应的插口中，观察测试仪指示灯闪烁顺序	操作中要求学校遵循 6S 管理标准之素养标准（SHITSUKE）和安全标准（SAFETY）。
第二步	• 568B 线序为白橙、橙、白绿、蓝、白蓝、绿、白棕、棕。如果跳线线序和压接正确时，上下对应的 8 组指示灯会按照 1-1，2-2，3-3，4-4，5-5，6-6，7-7，8-8 顺序轮流重复闪烁。 • 如果有一芯或者多芯没有压接到位，对应的指示灯不亮。 • 如果有一芯或者多芯线序错误，对应的指示灯将显示错误的线序	
操作后		
1. 环境整理	按照 6S 标准之清扫标准（SEISO）、清洁标准（SEIKETSU）和安全标准（SAFETY），做如下环境整理工作： • 整理仪器、设备、工具。 • 清洁工位。 • 关闭电源。 • 打扫实训场所	
2. 实训报告	按照 6S 标准之素养标准（SHITSUKE）和安全标准（SAFETY），做如下报告整理工作： • 描述网络跳线的制作方法。 • 描述网络跳线的测试方法	

【任务评价】

任务评价见表 8-1-2。

表 8-1-2　任务评价

<table>
<tr><th>序号</th><th>任务描述</th><th colspan="2">评分标准</th><th>分值</th><th>得分</th></tr>
<tr><td rowspan="3">任务 1</td><td rowspan="3">网络跳线制作和测试</td><td colspan="2">1. 网络跳线制作 40 分：线序正确、排列符合规定（568A\568B）、线端平齐、安装牢固符合相关标准规定，满分，每错一处扣 10 分，扣完为止</td><td>40</td><td></td></tr>
<tr><td colspan="2">2. 跳线测试 40 分：两端 1～8 线序正确、压接规范、测试方法正确，满分，每错一处扣 10 分，扣完为止</td><td>40</td><td></td></tr>
<tr><td colspan="2">3. 环境整理 20 分：实训完后整理仪器、设备、工具，清洁工位，关闭电源，满分，每错一处扣 5 分，扣完为止</td><td>20</td><td></td></tr>
<tr><td colspan="2">总得分</td><td></td><td>考核等级</td><td colspan="2"></td></tr>
</table>

备注：考核满分为 100 分，60～69 分为及格；70～79 分为中等；80～89 分为良好；90 分及以上为优秀。

任务 2　连接线的端接与测试

【任务导入】

任务描述：

小李毕业后，应聘某科技公司售后工程师岗位，该公司开展智能家居产品研发、生产与整体解决方案服务业务。面试时，售后技术主管要求小李现场展示连接线的端接与测试。

任务目标：

掌握连接线的端接与测试方法。

【任务分析】

工程布线施工能力是售后技术岗人员重要的技能，要求从业人员能够对照设备原理图和说明书，按照工程标准完成设备的安装与布线。本任务主要学习连接线的端接与测试。

【任务实施】

任务实施见表 8-2-1。

表 8-2-1　任务实施

操作步骤	操作内容	注意事项
操作前		
1. 评估与沟通		
（1）评估	• 评估环境：按照 6S 标准，评估环境清洁、安全、适合操作。 • 评估设备：设备的完整性和状态，以及工具、辅料、耗材情况	
（2）沟通	• 明确客户需求、确认任务目标要求	
2. 准备		
（1）环境准备	• 按照 6S 标准之整顿标准（SEITON），进行环境准备。	
（2）物品准备	• 智能家居工程技术实训装置。 • 电工剥线钳、电工刀、尖嘴钳。 • 接线端子、多芯软线、单芯硬线、香蕉插头等	
（3）人员准备	• 熟练使用工具。 • 熟悉智能家居系统	
操作中		
1. 多芯软线（RV 线）端接		
第一步	• 裁线。取出多芯软电线，裁剪 200 mm 的电线	
第二步	• 用电工剥线钳，剥去电线两端的护套，如图 8-2-1 所示。注意不要划透护套，避免损伤线芯。注：剥除护套长度宜为 6 mm	

续表

操作步骤	操作内容	注意事项
第三步	• 将多芯线用手沿顺时针方向拧紧成一股，如图 8-2-2 所示	
第四步	• 将软线两端分别在接线柱上缠绕 1 周以上，缠绕方向为顺时针，然后拧紧接线柱，如图 8-2-3 所示 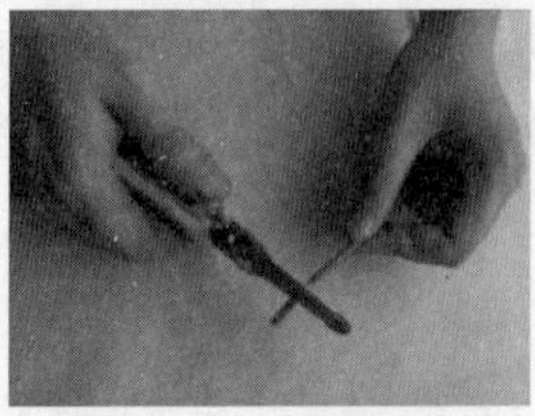 图 8-2-1 剥护套 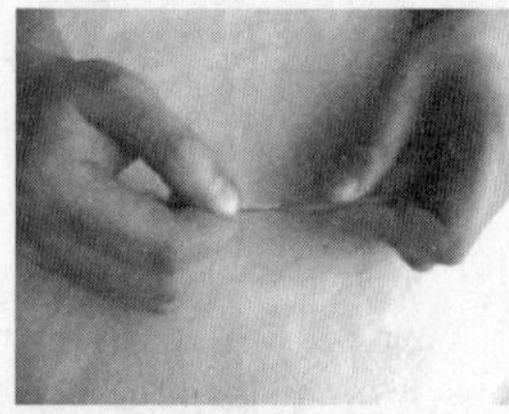 图 8-2-2 拧线 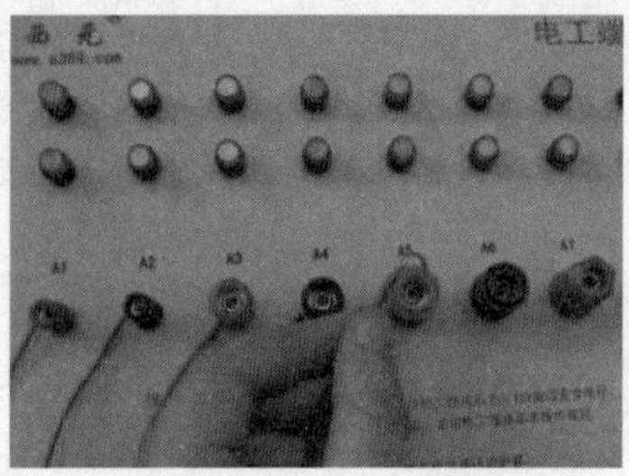 图 8-2-3 缠绕并拧紧	
2. 单芯硬线端接（BV 线）		操作中要求学校遵循 6S 管理标准之素养标准（SHITSUKE）和安全标准（SAFETY）。
第一步	• 裁线。取出单芯硬电线，裁剪 200 mm 的电线	
第二步	• 用电工剥线钳或电工刀，剥去电线两端的护套。注意不要划透护套，避免损伤线芯。注：剥除护套长度宜为 6 mm	
第三步	• 用尖嘴钳弯曲电线接头，将线头向左折，然后紧靠螺杆顺时针方向向右弯	
第四步	• 将电线接头在螺杆上弯成环状，然后拧紧接线柱	
3. 香蕉插头端接		
第一步	• 拧掉香蕉插头的绝缘套，将固定螺丝松动	
第二步	• 用电工剥线钳，剥去电线两端的护套，将多线芯沿顺时针方向拧紧成一股。注意不要划透护套，避免损伤线芯，剥除护套长度宜为 6 mm	
第三步	• 将电线接头穿入香蕉插头尾部接线孔，如图 8-2-4 所示，拧紧固定螺丝，装上绝缘套，如图 8-2-5 所示 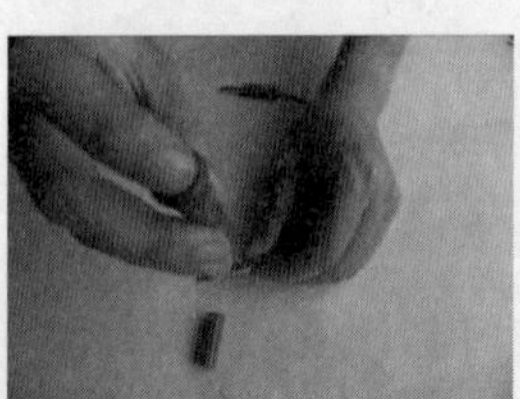 图 8-2-4 安装香蕉插头  图 8-2-5 安装插头绝缘套	

续表

操作步骤	操作内容	注意事项
第四步	• 将接好的香蕉插头插入上下对应的接线柱香蕉插座中，如图 8-2-6 所示 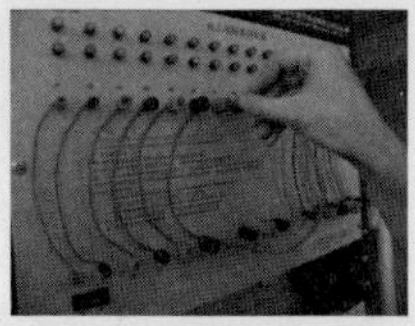 图 8-2-6　插入香蕉插座	
4. 端接测试	• 每根电线端接可靠和位置正确时，上下对应的接线柱指示灯同时反复闪烁。 • 电线一端端接开路时，上下对应的接线柱指示灯不亮。 • 某根电线端接位置错误时，上下错位的接线柱指示灯同时反复闪烁。 • 某根电线与其他电线并联时，上下对应的接线柱指示灯反复闪烁。 • 某根电线与其他电线串联时，上下对应的接线柱指示灯反复闪烁	也可采用万用表来进行测试
	操作后	
1. 环境整理	按照 6S 标准之清扫标准（SEISO）、清洁标准（SEIKETSU）和安全标准（SAFETY），做如下环境整理工作： • 整理仪器、设备、工具。 • 清洁工位。 • 关闭电源。 • 打扫实训场所	
2. 实训报告	按照 6S 标准之素养标准（SHITSUKE）和安全标准（SAFETY），做如下报告整理工作： • 描述多芯软线（RV 线）端接、单芯硬线端接（BV 线）、香蕉插头端接的操作步骤与方法。 • 描述端接测试可能出现的 5 种情况以及原因。 • 记录每条端接线路通断情况	

【任务评价】

任务评价见表 8-2-2。

表 8-2-2　任务评价

序号	任务描述	评分标准	分值	得分
任务 2	连接线的端接与测试	1. 多芯软线（RV 线）端接 30 分：裁线、剥线、拧线、测试正确且满足要求，满分，每错一处扣 10 分，扣完为止	30	
		2. 单芯硬线端接（BV 线）30 分：裁线、剥线、拧线、测试正确且满足要求，满分，每错一处扣 10 分，扣完为止	30	
		3. 香蕉插头端接 30 分：裁线、剥线、接头、测试正确，满分，每错一处扣 10 分，扣完为止	30	
		4. 环境整理 10 分：实训完后整理仪器、设备、工具，清洁工位，关闭电源，满分，每错一处扣 5 分，扣完为止	10	
总得分			考核等级	

备注：考核满分为 100 分，60 ~ 69 分为及格；70 ~ 79 分为中等；80 ~ 89 分为良好；90 分及以上为优秀。

任务 3　连接线的压接与测试

【任务导入】

任务描述:

小李毕业后，应聘某科技公司售后工程师岗位，该公司开展智能家居产品研发、生产与整体解决方案服务业务。面试时，售后技术主管要求小李现场展示连接线的压接与测试技能。

任务目标:

掌握连接线的压接与测试方法。

【任务分析】

工程布线施工能力是售后技术岗人员重要的技能，要求从业人员能够对照设备原理图和说明书，按照工程标准完成设备的连接与调试。本任务主要学习连接线的压接与测试方法。

【任务实施】

任务实施见表 8-3-1。

表 8-3-1　任务实施

操作步骤	操作内容	注意事项
操作前		
1. 评估与沟通		
（1）评估	• 评估环境：按照 6S 标准，评估环境清洁、安全、适合操作。 • 评估设备：设备的完整性和状态，以及工具、辅料、耗材情况	
（2）沟通	• 明确客户需求、确认任务目标要求	
2. 准备		
（1）环境准备	• 按照 6S 标准之整顿标准（SEITON），进行环境准备。	
（2）物品准备	• 智能家居工程技术实训装置。 • 电工剥线钳、电工刀、尖嘴钳。 • 冷压端子、多芯软线等	
（3）人员准备	• 熟练使用工具。 • 具有一定的电工基础。 • 熟悉智能家居系统	
操作中		
1. 连接线的压接	• 软、硬线压接方法相同，以多芯软电线的压接为例	
第一步	• 裁线。取出多芯软电线，裁剪 200 mm 的电线	

续表

操作步骤	操作内容	注意事项
第二步	• 剥除护套。用电工剥线钳，剥去电线两端的护套，如图8-3-1所示。注意不要划透护套，避免损伤线芯，剥除护套长度宜为6 mm 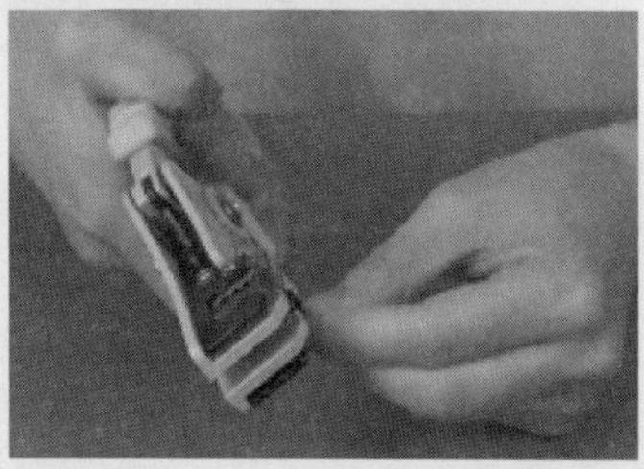 图 8-3-1　用剥线钳剥除护套	操作中要求学校遵循6S管理标准之素养标准（SHITSUKE）和安全标准（SAFETY）。
第三步	• 将剥开的多芯软电线用手沿顺时针方向拧紧，套上冷压端子，如图8-3-2和图8-3-3所示 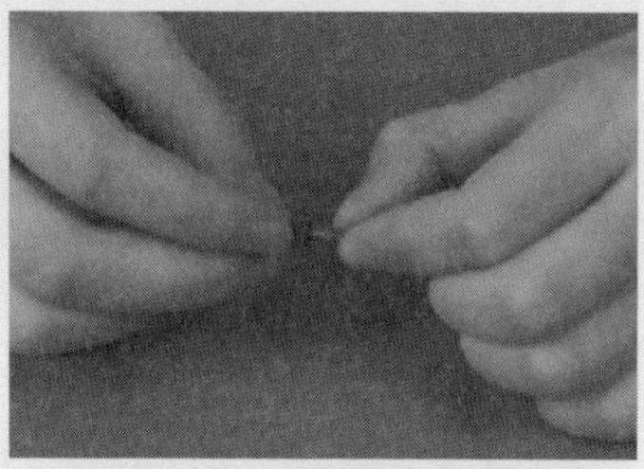 图 8-3-2　套冷压端子 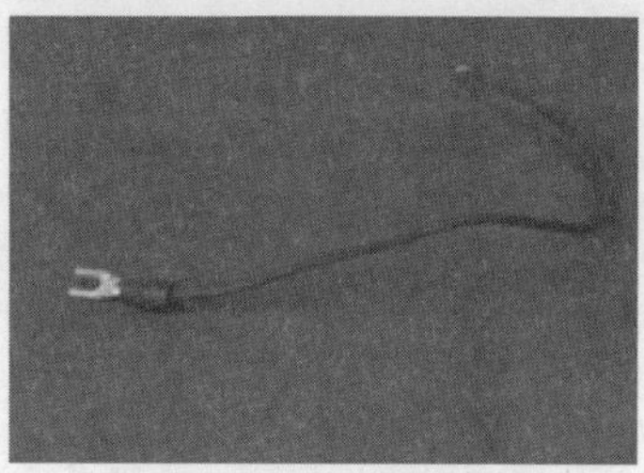 图 8-3-3　套接完毕	针对不同直径的电线，应选用剥线钳的不同豁口进行剥线操作
第四步	• 用电工压线钳将冷压端子与导线压接牢靠，如图8-3-4所示 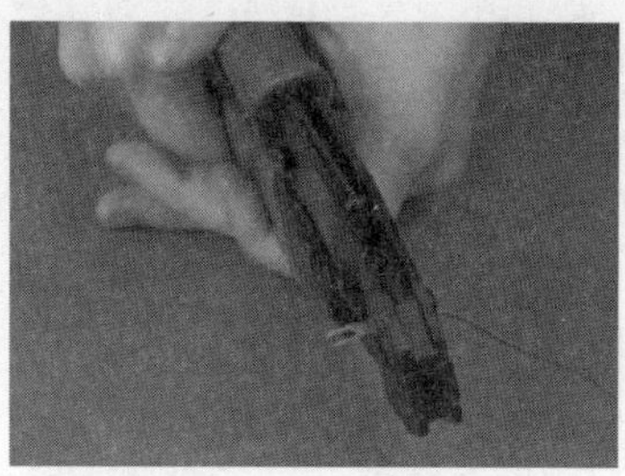 图 8-3-4　压接冷压端子	针对绝缘和非绝缘冷压端子，应采用不同的专用冷压钳压接
第五步	• 制作压接另一端冷压端子。重复上述步骤，完成另一端电线的压接	

续表

操作步骤	操作内容	注意事项
第六步	• 将两端压接好冷压端子的电线接在面板上相应的接线端子中，拧紧螺丝，如图 8-3-5 所示。 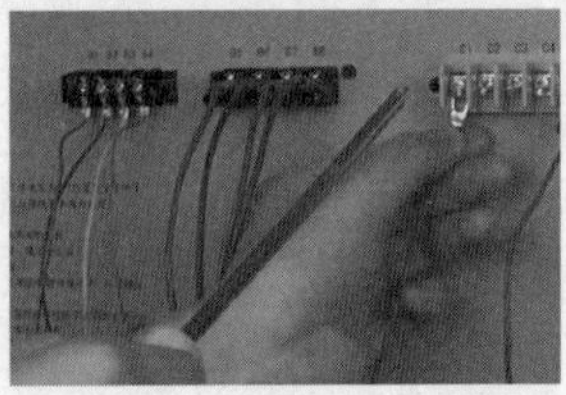 图 8-3-5　将电线接在接线端子上	
2. 压接测试	• 每根电线压接可靠位置正确时，上下对应的接线端子指示灯同时反复闪烁。 • 电线其中一端压接开路时，上下对应的接线端子指示灯不亮。 • 某根电线压接的位置错误时，上下错位的接线端子指示灯同时反复闪烁。 • 某根电线与其他电线并联时，上下对应的接线端子指示灯反复闪烁	也可采用万用表测试
操作后		
1. 环境整理	按照 6S 标准之清扫标准（SEISO）、清洁标准（SEIKETSU）和安全标准（SAFETY），做如下环境整理工作： • 整理仪器、设备、工具。 • 整理仪器、设备、工具。 • 清洁工位。 • 关闭电源。 • 打扫实训场所	
2. 实训报告	• 描述压接电线的步骤与方法。 • 描述压接测试可能出现的 4 种情况以及原因。 • 记录每条压接线路的通断情况	

【任务评价】

任务评价见表 8-3-2。

表 8-3-2　任务评价

序号	任务描述	评分标准	分值	得分
任务 3	连接线的端接与测试	1. 多芯软线（RV 线）压接 30 分：裁线、剥线、拧线、压接正确且满足要求，满分，每错一处扣 10 分，扣完为止	30	
		2. 单芯硬线端接（BV 线）30 分：裁线、剥线、拧线、压接正确且满足要求，满分，每错一处扣 10 分，扣完为止	30	
		3. 压接测试 30 分：压接可靠、位置正确，满分，每错一处扣 10 分，扣完为止	30	
		4. 环境整理 10 分：实训完后整理仪器、设备、工具，清洁工位，关闭电源，满分，每错一处扣 5 分，扣完为止	10	
总得分			考核等级	

备注：考核满分为 100 分，60～69 分为及格；70～79 分为中等；80～89 分为良好；90 分及以上为优秀。

任务 4　电子 PCB 基板端接与测试

【任务导入】

任务描述:

小李毕业后，应聘某科技公司售后工程师岗位，该公司开展智能家居产品研发、生产与整体解决方案服务业务。面试时，售后技术主管要求小李现场展示电子 PCB（印制电路板）基板端接技术。

任务目标:

掌握电子 PCB 基板端接与测试方法。

【任务分析】

工程布线与施工能力是售后技术岗人员重要的技能，要求从业人员能够对照设备原理图和说明书，按照工程标准完成设备的安装与布线。本任务主要学习电子 PCB 基板端接技术与测试方法。

【任务实施】

任务实施见表 8-4-1。

表 8-4-1　任务实施

操作步骤	操作内容	注意事项
操作前		
1. 评估与沟通		
（1）评估	• 评估环境：按照 6S 标准，评估环境清洁、安全、适合操作。 • 评估设备：设备的完整性和状态，以及工具、辅料、耗材情况	
（2）沟通	• 明确客户需求、确认任务目标要求	
2. 准备		
（1）环境准备	• 按照 6S 标准之整顿标准（SEITON），进行环境准备。	
（2）物品准备	• 智能家居工程技术实训装置。 • 电工剥线钳、电工刀、尖嘴钳、电烙铁、焊锡。 • 免螺丝式端子、螺丝式端子	
（3）人员准备	• 熟练使用工具。 • 具有一定的电工基础。 • 熟悉智能家居系统	
操作中		
1. 电子PCB 端子接线端接		

续表

操作步骤	操作内容	注意事项
第一步	• 裁线。取出多芯软线电线，裁剪 200 mm 的电线	
第二步	• 用电工剥线钳，剥去电线两端的护套，如图 8-4-1 所示。注意不要划透护套，避免损伤线芯，剥除护套长度宜为 6 mm。剥好的电线如图 8-4-2 所示 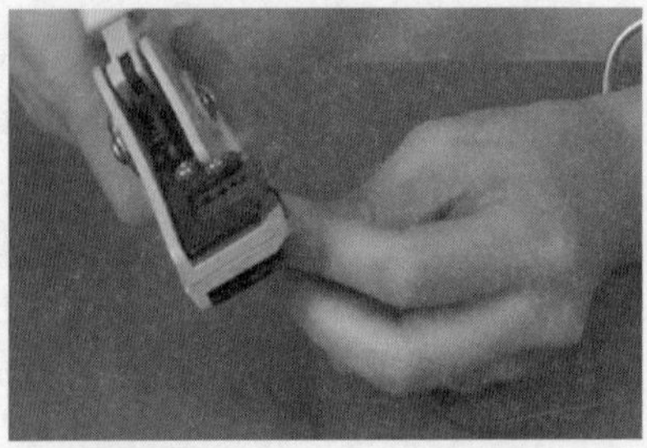 图 8-4-1　用剥线钳剥除护套 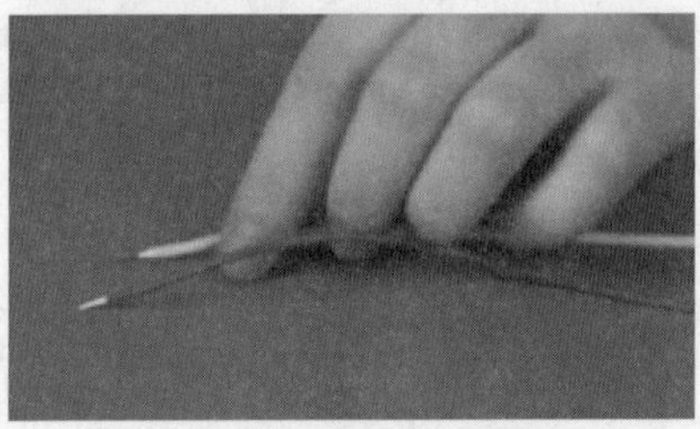 图 8-4-2　剥好的电线	针对不同直径的线缆，应选用剥线钳的不同豁口进行剥线操作
第三步	• 将剥开的多芯软线用手沿顺时针方向拧紧，如图 8-4-3 所示 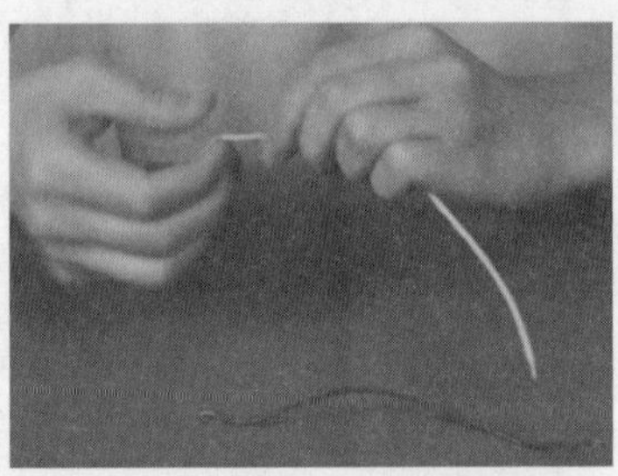 图 8-4-3　顺时针方向拧紧多芯软线	操作中要求学校遵循 6S 管理标准之素养标准(SHITSUKE)和安全标准(SAFETY)。
第四步	• 用电烙铁给线芯两端搪锡，如图 8-4-4 所示 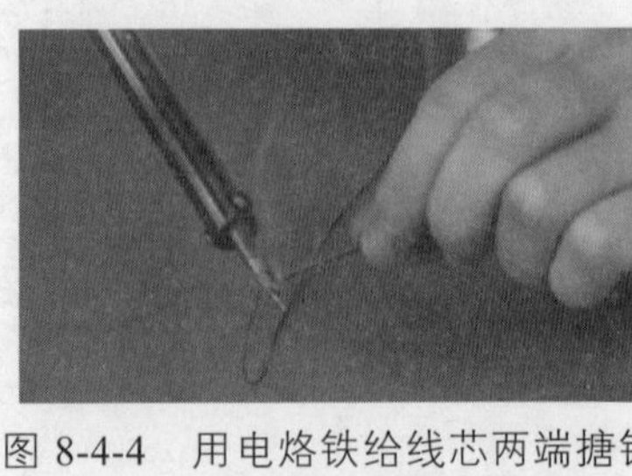 图 8-4-4　用电烙铁给线芯两端搪锡	

续表

操作步骤	操作内容	注意事项
第五步：端接	• 螺丝式端接方法。将线芯插入接线孔内，拧紧螺丝，如图 8-4-5 所示。 • 免螺丝式端接方法。用一字头螺丝刀将压扣开关按下，把线芯插入接线孔中，然后松开压扣开关即可，如图 8-4-6 所示 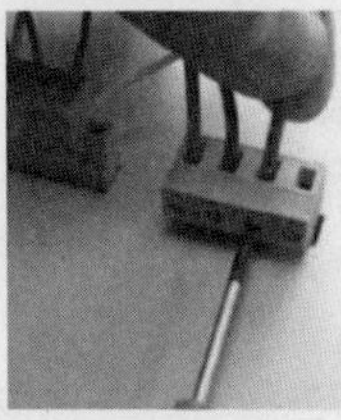 图 8-4-5　螺丝式端接 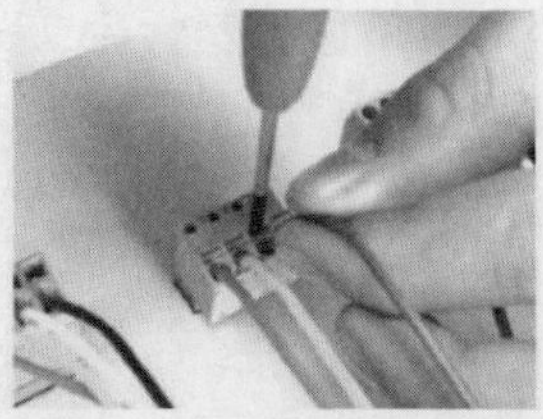 图 8-4-6　免螺丝式端接	
2. 端接测试	• 线缆端接可靠和位置正确时，上下对应的一组指示灯同时反复闪烁。 • 线缆任何一端开路时，上下对应的一组指示灯不亮。 • 线缆任何一端并联时，上下对应的指示灯反复闪烁。 • 线缆端接错位时，上下指示灯按照实际错位的顺序反复闪烁	
	操作后	
1. 环境整理	按照 6S 标准之清扫标准（SEISO）、清洁标准（SEIKETSU）和安全标准（SAFETY），做如下环境整理工作： • 整理仪器、设备、工具。 • 整理仪器、设备、工具。 • 清洁工位。 • 关闭电源。 • 打扫实训场所	
2. 实训报告	按照 6S 标准之素养标准（SHITSUKE）和安全标准（SAFETY），做如下报告整理工作： • 描述 PCB 基板端接与测试的步骤与方法。 • 描述 PCB 基板端接可能出现的 4 种情况以及原因。 • 记录每条电线端接的通断情况	

【任务评价】

任务评价见表 8-4-2。

表 8-4-2　任务评价

序号	任务描述	评分标准	分值	得分
任务 4	电子 PCB 基板端接与测试	1. 多芯软线（RV 线）端接 30 分：裁线、剥线、拧线、搪锡、端接正确且满足要求，满分，每错一处扣 10 分，扣完为止	30	
		2. 单芯硬线端接（BV 线）30 分：裁线、剥线、拧线、搪锡、端接正确且满足要求，满分，每错一处扣 10 分，扣完为止	30	
		3. 端接测试 30 分：端接可靠、位置正确，满分，每错一处扣 10 分，扣完为止	30	
		4. 环境整理 10 分：实训完后整理仪器、设备、工具，清洁工位，关闭电源，满分，每错一处扣 5 分，扣完为止	10	
总得分		考核等级		

备注：考核满分为 100 分，60～69 分为及格；70～79 分为中等；80～89 分为良好；90 分及以上为优秀。

任务 5 家用配电箱安装

【任务导入】

任务描述：

小李毕业后，应聘某科技公司售后工程师岗位，该公司开展智能家居产品研发、生产与整体解决方案服务业务。面试时，售后技术主管要求小李现场展示配电箱的安装。

任务目标：

掌握配电箱的安装方法。

【任务分析】

工程布线与施工能力是售后技术岗人员重要的技能，要求从业人员能够对照设备原理图和说明书，按照工程标准完成设备的安装与布线。本任务主要学习配电箱的安装方法。

【任务实施】

任务实施见表 8-5-1。

表 8-5-1 任务实施

操作步骤	操作内容	注意事项
操作前		
1. 评估与沟通		
（1）评估	• 评估环境：按照 6S 标准，评估环境清洁、安全、适合操作。 • 评估设备：设备的完整性和状态，以及工具、辅料、耗材的情况	
（2）沟通	• 明确客户需求、确认任务目标要求	
2. 准备		
（1）环境准备	• 按照 6S 标准之整顿标准（SEITON），进行环境准备。	
（2）物品准备	• 智能家居工程技术实训装置。 • 电工剥线钳，电工刀，尖嘴钳，2.5 平方线红、蓝色各 1 m，4 平方线红、蓝色各 1 m、绝缘胶带	
（3）人员准备	• 熟练使用工具。 • 具有一定的电工基础。 • 熟悉智能家居系统	
操作中		
1. 配电箱的安装		
（1）明装配电箱	• 配电箱安装在墙上时，采用开脚螺栓（胀管螺栓）固定，螺栓长度一般为埋入深度（75～150 mm）、箱底板厚度、螺帽和垫圈的厚度之和，再加上 5 mm 左右的“出头余量”。对于较小的配电箱，也可在安装处预埋好木砖（按配电箱或配电板四角安装孔的位置埋设），然后用木螺钉在木砖处固定配电箱或配电板，如图 8-5-1 所示	配电箱应安装牢固，横平竖直，垂直偏差不应大于 3 mm

续表

操作步骤	操作内容	注意事项
（1）明装配电箱	 图 8-5-1　明箱	配电箱应安装牢固，横平竖直，垂直偏差不应大于 3 mm
（2）暗装配电箱	• 配电箱嵌入墙内安装。在砌墙时预留的孔洞应比配电箱的长和宽各大 20 mm 左右，预留的深度为配电箱厚度加上洞内壁抹灰的厚度。在圬埋配电箱时，箱体与墙之间填以混凝土把箱体固定住，如图 8-5-2 所示  图 8-5-2　暗装	配电箱四周应无空隙，其面板四周边缘应紧贴墙面，箱体与建筑物、构筑物接触部分应涂防腐漆
2. 配电箱的接线		
第一步：轨道的安装	• 根据空开的个数确定轨道的位置，然后使用铅笔划线准备打眼安装轨道。 • 轨道距离与安装的间距一般最少保持在 15 cm 以上，以保证主电缆能够有足够的安装空间。 • 需要注意汇流排的大小要与主电缆的截面积相匹配。 • 轨道与轨道之间也要保证一定的距离，以保证在二次侧导线安装时能够有足够的空间，一般保持在 20 cm，如图 8-5-3 所示	（1）上、下侧轨道与安装盘上、下边缘之间的间距。 （2）轨道与轨道之间的间距。 （3）选择汇流排时需要配备与主电缆相匹配的汇流排，尤其是压线孔式的汇流排。压线孔小，在安装导线时只能分股安装，否则容易烧坏端子和烧断分股的导线

续表

操作步骤	操作内容	注意事项
第一步：轨道的安装	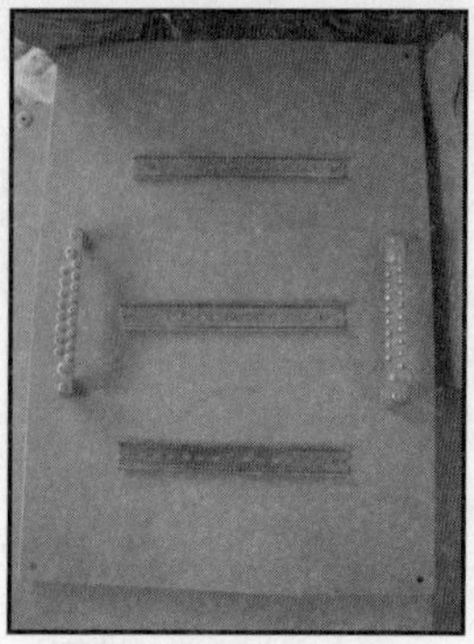 图 8-5-3　轨道安装	（1）上、下侧轨道与安装盘上、下边缘之间的间距。 （2）轨道与轨道之间的间距。 （3）选择汇流排时需要配备与主电缆相匹配的汇流排，尤其是压线孔式的汇流排。压线孔小，在安装导线时只能分股安装，否则容易烧坏端子和烧断分股的导线
第二步：空开的安装	• 将空开卡扣在轨道上，如图 8-5-4 所示 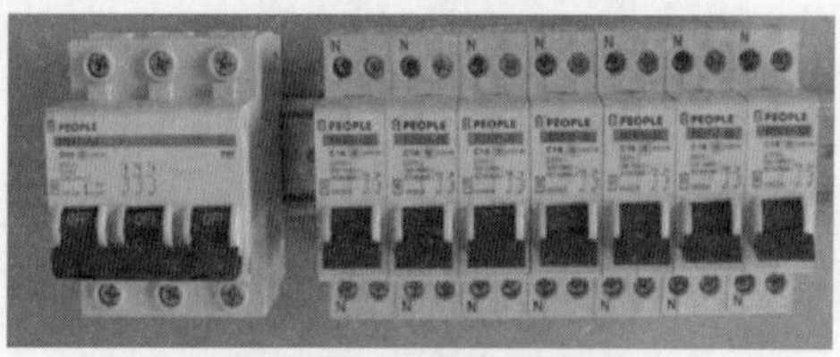 图 8-5-4　空开的安装	注意方向及间隙
第三步：接线	• 较为简单的接线如图 8-5-5 所示。 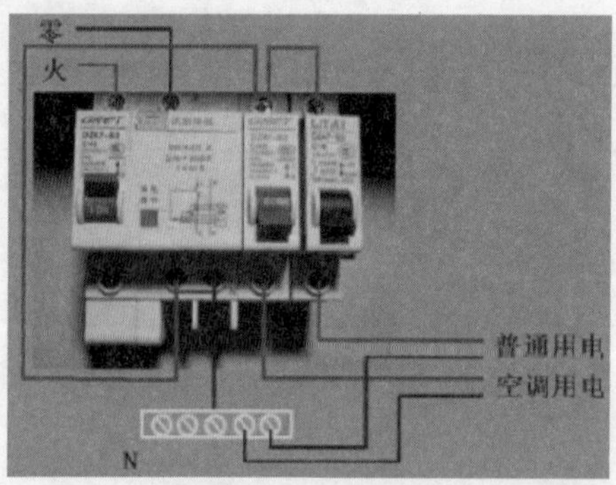 图 8-5-5　接线图 • 配电箱内的交流、直流或不同电压等级的电源，应具有明显的标志。照明配电箱内，应分别设置零线（N 线）和保护零线（PE 线）汇流排，零线和保护零线应在汇流排上连接，不得绞接，应有编号。 • 导线引出面板时，面板线孔应光滑无毛刺，金属面板应装设绝缘保护套。金属壳配电箱外壳必须可靠接地（接零）。 • 安装完后的效果如图 8-5-6 所示	

续表

<table>
<tr><th>操作步骤</th><th>操作内容</th><th>注意事项</th></tr>
<tr><td>第三步：接线</td><td>
图 8-5-6　配电箱安装效果图</td><td rowspan="2">操作中要求学校遵循 6S 管理标准之素养标准（SHITSUKE）和安全标准（SAFETY）。</td></tr>
<tr><td>3. 测试</td><td>• 相序正确，通电后，闭合闸刀。用验电笔测试火线，验电笔指示灯亮；测试零线，验电笔指示灯不亮。反之为错误。
• 连接正确，通电后，闭合闸刀。用验电笔测试零线（N线）和保护零线（PE 线）汇流排，指示灯不亮。反之为错误。
• 通电后，打开闸刀，连接正确。用验电笔测试火线、零线、保护零线，指示灯均不亮。反之为错误</td></tr>
<tr><td colspan="3">操作后</td></tr>
<tr><td>1. 环境整理</td><td>按照 6S 标准之清扫标准（SEISO）、清洁标准（SEIKETSU）和安全标准（SAFETY），做如下环境整理工作：
• 整理仪器、设备、工具。
• 清洁工位。
• 关闭电源。
• 打扫实训场所</td><td></td></tr>
<tr><td>2. 实训报告</td><td>按照 6S 标准之素养标准（SHITSUKE）和安全标准（SAFETY），做如下报告整理工作：
• 描述配电箱的安装步骤与方法。
• 描述配电箱接线的注意事项</td><td></td></tr>
</table>

【任务评价】

任务评价见表 8-5-2。

表 8-5-2　任务评价

<table>
<tr><th>序号</th><th>任务描述</th><th colspan="2">评分标准</th><th>分值</th><th>得分</th></tr>
<tr><td rowspan="4">任务 5</td><td rowspan="4">家用配电箱安装</td><td colspan="2">1. 配电箱的安装 30 分：安装牢固，横平竖直，紧贴墙面，工艺符合相关标准要求，满分，每错一处扣 10 分，扣完为止</td><td>30</td><td></td></tr>
<tr><td colspan="2">2. 配电箱接线 40 分：交流、直流、不同电压等级等有明显的标志，设置零线（N 线）和保护零线（PE 线）汇流排，没有绞线，有编号，导线应用正确、符合相关标准要求，满分，每错一处扣 10 分，扣完为止</td><td>40</td><td></td></tr>
<tr><td colspan="2">3. 测试 20 分：相序正确、接线正确，接头可靠，满分，每错一处扣 10 分，扣完为止</td><td>20</td><td></td></tr>
<tr><td colspan="2">4. 环境整理 10 分：实训完后整理仪器、设备、工具，清洁工位，关闭电源，满分，每错一处扣 5 分，扣完为止</td><td>10</td><td></td></tr>
<tr><td colspan="2">总得分</td><td></td><td>考核等级</td><td colspan="2"></td></tr>
</table>

备注：考核满分为 100 分，60～69 分为及格；70～79 分为中等；80～89 分为良好；90 分及以上为优秀。

课后习题

【单选题】

1. 工作区安装在墙面上的信息插座，一般要求距离地面（　　）cm 以上。

A. 20　　B. 30

C. 40　　D. 50

2. 水平子系统中有线电视系统应使用的电缆是（　　）。

A. 类非屏蔽双绞线电缆　　B. 类非屏蔽双绞线电缆

C. 同轴电缆　　D. 类屏蔽双绞线电缆

3. 已知某一楼层需要接入 100 个电话语音点，则端接该楼层电话系统的干线电缆的规格和数量是（　　）。

A. 100 对大对数非屏蔽双绞线

B. 200 对大对数非屏蔽双绞线

C. 50 对大对数非屏蔽双绞线

D. 300 对大对数非屏蔽双绞线

4. 对于电话语音系统，楼层配线间内的线路管理器件应选用（　　）。

A. 数据配线架　　B. 模块化数据配线架

C. 光纤配线架　　D. 光纤接线箱

5. 已知两幢建筑物之间的布线路由长度为 2 300 m，则应选择（　　）来连接两幢楼的以太网交换机。

A. 类大对数非屏蔽双绞线电缆　　B. 单模室外光缆

C. 多模室外光缆　　D. 类 4 对非屏蔽双绞线

【判断题】

1. 结构化布线有别于综合布线，仅包括语音和计算机网络的布线。（　　）

2. 布线标准对消费者不重要，但对生产厂商和布线施工人员十分重要。（　　）

3. 对绞电缆就是 UTP（非屏蔽双绞线）电缆。（　　）

4. 110 型配线架只能终接语音信息点。（　　）

5. 线管的机械强度是指线管的坚硬度。（　　）

6. 配线子系统只能用电缆作传输介质。（　　）

7. 电信间不一定在每一楼层都设置。（　　）

8. 电信间和设备间必须分开设置。（　　）

9. 布线路由设计包括配线子系统路由、干线子系统路由和建筑群子系统路由设计；进线间、设备间、电信间位置和机柜安装位置设计等。（　　）

10. 布线产品是决定综合布线系统工程质量的关键因素，在综合布线系统工程设计时应尽量选用最先进的产品。（　　）

【填空题】

1. ________是对工作区、电信间、设备间、进线间的配线设备、缆线、信息插座模块等设施按一定的模式进行标识和记录。

2. 工作区是指____________。

3. 建筑群子系统是__________的布线部分。

4. 综合布线系统的接口是指__________的连接点。

5. 对绞电缆按其包缠的是否有金属屏蔽层，可以分为________和________两大类。

6. 5 类、超 5 类、6 类对绞电缆的传输频率依次为____________。

7. 四对对绞电缆的线对颜色依次为__________。

8. 光纤由________、________和涂覆层组成。

9. 常见的 62.5/125 μm 多模光纤中的 62.5 μm 指的是__________。

10. 按传输模式分类，光缆可以分为________和________两类。

【简答题】

1. 什么是综合布线系统？为什么要进行综合布线？综合布线有哪些好处。

2. 综合布线系统由哪几个子系统组成？每一部分主要对应局域网的哪一部分？

3. 在进行综合布线设计规划、施工时必须遵循哪些标准？为什么？

4. 综合布线与传统网络工程布线相比较有哪些优点？

5. 综合布线系统的设计等级可分为哪几个等级？其配置有什么不同？

项目 9　智能家居系统工程设计

随着人们收入水平的不断提升，智能家居产品受到更多消费者的喜爱以及使用。生产家居、家电的企业都纷纷推出智能化产品，新的技术和产品不断涌现。智能家居工程技术人员，需要熟悉主流产品，掌握智能家居系统工程各个子系统的主要设计方法和内容，包括智能照明系统、家电系统、安防报警系统、环境监测系统和影音系统等，结合客户需求，提出合理的工程解决方案。

学习目标

【知识目标】

（1）掌握智能家居工程布线系统的设计方法；

（2）掌握智能家居常见系统工程的设计基础知识。

【能力目标】

（1）熟悉智能家居工程布线系统的设计技能；

（2）熟悉智能家居工程布线系统的绘图方法。

【素养目标】

培养社会主义现代化建设急需的，德，智、体、美、劳全面发展，掌握智能家居工程布线系统的理论知识及实践技能；培养具有社会责任感强、专业竞争力强和人格魅力强的高素质专业技术人才；养成踏实、严谨、进取的品质及独立思考的学习习惯。

【思政目标】

（1）培养学生的民族自豪感和自信心；

（2）培养学生远大的理想，树立中国特色社会主义共同理想，实现个人价值与社会价值的统一；

（3）培养学生树立正确的世界观、人生观、价值观、道德观和法制观。

知识准备

一、智能家居系统设计概述

1. 智能家居系统设计原则

（1）实用性。

智能家居系统最基本的目标是为人们提供一个安全、方便、高效和舒适的生活环境。在设计智能家居系统时，应根据用户对智能家居功能的需求，整合当前最实用、最基本的控制功能，包括智能家电控制、智能灯光控制、环境控制、安防监控、背景音乐、家庭影院等，同时还可以拓展到三表抄送、视频点播等服务，提出实用、可操作的解决方案。

（2）便利化。

智能家居系统的控制方式多样化，主要包括本地控制、集中控制、手机远程控制、网络控制、定时控制等，其目的就是提高效率，如果操作过程和程序设置过于复杂，容易让用户产生排斥心理。因此，在设计智能家居系统时，注重操作的便利化和直观性，让操作简洁明了。

（3）稳定性。

智能家居系统的稳定性主要包括分控模块产品的稳定、系统运行的稳定、线路结构的稳定、集成功能的稳定、运行时间的稳定等。各个子系统需要满足 24 小时运转，设计人员必须高度重视系统的安全性、可靠性和容错能力，对各个子系统在电源、系统备份等方面采取相应的措施，保证系统正常安全使用，并且保证系统具备应对各种复杂环境变化的能力。

（4）标准性。

智能家居系统方案设计应依照国家和地区的有关标准进行，确保系统的扩充性和扩展性，在信息传输上保证不同品牌之间的系统兼容与互联。前端设备应是多功能、开放、可以扩展的设备。如系统主机、终端与模块采用标准化接口设计，为外部厂商提供集成的平台，设计选用的系统和产品能够使本系统与未来发展的第三方受控设备通信。

（5）方便性。

智能家居系统的安装、调试与维护的工作量非常大，设计时应充分保证系统便于安装与调试。布线安装的合理性直接关系到成本、可扩展性、可维护性的问题，要选择布线简单的系统，施工时可与小区宽带一起布线，选择容易学习掌握、操作简单和维护方便的设备。

（6）扩展性。

在满足用户当前需求的前提下，设计时应充分考虑技术发展的趋势，首先在技术上保持先进性和适度超前，然后注重采用最先进的技术标准和规范，使整个系统具有更新、扩充和升级的能力。

2. 智能家居设计流程

（1）设计准备阶段。

① 接受任务委托书，签订合同或根据标书要求参加投标。

② 明确设计期限，制订设计计划安排，考虑各种有关工种的配合与协调。

③ 明确设计任务和要求。

④ 熟悉设计的相关规范和标准，收集、分析必要的资料和信息等。

（2）方案设计阶段。

在设计准备阶段的基础上，进一步收集、分析、运用与设计相关的资料和信息，构思立意，进行初步方案设计以及方案的分析与比较，然后确定初步设计方案，提供设计文件。在初步方案审定后，进行施工图的设计，方案设计步骤如下。

① 业主需求分析。根据业主需求确定系统功能，不宜追求一步到位，应根据业主实际情况进行系统设计，分步骤选择安装。

② 了解小区智能化设计与安装情况。如果没有事先了解小区智能化设计与安装情况，有可能出现系统重复安装、产品不配套、不兼容等现象，或因其他原因导致安装困难。

③ 了解施工环境。依据具体施工环境进行产品选型，当需要设计个性化的智能家居时，可由专人或专业设计公司完成。

（3）施工图设计阶段。

补充施工需要的住宅平面图、包括详细尺寸与功能、室内立体图、节点样图、细部大样图、设备管线及设备灯光等强电系统的布线图等，完成施工图纸的设计。

智能家居总控系统设计图形和文字符号如表 9-0-1 所示。

表 9-0-1　智能家居总控系统设计图形和文字符号

序号	图形和文字符号	名称
1	HC	家庭控制器
2	HUB	集线器或交换机
3	IP	IP 传输模块
4	TCP/IP	TCP/IP 路由器
5	LonWorks	LonWorks 路由器
6	DEC	解码器
7	VP	视频分配器
8	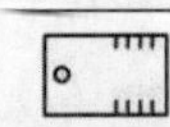	楼宇对讲电控锁防盗门主机
9	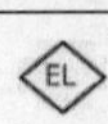	电控锁
10		天线
11	RS485	控制总线标准接口
12	LonWorks	一种工业标准

3. 智能家居工程布线系统

详见《工程技术索引手册》“1 智能家居布线系统”。

4. 智能家居常用工程标准

详见《工程技术索引手册》“6 智能家居系统工程常用标准”。

5. 智能家居系统的线缆敷设要求与安装方法

详见《工程技术索引手册》“16 智能家居系统的线缆敷设要求与安装方法”。

6. 物联网网络连接

详见《工程技术索引手册》“4 物联网网络连接”。

7. 智能家居工程常用器材

详见《工程技术索引手册》“5 智能家居工程常用器材”。

8. 智能家居工程常用通信协议

详见《工程技术索引手册》“7 智能家居工程常用通信协议”。

9. 智能化技术

详见《工程技术索引手册》“8 智能化技术”。

10. 智能家居涉及的关键技术

详见《工程技术索引手册》“9 智能家居涉及的关键技术”。

11. 智能家居布线技术

详见《工程技术索引手册》“11 智能家居布线系统”。

二、智能家居布线五种方法

（1）星型连接。

（2）总线连接。

（3）电力线载波连接。

（4）红外连接（IR）。

（5）无线（RF）连接。

从稳定性角度来看，星型连接最稳定可靠，总线连接次之，电力线载波连接再次之、红外连接（IR）再次之、无线（RF）连接最差。传统的安防系统都是采用星型连接方式，因此也是最可靠的。

总线连接虽然也需要布线，但在点数较多时，数量上比星型的连接要少，其可靠行一般可以接受。电力线载波与无线连接存在类似的问题，主要是相邻的家庭之间的干扰问题，从技术角度电力线载波可以采用隔离等技术来解决互相之间的干扰问题，无线方式要低成本地解决互相之间的干扰相对困难，一般只有采用跳频技术才可以真正解决，再加上无线还有供电问题，因此无线在家庭智能中应是一种次选方案，尤其是安防系统。

新建住宅区一般以小区为单位，要求联网报警、信息互动。小区在建设中实现智能化对布线的要求不应以布线是否复杂为首要，而以可靠性为第一要求。一个小区整个实现智能化，哪怕是有一个问题，都是乘以户数的问题总量。在小区中实现家庭智能一般不宜实现得太复杂，不然验收和维护都将是大的问题。因此在小区中实现智能化应以星型连接为主。个人家装市场要求比较个性化的家庭智能功能，但没有联网的要求。由于个人家装一般是由装修公司来主推，能够实现的销售都比较高，因此对家庭内部的功能要求一般也较多，实现的点数也相应较多。这时对系统的可靠性要求的同时还有扩展性的要求，由于这时布线不是什么大的问题，家装市场应尽量采用星型和总线两种方式。旧房改造市场一般对布线的要求以尽量少地布线为首要。这时星型和总线两种布线方式有时显得力不从心，因此，旧房改造市场中电力线载波和无线应是主要的连接方式。

做为一个实际的家庭智能化系统，最佳的方案应该是各种布线方式可以混合使用的方案。

例如安防尽量采用星型连接方式，同时也可以用总线的方式或者无线的方式做为补充。电力线载波很难用于安防探头的连接方式，因为无法解决停电时的信号传输问题。星型连接还是信息综合布线的最佳解决方案。灯光和除了信息类家电以外的电器如空调、电饭煲等的控制可以采用总线、电力线、无线或红外等方式。

智能家居布线可以实现很多家庭应用，例如：

（1）组建家庭视频网络。您可用一台录像机（VCD/DVD/电脑）播放节目使多个电视机收看，您可以将宽带网络上的电影传送到电视上收看。

（2）组建家庭音频网络。您可以将音响信号送至各个房间收听，也可以将电脑或网络上的 MP3 音乐送到音响上播出，您还可以组建家庭内的背景音乐系统。

（3）组建家庭电脑网络。对多台电脑可以共用一条宽带线路上网以节省费用，实现各电脑间的资源共享、联网游戏等功能。

（4）组建家庭控制网络。您可以通过网络来控制信息化家电（如：空调、冰箱、微波炉、洗衣机、热水器）的各种动作，也可以控制其他智能设备（如：窗帘、门锁、灯光等等）。

（5）组建家庭的监控网络。您可以通过家庭监控设备，对家庭安全进行监视和控制，您甚至可以在办公室通过互联网看到家中的图像和与家中的人员进行对话。

随着宽带互联网的入户，许多以前只能想象的情景都将得到实现。许多厂家都在致力于开发各种家用信息产品，加之我国入世后国外产品的不断涌入，可以预计在未来不久，这些应用会全面走入家庭，安装宽带智能家居布线系统则为这些应用提供了实现平台，否则将会出现新产品无法使用的局面。

三、智能家居布线的优点

（1）有多样化应用功能。您可以组建家庭音/视频网络、家庭通讯应用网络、家庭监控网络以完成各种各样的应用功能。

（2）能方便未来生活。我们会在您可能需要使用设备的地方预留接口。这样，当您在变更设备位置和未来增加设备时，只要轻轻一插就能将设备连接完成。

（3）为您节省资金。当家中多台电脑同时上网，可只付一条宽带网络月租费，也可以使用一台影碟机或电脑播放节目使所有房间都可以观看。信息面板、宽带网络接口、对电话、电脑可以通用。可以省去普通电话线及部分面板费用。

（4）安全可靠性高。由于我们将您整个家庭作为一个系统进行设计，所以无论是从材料选择，还是施工规划，均是依照国际规范进行，因此所有线路均保证安全可靠。

（5）简易的管理方式。本系统使得您在使用时不需任何专业知识就可以自行配置设备的连接，从而实现您所需要的功能。

随着现代科技发展，信息化家居已不再是梦想，有线电视、电话、宽带上网、卫星电视、安 全监控、信息家电等都将走进千家万户。为了能够充分享受信息生活中带来的便利，现在装修就应该使用智能家居布线系统作为您的弱电管家，以免在装修两三年后因为需增改线路，而把在家中拉明线影响美观甚至重新开槽布线

现在的家装已从以前的普通电路改造发展为强弱电管理，人们开始把这些统称为智能布线，它包括家庭整体音响系统、家庭宽带网络系统、家庭电话系统、家庭电视视频系统、家庭安全防护报警系统、家庭智能遥控系统、家庭灯效控制系统等等。

家庭整体音响系统可以在任何一间房子里包括厨房、卫生间和阳台，布上背景音乐线，也就是通过多个音源，可以让每个房间都听到美妙的背景音乐，当然，如果有的房间不想听也完全可以，因为每间房都单独安装了小控制台，可以控制这间房的音乐开关，并可调节音量大小。

家庭智能遥控系统让家成为舒服的家。比如你躺在床上，拿着遥控器，就可以开关灯、音响甚至窗帘！比如房间很多，临出门的时候，不知道哪个房间的灯还没关，有了电路智能遥控器，就不用辛辛苦苦跑到每间房去关灯，而只要在家门口轻按一下遥控器“照明”按钮，家里所有的照明灯都会熄灭，替你省力又省电，非常的体贴周到。

智能布线正在代替单一的强电路改造，成为现代家装必不可省的一环。

任务 1　智能家居系统工程综合布线设计

【任务导入】

任务描述：

小李毕业后，应聘某科技公司售前工程师岗位，该公司开展智能家居产品研发、生产与整体解决方案服务业务。面试时，销售主管要求小李现场根据需求绘制智能家居系统工程综合布线设计图纸。

任务目标：

（1）掌握智能家居系统工程综合布线设计方法与内容。

（2）熟悉智能家居工程常用标准。

（3）熟练掌握 Visio、AutoCAD 等绘图软件。

【任务分析】

工程设计能力是售前技术岗人员重要的技能，要求从业人员能够根据客户需求，组织系统集成项目的技术方案编写、标书的准备、讲解及用户答疑。本任务主要学习智能家居系统工程综合布线设计方法。

智能家居布线系统设计原则、设计流程详见《工程技术索引手册》“11 智能家居布线系统”。

【任务实施】

任务实施见表 9-1-1。

表 9-1-1　任务实施

操作步骤	操作内容	注意事项
	操作前	
1. 评估与沟通		
（1）评估	• 评估环境：按照 6S 标准，评估环境清洁、安全、适合操作。 • 评估设备：设备的完整性和状态，以及工具、辅料、耗材情况	
（2）沟通	• 明确客户需求、确认任务目标要求	
2. 准备		
（1）环境准备	• 按照 6S 标准之整顿标准（SEITON），进行环境准备。	
（2）物品准备	• 电脑。 • Visio、AutoCAD 软件	
（3）人员准备	• 熟练使用 Visio、AutoCAD 软件。 • 熟悉智能家居系统	

续表

操作步骤	操作内容	注意事项
	操作中	
智能家居系统工程综合布线设计		
第一步	• 首先明确智能家居是一般安居性住宅，还是高级住宅或别墅，确定智能家居等级，然后根据住宅等级和用户需求，确定智能家居系统的内容和功能	教师扮演甲方，提出具体的需求
第二步	• 根据智能家居系统的内容和功能分区，确定布线系统支持的系统；根据智能家居的等级和系统，确定智能家居布线系统的等级。 • 智能家居系统主要包括管理间子系统和水平子系统，一般采用星状结构。工作区子系统相对比较复杂，应根据各种应用系统与通信方式，明确布线结构，因此工作区子系统往往会设计成混合式布线结构。智能家居布线系统结构如图 9-1-1 所示。 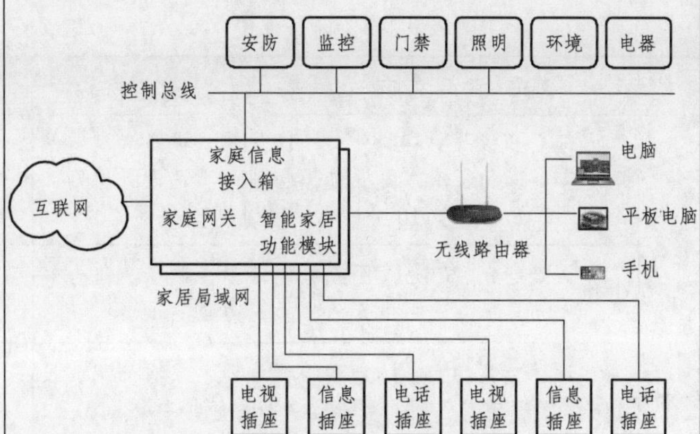 图 9-1-1　智能家居布线系统结构图	
第三步	• 选择设备，包含中央控制箱、网络模块、电话模块、电视模块、影音模块、其他模块。 • 选择线缆，包含电源线、信息传输线。 • 选择信息插座，包含信息网络面板、音视频面板、多媒体面板。 • 选择开关面板，包含智能开关面板、智能插座等。 • 其他设备的选择，包括家庭网关、总线分线盒等	
第四步	• 用 Visio 或 AutoCAD 软件绘制系统架构图和施工图纸。用 Word 编写技术方案	
	智能家居工程技术设计图纸的识别	

续表

<table>
<tr><th>操作步骤</th><th>操作内容</th><th>注意事项</th></tr>
<tr><td colspan="3">操作后</td></tr>
<tr><td>1. 环境整理</td><td>按照 6S 标准之清扫标准（SEISO）、清洁标准（SEIKETSU）和安全标准（SAFETY），做如下环境整理工作：
• 整理仪器、设备、工具。
• 清洁工位。
• 关闭电源。
• 打扫实训场所</td><td></td></tr>
<tr><td>2. 实训报告</td><td>按照 6S 标准之素养标准（SHITSUKE）和安全标准（SAFETY），做如下报告整理工作：
• 描述智能家居系统工程综合布线设计方法与内容。
• 编写智能家居系统工程综合布线设计方案</td><td></td></tr>
</table>

【任务评价】

任务评价见表 9-1-2。

表 9-1-2　任务评价

<table>
<tr><th>序号</th><th>任务描述</th><th colspan="2">评分标准</th><th>分值</th><th>得分</th></tr>
<tr><td rowspan="4">任务 1</td><td rowspan="4">智能家居系统工程综合布线设计</td><td colspan="2">1. 综合布线设计 40 分：系统架构、设备选型、线缆选择、插座选择、面板选择合理，满足设计原则，满分，每错一处扣 10 分，扣完为止</td><td>40</td><td></td></tr>
<tr><td colspan="2">2. 图纸绘制 20 分：图纸绘制清晰、明了、符合规范，满分，每错一处扣 5 分，扣完为止</td><td>20</td><td></td></tr>
<tr><td colspan="2">3. 设计方案 30 分：方案结构合理、层次分明、设计方案阐述清楚、图文并茂，满分，每错一处扣 5 分，扣完为止</td><td>30</td><td></td></tr>
<tr><td colspan="2">4. 环境整理 10 分：实训完后整理仪器、设备、工具，清洁工位，关闭电源，满分，每错一处扣 5 分，扣完为止</td><td>10</td><td></td></tr>
<tr><td colspan="2">总得分</td><td></td><td>考核等级</td><td colspan="2"></td></tr>
</table>

备注：考核满分为 100 分，60～69 分为及格；70～79 分为中等；80～89 分为良好；90 分及以上为优秀。

任务 2　智能家居照明系统工程设计

【任务导入】

任务描述：

小李毕业后，应聘某科技公司售前工程师岗位，该公司开展智能家居产品研发、生产与整体解决方案服务业务。面试时，销售主管要求小李现场根据需求绘制智能家居照明系统工程设计图纸。

任务目标：

（1）掌握智能家居照明系统工程的设计方法与内容。

（2）熟悉智能家居工程常用标准。

（3）熟练掌握 Visio、AutoCAD 等绘图软件。

【任务分析】

工程设计能力是售前技术岗人员重要的技能，要求从业人员能够根据客户需求，组织系统集成项目的技术方案编写、标书的准备、讲解及用户答疑。本任务主要学习智能家居照明系统工程设计方法。

1. 智能家居照明系统设计原则

（1）提高照明系统控制水平，减少成本。

（2）节约能源。

2. 智能家居照明系统设计要求

（1）功能的设计要求。

① 集中控制：实现在任何一个地方均可控制不同地方的灯，或在不同地方可以控制同一盏灯。

② 开关缓冲：灯亮或者灯灭都有一个缓冲的过程。

③ 感应控制：将卫生间、走廊及通道等公共区域的灯设置为感应控制状态。

④ 明暗调节：灯光明暗能自动调节，给人创造舒适、宁静、和谐的氛围。

⑤ 定时功能：可根据设定的时间，定时开启或关闭灯具。

⑥ 情景调控：智能照明系统设计实现各种照明情景，并且各种情景可随意切换。

⑦ 本地开关：智能照明系统在设计时应当支持本地手动开关。

⑧ 一键控制：整个照明系统的灯具可实现一键全开和一键全关功能。

⑨ 红外、无线控制：可通过红外遥控和无线遥控实现全宅灯光的控制。

⑩ 远程控制：可通过手机、平板电脑等移动设备远程控制。

（2）不同家居场所的设计要求。

① 客厅。

客厅是家人休闲娱乐和会客的重要场所，客厅的照明应以明亮、实用和美观为主。

② 卧室。

光线应该以柔和为主，避免眩光和杂散光，装饰灯主要用来烘托气氛。

③ 书房。

书房的灯光照射要从保护视力的角度出发，使灯具的主要照射面与非主要照射面的照度比为 10∶1 左右。

④ 卫生间。

白天卫生间应以整洁、清新、明亮的基调为主，晚上要以轻松、安静的基调为主。

⑤ 餐厅。

餐厅灯光色调应以柔和、宁静为主，在吃饭的时候能够感到轻松自如。

⑥ 厨房。

厨房需要无阴影的照明环境，既要实用又要美观、明亮、清新，给人以整洁之感。

（3）照明效果的设计要求。

① 灯光的照明位置。

正确的灯光位置应与室内人们的活动范围以及家具的陈设等因素结合起来考虑。

② 照度标准。

照明设计应有一个合适的照度值，照度值过低，不能满足人们正常工作、学习和生活的需要，照度值过高，容易使人产生疲劳，影响健康。住宅照明的照度标准值如表 9-2-1 所示。

表 9-2-1　住宅照明的照度标准值

房间或场所		参考平面及其高度	照度标准值/lx	*Ra*
起居室	一般活动	0.75 m 水平面	100	80
	书写、阅读		300*	
卧室	一般活动	0.75 m 水平面	75	80
	床头、阅读		150*	
餐厅		0.75 m 餐桌面	150	80
厨房	一般活动	0.75 m 水平面	100	80
	操作台	台面	150*	
卫生间		0.75 m 水平面	100	80
电梯前厅		地面	75	60
走道、楼梯间		地面	50	60
车库		地面	30	60

注：*为宜使用混合照明。

③ 灯光照明的投射范围。

灯光照明的投射范围是指保证被照对象达到照度标准的范围，这取决于人们室内活动作业的范围及相关物体对照明的要求。投射面积的大小与发光体的强弱、灯具外罩的形式、灯具的高低位置及投射的角度相关，照明的投射范围使室内空间形成一定的明、暗对比关系，产生特殊的气氛，有助于集中人们的注意力。住宅建筑每户照明功率密度限值如表 9-2-2 所示。

表 9-2-2　住宅建筑每户照明功率密度限值

<table>
<tr><th rowspan="2">房间或场所</th><th rowspan="2">照度标准值/lx</th><th colspan="2">照明功率密度限值（W/m^2）</th></tr>
<tr><th>现行值</th><th>目标值</th></tr>
<tr><td>起居室</td><td>100</td><td rowspan="5">≤6.0</td><td rowspan="5">≤5.0</td></tr>
<tr><td>卧室</td><td>75</td></tr>
<tr><td>餐厅</td><td>150</td></tr>
<tr><td>厨房</td><td>100</td></tr>
<tr><td>卫生间</td><td>100</td></tr>
<tr><td>职工宿舍</td><td>100</td><td>≤4.0</td><td>≤3.5</td></tr>
<tr><td>车库</td><td>30</td><td>≤2.0</td><td>≤1.8</td></tr>
</table>

④ 色彩和情感对应关系。

据专业学者研究，不同照度下，视敏度随照度递增而升高，一般在 200 ~ 400 lx 照度下，人的视敏度有显著上升，而在 400 lx 以上，随着照度提高，视敏度的上升无显著区别。在设计家居照明时，需充分了解色彩和情感的对应关系。色彩和情感的对应关系如表 9-2-3 所示。

表 9-2-3　色彩和情感的对应关系表

<table>
<tr><th colspan="2">三属性</th><th>情感性质</th><th>色彩举例</th><th>感情</th></tr>
<tr><td rowspan="8">色调</td><td rowspan="3">暖色</td><td rowspan="3">温暖　积极　活泼</td><td>红</td><td>激情、愤怒、喜庆、有活力、兴奋</td></tr>
<tr><td>橙</td><td>喜悦、活泼、健康、欢乐</td></tr>
<tr><td>黄</td><td>快乐、明朗、愉悦、活泼、速度感</td></tr>
<tr><td rowspan="2">中性色</td><td rowspan="2">平和　平静　平凡</td><td>绿</td><td>安静、年轻、生机、舒畅、平静</td></tr>
<tr><td>紫</td><td>严肃、优美、神秘、崇高、典雅</td></tr>
<tr><td rowspan="3">冷色</td><td rowspan="3">沉静　冷凉　消极</td><td>青</td><td>宁静、凉快、忧郁</td></tr>
<tr><td>蓝</td><td>安静、寂寞、悲哀、深沉、沉静</td></tr>
<tr><td>蓝紫</td><td>神秘、孤独、不安</td></tr>
<tr><td rowspan="3">明度</td><td>明</td><td>阳刚、明朗</td><td>白</td><td>单纯、清洁、纯洁、安静</td></tr>
<tr><td>中</td><td>安静</td><td>灰</td><td>柔软、抑郁、安静</td></tr>
<tr><td>暗</td><td>阴柔、厚重</td><td>黑</td><td>阴郁、肃穆、正式、不安</td></tr>
<tr><td rowspan="3">彩度</td><td>高</td><td>新鲜、活泼</td><td>大红</td><td>热烈、激情、激动、兴奋</td></tr>
<tr><td>中</td><td>舒畅、温和</td><td>粉红</td><td>情爱、可爱、典雅</td></tr>
<tr><td>低</td><td>素雅、平静</td><td>茶褐</td><td>厚重、安宁、平常</td></tr>
</table>

⑤ 色温的影响。

高色温光源能提高大脑的兴奋、集中注意、警觉和觉醒水平，能提高脑力活动能力，对脑力负荷是有利的，但是高色温对于脑力负荷后的疲劳恢复又是不利的，晚上长时间处于高色温光源下，会使人感到压抑、烦躁，从而影响睡眠。光源色表特征及适用场所如表 9-2-4 所示。

表 9-2-4　光源色表特征及适用场所

相关色温/K	色表特征	适用场所
<3 300	暖	客房、卧室
3 300 ~ 5 300	中间	书房、餐厅
>5 300	冷	厨房、卫生间

3. 照明灯具的选择要求

（1）吊灯。

吊灯是悬挂在室内屋顶上的照明工具，经常用作大面积范围的一般照明，用作普通照明时，多悬挂在距地面 2.1 m 处，用作局部照明时，大多悬挂在距地面 1 ~ 1.8 m 处。

（2）吸顶灯。

吸顶灯是直接安装在天花板上的一种固定式灯具。作室内一般照明用，吸顶灯种类繁多，但可归纳为以白炽灯为光源的吸顶灯和以荧光灯为光源的吸顶灯。吸顶灯多用于整体照明，如办公室、会议室、走廊等场所。

（3）嵌入式灯。

嵌入式灯是嵌入楼板隔层里的灯具。嵌入式灯有聚光型灯和散光型灯两种：聚光型灯一般用于局部照明要求的场所；散光型灯一般多用作局部照明以外的辅助照明，例如宾馆走道、咖啡馆走道等。

（4）壁灯。

壁灯是一种安装在墙壁、建筑支柱及其他立面上的灯具，常用作补充室内一般照明。壁灯设置在墙壁上和柱子上，它除了有实用价值外，也有很强的装饰性，常用于大门口、门厅、卧室、公共场所的走道等。壁灯安装高度一般在 1.8 ~ 2 m，不宜太高。

（5）台灯。

台灯主要用于局部照明，书桌上、床头柜上和茶几上都可用台灯。它不但用于照明，还是很好的装饰品，对室内环境起美化作用。

（6）立灯。

立灯又称“落地灯”，也是一种局部照明灯具，它常摆设在沙发和茶几附近，作为待客、休息和阅读照明。

【任务实施】

任务实施见表 9-2-5。

表 9-2-5　任务实施

<table>
<tr><th>操作步骤</th><th>操作内容</th><th>注意事项</th></tr>
<tr><td colspan="3">操作前</td></tr>
<tr><td>1. 评估与沟通</td><td></td><td></td></tr>
<tr><td>（1）评估</td><td>• 评估环境：按照 6S 标准，评估环境清洁、安全、适合操作。
• 评估设备：设备的完整性和状态，以及工具、辅料、耗材情况</td><td></td></tr>
<tr><td>（2）沟通</td><td>• 明确客户需求、确认任务目标要求</td><td></td></tr>
<tr><td>2. 准备</td><td></td><td></td></tr>
<tr><td>（1）环境准备</td><td>• 按照 6S 标准之整顿标准（SEITON），进行环境准备。</td><td></td></tr>
<tr><td>（2）物品准备</td><td>• 电脑。
• Visio、AutoCAD 软件</td><td></td></tr>
<tr><td>（3）人员准备</td><td>• 熟练使用 Visio、AutoCAD 软件。
• 熟悉智能家居系统</td><td></td></tr>
<tr><td colspan="3">操作中</td></tr>
<tr><td>1. 智能家居照明系统工程设计</td><td></td><td></td></tr>
<tr><td>第一步：需求分析</td><td>• 照明系统是智能家居中最重要的一个系统，家庭智能照明控制系统不只是单一改变光环境的控制系统，还把传感、组网、通信、云计算和物联网等多种技术与平台融合在一起组成一个多元化系统。结合甲方需求，在遵循设计原则下，分析任务需求</td><td>教师扮演甲方，提出具体的需求</td></tr>
<tr><td>第二步：功能设计</td><td>• 根据前期需求分析和智能家居照明系统的设计要求，合理设计照明系统详细功能。
• 合理选择灯具。
• 智能照明参考系统架构图如图 9-2-1 所示
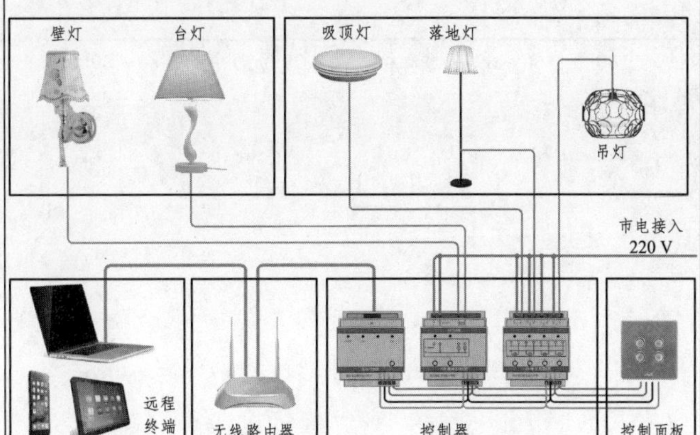

图 9-2-1　智能照明系统架构图</td><td></td></tr>
<tr><td>第三步：绘制图纸</td><td>• 用 Visio 或 AutoCAD 软件绘制智能照明系统架构图和施工图纸。
• 用 Word 编写技术方案。</td><td></td></tr>
</table>

续表

操作步骤	操作内容	注意事项
操作后		
1. 环境整理	按照6S标准之清扫标准（SEISO）、清洁标准（SEIKETSU）和安全标准（SAFETY），做如下环境整理工作： • 整理仪器、设备、工具。 • 清洁工位。 • 关闭电源。 • 打扫实训场所	
2. 实训报告	按照6S标准之素养标准（SHITSUKE）和安全标准（SAFETY），做如下报告整理工作： • 描述智能家居照明系统工程的设计方法与内容。 • 编写智能家居照明系统工程的设计方案	

【任务评价】

任务评价见表9-2-6。

表9-2-6 任务评价

序号	任务描述	评分标准	分值	得分
任务2	智能家居照明系统工程设计	1. 照明系统设计40分：系统架构、设备选型、线缆选择、插座选择、面板选择合理，满足设计原则，满分，每错一处扣10分，扣完为止	40	
		2. 图纸绘制20分：图纸绘制清晰、明了、符合规范，满分，每错一处扣5分，扣完为止	20	
		3. 设计方案30分：方案结构合理、层次分明、设计方案阐述清楚、图文并茂，满分，每错一处扣5分，扣完为止	30	
		4. 环境整理10分：实训完后整理仪器、设备、工具，清洁工位，关闭电源，满分，每错一处扣5分，扣完为止	10	
总得分		考核等级		

备注：考核满分为100分，60～69分为及格；70～79分为中等；80～89分为良好；90分及以上为优秀。

任务 3　智能家电控制系统工程设计

【任务导入】

任务描述：

小李毕业后，应聘某科技公司售前工程师岗位，该公司开展智能家居产品研发、生产与整体解决方案服务业务。面试时，销售主管要求小李现场根据需求绘制智能家电控制系统工程设计图纸。

任务目标：

（1）掌握智能家电控制系统工程设计方法与内容。

（2）熟悉智能家居工程常用标准。

（3）熟练掌握 Visio、AutoCAD 等绘图软件。

【任务分析】

工程设计能力是售前技术岗人员重要的技能，要求从业人员能够根据客户需求，组织系统集成项目的技术方案编写、标书的准备、讲解及用户答疑。本任务主要学习智能家电控制系统工程设计方法。

家电控制安装与布线

1. 智能家电控制系统设计须知

（1）架构设计。

智能家电控制系统主要由家庭网关、各类传感器模块、红外转发模块、FRID（射频识别系统）模块等组成。家庭网关是整个系统最为核心的部分，可视作是整个系统的“大脑”，在系统运作过程中家庭网关起到了总体控制的作用。在数据信息采集的过程中，保证家庭网关能够匹配各种协议的通信方式，并对节点信息进行收集。在传输与分析数据信息的同时，对分析结果做出合理的指示。通过这些指示将所对应的网络及总线信息传递到相关节点模块，然后节点模块根据命令要求来执行功能，基于家庭网关实现了用户与系统的交互。各类传感器模块主要用于采集电气开关、电量、温度等信息量，并利用各个节点对智能家电设备进行控制。需要注意的是由于部分低压设备不具备智能接口，需要将智能控制接口植入这些低压设备，使其可由集中控制器进行操控。

（2）通信方式选择。

通信方式的合理选择是实现智能家电控制系统的重要一环，根据应用场景和数据通信需求合理的选择无线和有线方式通信是必不可少的。

无线通信具有良好的移动性以及拓展性，是智能家电首选的通信方式。在通信协议方面需要结合数据量的大小来筛选合适的协议，一般情况下控制命令、查询状态以及检测数据并不需要太大的数据量，可利用红外、无线传感、ZigBee、NB-IoT（窄带物联网）、LoRa（远距离无线电）等协议进行通信。综合考量各种协议与智能家电控制系统匹配程度，选择低成本、低功耗，并且能够满足系统数据传输的协议。外部通信既可采用有线通信也可利用无线 Wi-Fi、RFID、4G、5G 以及 GPRS（通用无线分组业务）等，结合内部通信协议，合理选择外部通信协议，以使系统进行有效交互并对系统进行控制。

（3）嵌入式系统的选择。

对于智能家电控制系统而言，需要植入嵌入式系统，这样不仅可以降低成本，同时也能够让系统的兼容性得到保证。而对于嵌入式系统来说，在选择 CPU（中央处理器）的时候，需要考虑到功耗、性能以及成本之间的平衡，尽可能保证功能模块可集成于芯片并让系统得到简化，使系统更好控制。嵌入式系统需具备较强的专业性和较强的针对性，因此嵌入式系统应当具备裁剪性能，另外嵌入式系统应具备良好的开源性，方便系统的改良和升级。一般选用 Andriod、Linux、Windows CE 等。

2. 智能家电控制系统设备选型

智能家居家电控制系统中主要涉及的家电包括空调、热水器、冰箱、电视机、饮水机等，在选购时需要考虑以下几个方面的问题。

（1）通信方式。

选择想要购买的家电时，首先应充分了解各个家电的通信方式，智能家居系统家电设备的第一点要求为通信协议统一。

（2）品牌。

一般来说优先选择实力强的著名品牌产品，其质量、性能和服务才会更有保障。

（3）机型。

购买家电时最好能做到尽量超前，以免过时和淘汰得太快。

（4）价格。

不能盲目追求低价格，应追求性价比，重视产品功能和服务质量。

（5）质量。

选择具有 ISO9001 或 ISO14000 等国际质量认证企业的产品。

（6）风格。

我们在选择品牌家电的时候，还应该观察外观、造型及色彩是否符合家庭及个人风格，是否和自己的家居装饰配套。

【任务实施】

任务实施见表 9-3-1。

表 9-3-1　任务实施

操作步骤	操作内容	注意事项
	操作前	
1. 评估与沟通		
（1）评估	• 评估环境：按照 6S 标准，评估环境清洁、安全、适合操作。 • 评估设备：设备的完整性和状态，以及工具、辅料、耗材情况	
（2）沟通	• 明确客户需求、确认任务目标要求	
2. 准备		
（1）环境准备	• 按照 6S 标准之整顿标准（SEITON），进行环境准备。	
（2）物品准备	• 电脑。 • Visio、AutoCAD 软件	
（3）人员准备	• 熟练使用 Visio、AutoCAD 软件。 • 熟悉智能家居系统	
	操作中	
1. 智能家电控制系统工程设计		
第一步：需求分析	• 结合甲方需求，充分考虑现有家电设备的控制方式，兼顾环境数据采集系统、安防系统等的需求，综合分析需求	教师扮演甲方，提出具体的需求
第二步：整体方案设计	• 根据前期需求分析，合理设计家电控制方案。 • 如果大部分家电支持语音控制，可以采用天猫精灵、小爱、小度等智能音箱作为网关，也可以采用高端智能魔镜作为网关。同时可以通过 Wi-Fi 继电器、语音模块等作为中转设备实现集中控制。也可以采用专用家庭网关、智能主机作为网关，但要注意兼容性和可扩展性。 • 智能家电控制参考系统架构图如图 9-3-1 所示 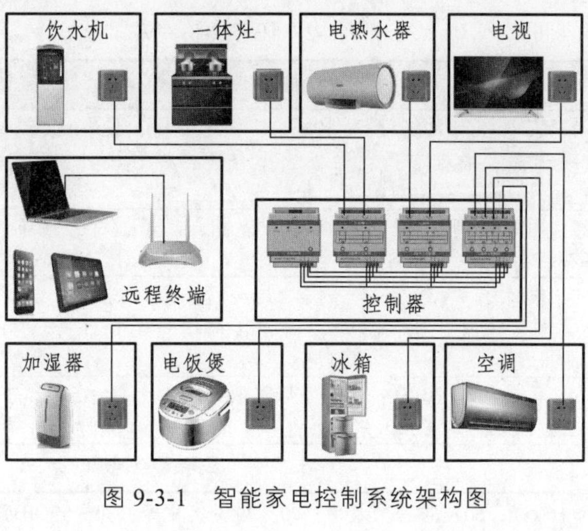 图 9-3-1　智能家电控制系统架构图	

续表

操作步骤	操作内容	注意事项
第三步：通信方式选择	• 结合设备控制方式，合理选择通信方式。 • 控制命令、查询状态、监测数据等数据量不大的情况下可以选用稳定性较好的红外、ZigBee 等协议通信。 • 设备自身带有通信和平台服务的可以考虑通过软件调用平台 API（应用程序接口）获得数据。 • 数量大、要求稳定的优先考虑有线通信，如采用总线、双绞线、电力载波等	
第四步：操作系统	• 交互界面要求较高可以考虑选用 Andriod 系统。 • 对底层设备支持要求较高、兼容性较高、需要裁减时考虑 Linux 系统。 • 根据个性需求和特殊兼容要求选用其他嵌入式系统	
第五步：设备选型	• 尽量选用网关直接支持性较好的设备，尽量避免二次转发	
第六步：编写技术方案	• 用 Visio 或 AutoCAD 软件绘制智能家电控制系统架构图和施工图纸。 • 用 Word 编写技术方案	
	操作后	
1. 环境整理	按照 6S 标准之清扫标准（SEISO）、清洁标准（SEIKETSU）和安全标准（SAFETY），做如下环境整理工作： • 整理仪器、设备、工具。 • 清洁工位。 • 关闭电源。 • 打扫实训场所	
2. 实训报告	按照 6S 标准之素养标准（SHITSUKE）和安全标准（SAFETY），做如下报告整理工作： • 描述智能家电控制系统的设计方法与内容。 • 编写智能家电控制系统的设计方案	

【任务评价】

任务评价见表 9-3-2。

表 9-3-2 任务评价

序号	任务描述	评分标准		分值	得分
任务 3	智能家电控制系统工程设计	1. 家电控制系统设计 40 分：系统架构、设备选型、线缆选择、插座选择、面板选择合理，满足设计原则，满分，每错一处扣 10 分，扣完为止		40	
		2. 图纸绘制 20 分：图纸绘制清晰、明了、符合规范，满分，每错一处扣 5 分，扣完为止		20	
		3. 设计方案 30 分：方案结构合理、层次分明、设计方案阐述清楚、图文并茂，满分，每错一处扣 5 分，扣完为止		30	
		4. 环境整理 10 分：实训完后整理仪器、设备、工具，清洁工位，关闭电源，满分，每错一处扣 5 分，扣完为止		10	
总得分			考核等级		

备注：考核满分为 100 分，60～69 分为及格；70～79 分为中等；80～89 分为良好；90 分及以上为优秀。

任务 4　智能环境监控系统工程设计

【任务导入】

任务描述：

小李毕业后，应聘某科技公司售前工程师岗位，该公司开展智能家居产品研发、生产与整体解决方案服务业务。面试时，销售主管要求小李现场根据需求绘制智能环境监控系统工程设计图纸。

任务目标：

（1）掌握智能环境监控系统工程设计方法与内容。

（2）熟悉智能家居工程常用标准。

（3）熟练掌握 Visio、AutoCAD 等绘图软件。

【任务分析】

工程设计能力是售前技术岗人员重要的技能，要求从业人员能够根据客户需求，组织系统集成项目的技术方案编写、标书的准备、讲解及用户答疑。本任务主要学习智能环境监控系统工程设计方法。

1. 智能环境监控系统工程设计须知

家庭环境监控系统是智能家居中的一个子系统，它包括室内温湿度监控、室内空气质量监控、窗外气候监测和室外噪声监测等多个方面。

根据《住宅设计规范》（GB 50096—2011）中规定的住宅室内空气污染物的活度以及浓度的规定和《环境空气质量标准》（GB 3095—2012）对 PM2.5 污染物 24 h 平均值的规定，室内环境污染物浓度检测点即安装空气质量传感器的数量，应按房间面积大小来确定。

当室内房间面积<50 m^2 时，可安装 1 台空气质量传感器；当室内房间面积为 50～100 m^2 时，应安装两台空气质量传感器；当室内房间面积>100 m^2 时，应安装 3～5 台空气质量传感器。空气质量传感器的安装位置距离墙面应不小于 0.5 m，距地面高度为 0.8～1.5 m，还要分布均匀，避开通风道和通风口。

室内空气质量监控系统主要由室内空气质量传感器、控制主机与执行机构组成。传感器 24 h 监测室内空气质量，并通过无线网络传输给控制主机。控制主机根据传感器传来的数据，分析室内空气污染的来源及程度，发出相应的指令，控制显示器、报警器、空气净化器及电动开窗器等执行器做出相应的动作。

2. 智能环境监控系统设备选型

一个完整的家庭环境监测系统主要包括环境信息采集、环境信息分析、控制和执行 3 个环节，配套设备主要包括温湿度传感器、控制质量传感器、空气质量检测仪、窗帘控制电动机、电动开窗器、室外风光雨探测器、无线噪声探测器等。

（1）室内温湿度监控。

对于家庭环境监控系统来说，传感器的精度要求不是很高，应着重考虑传感器的使用年限，尽量选用质量较好、使用年限较长的传感器。

（2）室内空气质量监控。

① 空气质量传感器选择的标准如下：

a. 对酒精、香烟、氨气、硫化物等各种污染源都有极高的灵敏度。

b. 响应时间快。

c. 工作稳定。

d. 价格便宜。

② 空气质量检测仪选择的标准如下：

a. 能同时检测甲醛、PM2.5、TVOC（总挥发性有机化合物）和温湿度。

b. 带有光敏传感器，能自动感应环境中光线的强弱，从而自动调节屏幕的亮度。

c. 内部自带可充电锂电池，充满电后能持续使用 2 ~ 3 h。

d. 带有彩色液晶屏，可实时清晰的显示污染物浓度和报警状态。

（3）窗外气候监测。

① 窗帘控制电机选择的标准如下：

a. 电机噪音小，可限位。

b. 支持遥控器控制。

c. 支持远程手机控制。

② 电动开窗器选择的标准如下：

a. 电机噪音小，行程可调。

b. 支持遥控器控制。

c. 支持远程手机控制。

③ 室外风光雨探测器。

室外风光雨探测器用于探测室外风速、光照度和雨量，当某一信息量达到设定值时，联动的窗户、百叶扇、窗帘等做出响应。

室外风光雨探测器选择的标准如下：

a. 噪声低。

b. 安装方式多样。

c. 灵敏度适中。

（4）室外噪声检测。

无线噪声探测器是一个将声信号转化为电信号，再以波形图的方式将探测到的噪声信号显示出来的一个装置，在选择时，注意了解探测器的灵敏度、量程、工作环境和安装方式等。

【任务实施】

任务实施见表 9-4-1。

表 9-4-1　任务实施

操作步骤	操作内容	注意事项
	操作前	
1. 评估与沟通		
（1）评估	• 评估环境：按照 6S 标准，评估环境清洁、安全、适合操作。 • 评估设备：设备的完整性和状态，以及工具、辅料、耗材情况	
（2）沟通	• 明确客户需求、确认任务目标要求	
2. 准备		
（1）环境准备	• 按照 6S 标准之整顿标准（SEITON），进行环境准备。	
（2）物品准备	• 电脑。 • Visio、AutoCAD 软件	
（3）人员准备	• 熟练使用 Visio、AutoCAD 软件。 • 熟悉智能家居系统	
	操作中	
1. 智能环境监控系统工程设计		
第一步：需求分析	• 室内环境是人们接触最频繁、最密切的空气环境，人们约有 80%以上的时间是在室内度过的，所以室内环境应满足人体舒适、健康和可持续性发展的需要。影响室内环境的因素包括室内温度、空气湿度、气流速度等。 • 结合甲方需求，充分考虑现有网关控制方式，兼顾智能照明系统、安防系统等的需求，综合分析需求	教师扮演甲方，提出具体的需求
第二步：整体设计	• 根据前期需求分析，合理设计环境监控方案。 • 目前市面上主流的环境监测传感器，主要采用 RS485、ZigBee 等通信方式。智能环境监控参考系统架构图如图 9-4-1 所示 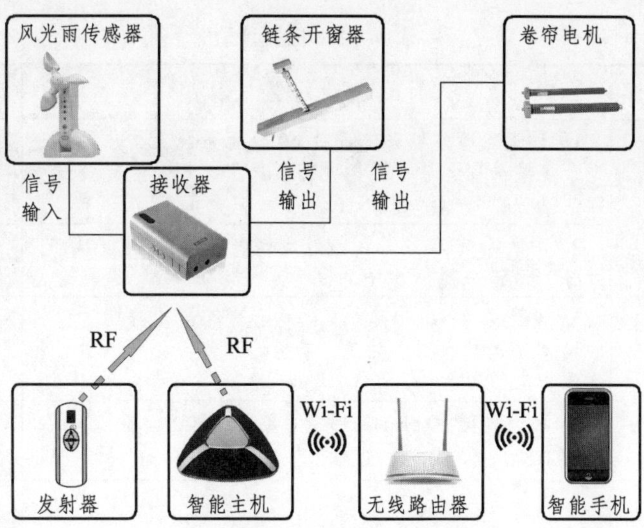 图 9-4-1　智能环境监控系统架构图	

续表

操作步骤	操作内容	注意事项
第三步：设备选型	• 温度传感器的选择。着重考虑传感器的使用年限，尽量选用质量较好、使用年限较长的传感器。 • 空气质量传感器选择。对酒精、香烟、氨气、硫化物等各种污染源都有极高的灵敏度，响应快、工作稳定、架构便宜。 • 窗帘控制电机选择。电机噪声小、可限位、支持远程、支持遥控。 • 电动开窗器选择。电机噪音小、行程可调、支持远程、支持遥控。 • 室外风光雨探测选择。噪声低、安装方式多样、灵敏度适中。 • 室外噪声监测器选择。注意灵敏度、量程、工作环境和按照方式	
第四步：编写技术方案	• 用 Visio 或 AutoCAD 软件绘制智能环境监控系统架构图和施工图纸。 • 用 Word 编写技术方案	
操作后		
1. 环境整理	按照 6S 标准之清扫标准（SEISO）、清洁标准（SEIKETSU）和安全标准（SAFETY），做如下环境整理工作： • 整理仪器、设备、工具。 • 清洁工位。 • 关闭电源。 • 打扫实训场所	
2. 实训报告	按照 6S 标准之素养标准（SHITSUKE）和安全标准（SAFETY），做如下报告整理工作： • 描述智能环境监控系统设计方法与内容。 • 编写智能环境监控系统设计方案	

【任务评价】

任务评价见表 9-4-2。

表 9-4-2 任务评价

序号	任务描述	评分标准	分值	得分
任务 4	智能环境监控系统工程设计	1. 智能环境监控系统设计 40 分：系统架构、设备选型、线缆选择、插座选择、面板选择合理，满足设计原则，满分，每错一处扣 10 分，扣完为止	40	
		2. 图纸绘制 20 分：图纸绘制清晰、明了、符合规范，满分，每错一处扣 5 分，扣完为止	20	
		3. 设计方案 30 分：方案结构合理、层次分明、设计方案阐述清楚、图文并茂，满分，每错一处扣 5 分，扣完为止	30	
		4. 环境整理 10 分：实训完后整理仪器、设备、工具，清洁工位，关闭电源，满分，每错一处扣 5 分，扣完为止	10	
总得分		考核等级		

备注：考核满分为 100 分，60～69 分为及格；70～79 分为中等；80～89 分为良好；90 分及以上为优秀。

任务 5　智能家庭影音系统工程设计

【任务导入】

任务描述：

小李毕业后，应聘某科技公司售前工程师岗位，该公司开展智能家居产品研发、生产与整体解决方案服务业务。面试时，销售主管要求小李根据需求绘制智能家庭影音系统工程设计图纸。

任务目标：

（1）掌握智能家庭影音系统工程设计方法与内容。

（2）熟悉智能家居工程常用标准。

（3）熟练掌握 Visio、AutoCAD 等绘图软件。

【任务分析】

工程设计能力是售前技术岗人员重要的技能，要求从业人员能够根据客户需求，组织系统集成项目的技术方案编写、标书的准备、讲解及用户答疑。本任务主要学习智能家庭影音系统工程的设计方法与内容。

1. 智能家庭影音系统工程设计原则

（1）根据遮光条件选择投影机或者电视机。

智能家庭影音系统必须有一个固定的场所，无论是客厅、卧室、书房、还是专门的视听室。不同的环境对器材的要求是不一样的，开放与封闭空间的影音效果完全不同，这是首先需要考虑的方面。如果是家人的公共活动区域，应以时尚、简洁的系统为宜；独立空间则可以根据个性需求设计，以专业级、发烧级的组合搭配为佳；遮光好的可以考虑大画面投影，选用 16∶9 的家用投影机；而明亮环境则建议选用大尺寸的电视机或一体机。

（2）按照视听面积选择音箱和电视。

视听面积大小与器材的选择搭配关系密切，小房间不要选用大音箱，大房间也尽量不选用小的液晶电视。如采用吸顶音箱，房间空间不大，采用 1 只；房间为 20 m^2 左右面积，建议采用 2 只；如果面积在 30 m^2 左右，建议采用 4 只。

（3）房间比例合适。

如需单独设计视听室，建议不要选用房间长宽高比例为整数倍的房间，否则会产生强烈的驻波，再好的器材在这样的环境也不会有好的声音。如果别无选择，可以增加书架、衣柜、屏风等室内用品来打散它。如果条件允许，也可以通过吊顶、地板处理等方法来改变房间的比例。

（4）遵循声学规则。

遵循基本的声学规则，比如不要有太大或太多的玻璃柜、窗，不要有太单薄的书柜等。调音比较好的道具有地毯、沙发、茶几、挂画、窗帘等。

（5）精心设计和调试。

无论是入门级视频设备还是高档视频设备，只有经过精心设计和认真调试，才能达到理想的效果。

（6）选择优质线缆。

影音系统工程设计时，一定要选用优质线材，避免后期频繁的维护，尽量配备音视频信号传输稳定性较好的 HDMI（高清多媒体接口）线。

（7）搭配合理。

高亮度投影机配低增益银幕，低灵敏度音箱配大功率放大器，这些都是基本的搭配规则。

2. 智能家庭影音系统组成及设计要求

家庭影音系统由 3 部分组成，包括播放系统、音响系统、视频显示系统。

（1）播放系统设计要求。

播放系统具备对音频信号的产生、接收、存储和处理的功能，由于用户需求不同，可选用特定的 DVD（数字通用光盘）、高清播放机等设备。

（2）音响系统设计要求。

音响系统是家庭影音系统中一个重要的组成部分，也是家庭影音系统中占比最大的一部分。最基本的音响系统为 5.1 声道，由一对主音箱左右声道、一对环绕音箱左右声道和一只中置音箱组成，另有发烧级影音系统 7.1 声道，多增加一对侧环绕音箱，效果更佳。一般选用为音质较好的定阻音箱、吸顶音箱、壁挂音箱、嵌入式音箱、隐形音响等。

（3）视频显示系统设计要求。

视频显示系统主要包括微型投影仪和幕布。在设计时，通常选用微型投影仪，原因如下：

① 微型投影仪重量轻、体积小，只有普通手机的大小，便于实现移动。

② 续航能力强。5 W 左右的低功耗，一般可以连续 3 小时投影作业。

③ 功能多。微型投影仪本身是基于 Windows CE 操作系统，自身就是一台微型计算机，无需外接就可以实现强大的演示功能，可以轻松连接 DVD、DV（数码摄像机）、数字电视、游戏机、数码照相机、手机等进行投影。

④ 在选择幕布时，需要根据家庭空间的大小、家庭装修风格、个人喜好等多种因素综合决定，可供选的规格有 16∶9 和 4∶3。

【任务实施】

任务实施见表 9-5-1。

表 9-5-1　任务实施

操作步骤	操作内容	注意事项
操作前		
1. 评估与沟通		
（1）评估	• 评估环境：按照6S标准，评估环境清洁、安全、适合操作。 • 评估设备：设备的完整性和状态，以及工具、辅料、耗材情况	
（2）沟通	• 明确客户需求、确认任务目标要求	
2. 准备		
（1）环境准备	• 按照6S标准之整顿标准（SEITON），进行环境准备。	
（2）物品准备	• 电脑。 • Visio、AutoCAD 软件	
（3）人员准备	• 熟练使用 Visio、AutoCAD 软件。 • 熟悉智能家居系统	
操作中		
1. 智能家庭影音系统工程设计		
第一步：需求分析	• 随着住房条件的改善，人们生活水平的提高，越来越多的家庭考虑在家中布局智能家庭影音系统。随着工作和生活节奏的加快，人们越来越多的追求生活质量，而影音的确有改善和调节人的心理和身心的效果。 • 结合甲方需求，充分考虑房屋空间、结构、兼顾环境数据采集系统、安防系统等的需求，综合分析需求	教师扮演甲方，提出具体的需求
第二步：整体方案设计	• 根据前期需求分析，结合智能家庭影音系统设计原则及要求，合理设计智能家庭影音系统方案。 • DVD是播放系统的基本配置，价格实惠，普及度高，在没有特殊要求的情况下，是优选播放系统。对品质有要求的客户建议采用高清播放机。 • 音响系统设计，结合实践需求考虑单房间单音乐方案、多房间单音乐方案、双房间多音乐方案、多房间多音乐方案。 • 视频显示系统设计，房间遮光好，优先考虑微型投影仪和幕布方案，如果房间亮度好，建议考虑大尺寸电视机和一体机方案。 • 图 9-5-1 为某套 200 m^2 两层复式结构的音响系统设计参考方案。图 9-5-2 为影音系统设计方案。 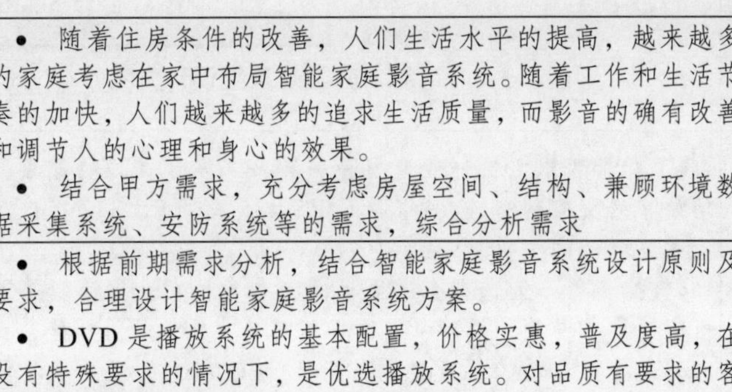 图 9-5-1　音响系统设计方案	

续表

操作步骤	操作内容	注意事项
第二步：整体方案设计	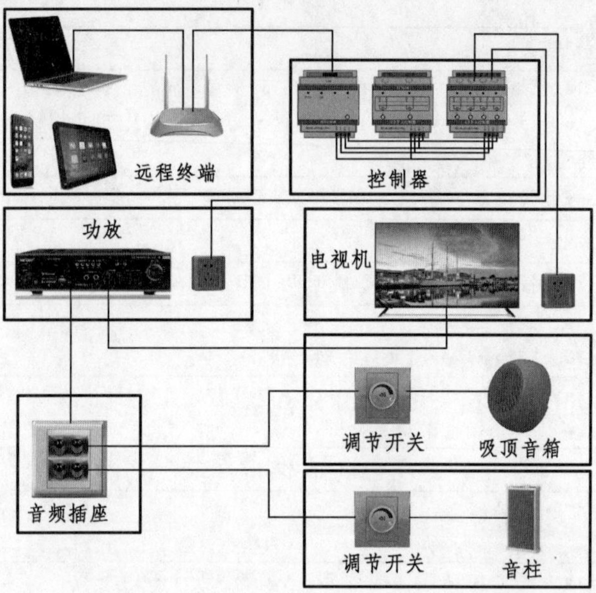 图 9-5-2　智能家庭影音系统设计方案	
第三步：设备选型	• 背景音乐主机一般选型高保真、立体音质，内置音源、功放阵列及控制系统，可以通过 RS-485 或者 RS-232 接口与其他系统联动的主机。 • 控制器一般选型金属面板，设有多种人性化功能按键，板面按键布置简洁美观，操作方便简单，具备对讲功能，具备红外遥控接收功能，可实现高低音、EQ 模式的设置及其他操作的控制器。 • 音箱一般选型结构简单，价格便宜的吸顶音箱或者壁挂音箱，但同时应考虑到造型、做工、外观、薄厚等因素。 • 线材。对线材的要求不高，100 芯音箱线完全可满足需求，安装时采用并联的方法连接	
第四步：编写技术方案	• 用 Visio 或 AutoCAD 软件绘制系统架构图和施工图纸。 • 用 Word 编写技术方案	
	操作后	
1. 环境整理	按照 6S 标准之清扫标准（SEISO）、清洁标准（SEIKETSU）和安全标准（SAFETY），做如下环境整理工作： • 整理仪器、设备、工具。 • 清洁工位。 • 关闭电源。 • 打扫实训场所	
2. 实训报告	按照 6S 标准之素养标准（SHITSUKE）和安全标准（SAFETY），做如下报告整理工作： • 描述智能家庭影音系统工程的设计方法与内容。 • 编写智能家庭影音系统工程的设计方案	

【任务评价】

任务评价见表 9-5-2。

表 9-5-2　任务评价

<table>
<tr><th>序号</th><th>任务描述</th><th colspan="2">评分标准</th><th>分值</th><th>得分</th></tr>
<tr><td rowspan="4">任务 5</td><td rowspan="4">智能家庭影音系统工程设计</td><td colspan="2">1. 家庭影音系统设计 40 分：系统架构、设备选型、线缆选择、插座选择、面板选择合理，满足设计原则，满分，每错一处扣 10 分，扣完为止</td><td>40</td><td></td></tr>
<tr><td colspan="2">2. 图纸绘制 20 分：图纸绘制清晰、明了、符合规范，满分，每错一处扣 5 分，扣完为止</td><td>20</td><td></td></tr>
<tr><td colspan="2">3. 设计方案 30 分：方案结构合理、层次分明、设计方案阐述清楚、图文并茂，满分，每错一处扣 5 分，扣完为止</td><td>30</td><td></td></tr>
<tr><td colspan="2">4. 环境整理 10 分：实训完后整理仪器、设备、工具，清洁工位，关闭电源，满分，每错一处扣 5 分，扣完为止</td><td>10</td><td></td></tr>
<tr><td colspan="2">总得分</td><td></td><td>考核等级</td><td colspan="2"></td></tr>
</table>

备注：考核满分为 100 分，60～69 分为及格；70～79 分为中等；80～89 分为良好；90 分及以上为优秀。

任务 6　智能安防监控系统工程设计

【任务导入】

任务描述：

小李毕业后，应聘某科技公司售前工程师岗位，该公司开展智能家居产品研发、生产与整体解决方案服务业务。面试时，销售主管要求小李根据需求绘制智能安防监控系统工程的设计图纸。

任务目标：

（1）掌握智能安防监控系统工程的设计方法与内容。

（2）熟悉智能家居工程常用标准。

（3）熟练掌握 Visio、AutoCAD 等绘图软件。

【任务分析】

工程设计能力是售前技术岗人员重要的技能，要求从业人员能够根据客户需求，组织系统集成项目的技术方案编写、标书的准备、讲解及用户答疑。本任务主要学习智能安防监控系统工程的设计方法与内容。

1. 智能安防监控系统的设计要求

（1）能够提供报警设备接入平台服务，能与原有报警系统无缝对接。

（2）具备报警联动功能，设备异常掉线报警、联动抓拍、联动录像等。

（3）能够提供实时视频查看功能。

（4）能够支持移动手机业务，用户可通过手机浏览视频、接收短信报警信息，并具有手机远程布/撤防功能。

（5）具备监控客户端，当报警事件发生时，通过监控客户端能确定报警位置，并向工作人员提供现场信息。

（6）具备一定量的存储空间，能存储 3 ~ 5 年的报警信息，方便查看。

（7）能够利用运营商级服务平台，节省系统的报警通信费用。

（8）计算机、手机客户端能绑定用户手机号码，并且需要具备验证码功能。

2. 智能安防监控系统中各个子系统设计要求

智能安防监控系统主要分为 3 部，分别为门禁系统、监控系统、报警系统。

（1）门禁系统。

① 身份识别。

身份识别是门禁系统最基本的功能，因此在设计时，必须满足对通行人员的身份识别。识别方式可选择卡证类识别、密码类识别、指纹识别、刷脸识别以及复合类身份识别方式。

② 传感和报警。

传感与报警部分主要包括各类传感器，因此，在设计时需要根据探测器的工作环境，采取防止人为破坏、防机械性损伤等措施。

③ 处理与控制。

处理与控制主要是指门禁系统的控制部分，该部分是门禁系统的核心，具备信息接收、响应和信息储存的功能，在设计时着重考虑其时效性和安全性，因此对于控制部分的设备选型显得尤为重要。

④ 电锁与执行。

由于电锁类执行设备的工作方式和工作环境的特殊性，在设计时应注意设备的选型，主要表现在设备的灵敏度、可靠度、防潮性和防腐性等。另外，设备还需具备较高的机械强度和防破坏的能力。

⑤ 线路与通讯。

为了适应当下智能家居行业“百家争鸣”形式，门禁系统在通讯方式上也需满足多种信号传输协议，如 RS-485、CAN（控制器局域网络）总线、ZigBee、Wi-Fi 等，保证门禁系统能更好的接入家庭其他控制系统。

⑥ 管理与设置。

管理与设置部分主要是指门禁系统的管理软件，依照户主的不同需求，设计时应考虑多系统、多平台操作。

（2）监控系统。

① 选择合适的设备。

监控系统主要由四部分组成：前端设备、传输线路、控制设备和显示记录设备。这四个部分缺一不可，因此，选择设备时应注意：

a. 摄像机：综合色彩、清晰度、工作环境等特性，选择适用于家庭内部使用的摄像机，也可选择可插卡的摄像机。

b. 硬盘录像机：硬盘录像机的选择主要在于设备的内存，设计时应根据户主的要求，选择合适存储空间的硬盘录像机，可选用嵌入式硬盘录像机。在选择硬盘录像机时，主要考虑的因素包括图像的清晰度、图像实时性、压缩算法、网络功能、报警联动、操作便利性、录像检索的方便性等。

c. 网络交换机：在设计时，主要考虑网络交换机的信息传输速率，选择合适传输速率的交换机能有效保证监控系统的实时性和高效性。

d. 路由器：设计时，可根据现场环境选择是否需要配备监控系统专用的路由器。

② 合理规划布局。

由于摄像机本身的特性，在设计时，要充分考虑系统布局。不同的家庭区域对监控系统有着不同的要求，分区域规划设计，使得监控系统合理、可行。例如：客厅及客厅阳台，安装一台家用网络摄像机，安装在客厅的某个墙角，监视范围包括阳台的进出门和大厅的大部分区域。门口或另外某个存在隐患的位置，如厨房或卫生间的窗户，安装一台小型网络摄像机，安装位置应该正对监视区域，确保能监视整个隐患区域。

（3）报警系统。

① 智能家居报警系统设计目的。

设计的主要目的是配合已有的措施，使住户得到有效的防范，从而杜绝非法闯入、抢劫及盗窃现象。设计时需满足系统稳定可靠、防范有效、误报警少、响应时间短、造价适中。

② 报警系统的功能性要求。

a. 在布防状态下，报警子系统能够自动监视全部的入侵行为以及住宅异常情况。

b. 系统可以设定留守布防状态。

c. 系统应具有自检、防破坏、声光报警功能。

d. 报警主机需与住宅小区物业管理中心的报警系统联网。

e. 报警主机内需配有备用电池，停电时可保证系统短时间内正常工作。

【任务实施】

任务实施见表 9-6-1。

表 9-6-1　任务实施

操作步骤	操作内容	注意事项
	操作前	
1. 评估与沟通		
（1）评估	• 评估环境：按照 6S 标准，评估环境清洁、安全、适合操作。 • 评估设备：设备的完整性和状态，以及工具、辅料、耗材情况	
（2）沟通	• 明确客户需求、确认任务目标要求	
2. 准备		
（1）环境准备	• 按照 6S 标准之整顿标准（SEITON），进行环境准备。	
（2）物品准备	• 电脑。 • Visio、AutoCAD 软件	
（3）人员准备	• 熟练使用 Visio、AutoCAD 软件。 • 熟悉智能家居系统	
	操作中	
1. 智能安防监控系统工程设计		
第一步：需求分析	• 结合甲方需求，充分考虑房屋空间、结构、地理位置，兼顾环境数据采集系统、智能照明系统等的需求，综合分析需求	教师扮演甲方，提出具体的需求
第二步：整体方案设计	• 根据前期需求分析，结合智能安防监控系统设计原则及要求，合理设计智能安防监控系统方案。 • 图 9-6-1 为某安防监控系统设计方案	

续表

<table>
<tr><th>操作步骤</th><th>操作内容</th><th>注意事项</th></tr>
<tr><td>第二步：整体方案设计</td><td>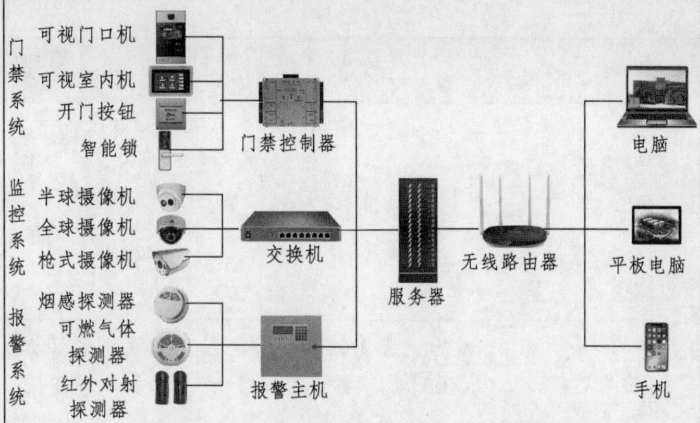

图 9-6-1　安防监控系统设计方案</td><td></td></tr>
<tr><td>第三步：设备选型</td><td>• 门禁系统在选型时，结合客户实际需求及经费预算，不要盲目追求高科技，需要考虑老人及小孩的实际应用情况。特别注意停电、火灾等异常情况的处理机制。
• 监控系统选型时，空旷的地方适合选择球机、狭长的地方适合选择枪机、转角、电梯等适合选择半球。其他参数根据具体要求选择，要充分考虑供电问题，优先考虑 POE 供电。经费允许的情况下，录像机、交换机优先考虑带 POE 功能的。
• 报警系统选型时，充分考虑现场安装条件及周围环境要求，重点考虑稳定性、有效性、响应时间等指标</td><td></td></tr>
<tr><td>第四步：编写技术方案</td><td>• 用 Visio 或 AutoCAD 软件绘制系统的架构图和施工图纸。
• 用 Word 编写技术方案</td><td></td></tr>
<tr><td colspan="3">操作后</td></tr>
<tr><td>1. 环境整理</td><td>按照 6S 标准之清扫标准（SEISO）、清洁标准（SEIKETSU）和安全标准（SAFETY），做如下环境整理工作：
• 整理仪器、设备、工具。
• 清洁工位。
• 关闭电源。
• 打扫实训场所</td><td></td></tr>
<tr><td>2. 实训报告</td><td>按照 6S 标准之素养标准（SHITSUKE）和安全标准（SAFETY），做如下报告整理工作：
• 描述智能安防监控系统工程设计方法与内容。
• 编写智能安防监控系统工程设计方案</td><td></td></tr>
</table>

【任务评价】

任务评价见表 9-6-2。

表 9-6-2 任务评价

<table>
<tr><th>序号</th><th>任务描述</th><th colspan="2">评分标准</th><th>分值</th><th>得分</th></tr>
<tr><td rowspan="4">任务 6</td><td rowspan="4">智能安防监控系统工程设计</td><td colspan="2">1. 智能安防监控系统设计 40 分：系统架构、设备选型、线缆选择、插座选择、面板选择合理，满足设计原则，满分，每错一处扣 10 分，扣完为止</td><td>40</td><td></td></tr>
<tr><td colspan="2">2. 图纸绘制 20 分：图纸绘制清晰、明了、符合规范，满分，每错一处扣 5 分，扣完为止</td><td>20</td><td></td></tr>
<tr><td colspan="2">3. 设计方案 30 分：方案结构合理、层次分明、设计方案阐述清楚、图文并茂，满分，每错一处扣 5 分，扣完为止</td><td>30</td><td></td></tr>
<tr><td colspan="2">4. 环境整理 10 分：实训完后整理仪器、设备、工具，清洁工位，关闭电源，满分，每错一处扣 5 分，扣完为止</td><td>10</td><td></td></tr>
<tr><td colspan="2">总得分</td><td></td><td>考核等级</td><td colspan="2"></td></tr>
</table>

备注：考核满分为 100 分，60～69 分为及格；70～79 分为中等；80～89 分为良好；90 分及以上为优秀。

课后习题

【选择题】

1. 请将下列图形符号与名称一一对应。

HUB	TCP/IP	HC	VP
(　　)	(　　)	(　　)	(　　)

A. 家庭控制器　　B. 集线器或交换机

C. TCP/IP 路由器　　D. 视频分配器

2. 智能家居的（　　）就是家居房间内的神经系统。

A. 布线系统　　B. 控制中心

C. 通信协议　　D. 网络

3. 智能家居布线系统主要包括管理间子系统和（　　），一般采用（　　）结构。

A. 水平子系统　　B. 垂直子系统

C. 树型　　D. 星型

4. 电视分配器模块由（　　）分配器构成，电视模块的功能就是将一个有线电视进口分出几路，满足多个房间的需要，也可应用于卫星电视和（　　）。

A. 一分二射频　　B. 一分四射频

C. 安全系统　　D. 环境系统

5. 在进行家庭电源线敷设方案设计时，要充分考虑家庭用电功率，选择合适的线材，铝导线的安全载流量一般为（　　），铜导线的安全载流量一般为（　　）。

A. 3 ~ 5 A/mm^2　　B. 5 ~ 8 A/mm^2

C. 8 ~ 10 A/mm^2　　D. 10 ~ 13 A/mm^2

6. 智能家居布线系统中用到的网络双绞线与综合布线系统相同，一般选用(　　)网络双绞线。

A. 5 类　　B. 超 5 类

C. 5 类或超 5 类　　D. 超 5 类或者 6 类

7. 光纤传输具有（　　）的特点，目前主要用于小区主干网络和家庭网络接入。

A. 低宽带、高稳定性　　B. 高宽带、高稳定性

C. 低宽带、低稳定性　　D. 高宽带、低稳定性

8. 总线分线盒主要用于（　　），使用总线结构进行通信的固定设备之间的线路连接。

A. 水平子系统　　B. 垂直子系统

C. 工作区子系统　　D. 管理区子系统

9. 据专业学者研究，不同照度下，视敏度随照度递增而（　　），一般在 200～400 lx 照度下，人的视敏度有显著（　　）。

A. 降低　　B. 升高

C. 下降　　D. 上升

10. 家庭影院系统不包括（　　）。

A. 综合布线系统　　B. 播放系

C. 音响系统　　D. 视频显示系统

【填空题】

1. 智能家居系统的设计原则包括实用性、便利化、________、标准性、方便性、________。

2. 智能家居系统的稳定性主要包括______________的产品稳定、系统运行的稳定、______________的稳定、集成功能的稳定、运行时间的稳定等。

3. 智能家居控制系统是随着现代通信、计算机网络、__________等技术的发展而形成的，促进了家居生活的__________，使居住环境舒适、安全、便利。

4. 中央控制箱的功能是由各种功能模块组合实现的，功能模块主要包括________、________、电视模块、影音模块、控制模块等。

5. 影音模块主要用于________的应用，采用标准的 RCA 或 S 音视频插座，将音视频输入信号线接入输入端口，输出信号线接入相应输出端口，实现________功能。

6. 智能家居信息传输线缆主要为________，在某些高档住宅中，还会用到各种________，随着光纤到户的日渐成熟，光纤也逐渐成为智能家居布线系统的一员。

7. 智能家居布线系统用到的同轴电缆分为两种，传输数字电视信号的________同轴电缆和传输模拟视频信号的________同轴电缆。

8. 家庭网关是家庭数据语音以及数字电视网络的________，它对家庭内部的各种数据进行控制管理，并且与外部互联网进行________。

9. 智能照明系统设计时要遵循两条原则，一个是________，另一个是________。

10. 智能家电控制系统主要由家庭网关、各类传感器模块、________、________等多个模块组成。

【简答题】

1. 简述智能家居系统布线的设计原则。

2. 简要说明家庭照明不同场所的设计要求。

3. 简述在智能家电控制系统工程设计时，如何选择通信方式。

4. 简述智能家居安防监控系统的设计要求。

5. 简述智能家庭影院系统的设计原则。

项目 10 智能家居工程调试与验收

智能家居系统工程必须经过调试和验收，只有完成了系统的调试和验收，才能进行工程的最终验收使用。调试和验收直接决定工程的质量和稳定性。

学习目标

【知识目标】

（1）掌握智能家居系统工程调试的主要内容和方法。

（2）熟悉招投标流程及相关知识。

【能力目标】

（1）熟悉智能家居系统工程检验的主要步骤和文档的编写等内容。

（2）熟悉智能家居系统工程验收的主要步骤和文档的编写等内容。

【素养目标】

（1）通过项目任务的实现，培养学生的团队协助、团队互助等意识。

（2）通过对 6S 管理标准[整理（SEIRI）、整顿（SEITON）、清扫（SEISO）、清洁（SEIKETSU）、素养（SHITSUKE）、安全（SAFETY）]和物联网行业标准的实践，培养学生的科学精神和态度。

【思政目标】

（1）在实现智能家居系统工程检验的任务环节中，培养学生踏实、正确的职业观。

（2）在实现智能家居系统工程验收的任务环节中，逐渐引导学生树立精益求精的工匠精神。

知识准备

智能家居项目工程管理手册编制结构建议

一、项目背景分析

主要介绍分析物联网行业最近几年在国内的发展态势，以及智能家居在物联网行业重点领域应用的现状等。

二、工程项目周期

(一)工程项目周期及阶段划分

工程项目周期也称投资建设周期，是指从提出投资设想，经过前期论证、投资决策、建设准备、建设实施、竣工验收直至投产运营所经历的全过程。为了顺利完成工程项目的投资建设，通常要把一个工程项目划分成若干个工作阶段，以便更好地进行管理。阶段划分的数量和必要性及每个阶段所需的控制程度，取决于项目的规模、复杂程度和潜在影响。可交付成果是指在某一过程、阶段或项目完成时，必须产出的任何独特并可核实的产品、成果或服务能力。项目阶段通常都与特定的主要可交付成果的形成相关。通常，工程项目周期可划分为四个阶段：前期阶段、准备阶段、实施阶段和投产运营阶段。

(二)工程项目各阶段主要工作内容

工程项目管理随项目周期的全过程次第展开。项目周期的不同阶段，由于工作内容和要求不同，管理工作的重点也不同。

1. 工程项目前期阶段

这一阶段的主要工作包括：投资机会研究、初步可行性研究、可行性研究、项目评估及决策等。该阶段的主要任务是对工程项目投资的必要性、可能性、可行性、合理性，以及何时投资、在何地建设、如何实施等重大问题，进行科学论证和多方案比较。本阶段虽然投入少，但对项目效益影响大，前期决策的失误往往会导致重大的投资损失。为保证工程项目决策的科学性，可行性研究和项目评估工作应委托具有相应能力的咨询公司独立进行，涉及多专业领域的应由不同的专业咨询公司来完成。该阶段的工作重点是对项目投资建设的必要性和可行性进行分析论证，提出指标性目标，并作出科学决策。

2. 工程项目准备阶段

该阶段的主要工作包括：工程项目的初步设计和施工图设计，工程项目征地及建设条件的准备，工程招标并与承包人签订承包合同，获得相关工程建设行政许可，货物采购等。本阶段是战略决策的具体化，为落实可行性研究提出的指标性目标制定实施计划，在很大程度上决定了工程项目实施的成败及能否高效率地达到预期目标。该阶段的工作重点是准备和安排工程项目所需建设条件，以工程项目开工建设为结束。

3. 工程项目实施阶段

该阶段的主要任务是将建设投人要素进行组合，形成工程实物形态，实现投资决策目标。在这一阶段，通过施工、采购等活动，在规定的工程内容、工期、费用、质量范围内，按设计要求高效率地实现工程项目目标。此阶段的主要工作包括：工程项目施工、联动试车、试生产、竣工验收等。工程项目试生产正常并经业主验收后，工程项目实施阶段即告结束。本阶段在工程项目建设周期中工作量最大，投入的人力、物力和财力最多，工程项目管理的难度也最大。

4. 工程项目投产运营阶段

该阶段的工作不同于上述三个阶段，主要工作由业主单位自行完成或者成立专门的项目公司承担。对于经营性工程项目，如高速公路、垃圾处理厂等，其运营阶段工作较为复杂，包括经营和维护两大任务。对于非经营性工程项目，如住宅地产等，运营阶段主要通过鉴定、修缮、加固、拆除等活动，保证工程项目的功能、性能能够满足正常使用的要求。

三、工程项目的分类

依据不同的标准，工程项目有着不同的分类方式。按投资来源，分为政府投资项目、企业投资项目、利用外资项目及其他投资项目；按建设性质，分为新建项目、改建项目、扩建项目和更新改造项目；按项目用途，分为生产性项目和非生产性项目；按产业领域，分为工业项目、交通运输项目、农林水利项目和社会事业项目等；按照项目经济特征，分为经营性项目、公益项目和其他项目。政府主管部门根据市场监管的需要，依据一定标准将工程项目分为大型、中型和小型项目。不同类别的工程项目，在管理上既有共性要求，又存在一些差别。

国际上对项目分类主要以项目的产出物性质、服务对象、主要效益特点、对社会的贡献、资金来源等几个方面为依据。

四、监理合同的主要内容

（一）合同当事人

委托人。指与监理人签订合同协议书的当事人及其合法继承人。委托人应任命委托人代表，在授权范围和约定期限内代表委托人行使权利和履行义务。

监理人。指与委托人签订合同协议书的当事人及其合法继承人。监理人应任命总监理工程师，代表监理人行使权利和履行义务。

（二）合同范围

合同约定的监理范围包括工程范围、阶段范围和工作范围：

工程范围指所监理工程的建设内容。

阶段范围指工程建设程序中的勘察阶段、设计阶段、施工阶段、缺陷责任期及保修阶段中的一个或者多个阶段。

工作范围指监理工作中的质量控制、进度控制、投资控制、合同管理、信息管理、组织协调和安全监理、环保监理中的一项或者多项工作。

（三）合同价格

签约合同价指签订合同时合同协议书中写明的监理报酬总金额。合同价格指监理人按合同约定完成了全部监理工作后，委托人应付给监理人的金额，包括在履行合同过程中按合同约定进行的变更和调整。费用指为履行合同所发生的或将要发生的所有合理开支，包括管理费和应分摊的其他费用，但不包括利润。

五、工程项货物采购合同管理

（一）货物采购合同的履行

货物的生产过程，是履行货物采购合同的一个重要环节。与工程采购不同，货物采购合同签订后要实行催交和现场监造与检验，这是货物合同履行的重要保证，是货物招标投标工作的延续。

（二）货物采购合同的当事人

1. 买　方

买方是指在合同中约定，具有购买货物需求和支付货物价款能力的当事人以及取得该当事人资格的合法继承人。

2. 卖　方

卖方是指在合同中约定，被买方接受的具有卖出货物能力的当事人以及取得该当事人资格的合法继承人。

六、工程进度控制的工作成果

1. 工作绩效信息

针对 WBS 组件，特别是工作包和控制账户，计算出进度偏差（SV）与进度绩效指数（SPD），并记录在案，传达给项目干系人。

2. 进度预测

进度预测是根据已有的信息和知识，对项目未来的情况和事件进行的估算或预计。随着项目执行，应该基于工作绩效信息，更新和重新发布预测。这些信息包括项目的过去绩效和期望的未来绩效，以及可能影响项目未来绩效的挣值绩效指数。

3. 变更请求

通过分析进度偏差，审查进展报告、绩效测量结果和项目范围或进度调整情况，可能会对进度基准、范围基准和项目管理计划的其他组成部分提出变更请求。

应该把变更请求提交给实施整体变更控制过程审查和处理。预防措施可包括推荐的变更，以消除或降低不利进度偏差的发生概率。

4. 项目管理计划更新

项目管理计划中需要更新的内容包括进度基准、进度管理计划以及成本基准等。

5. 项目文件更新

需要更新的项目文件包括进度数据、项目进度计划和风险登记册等。

6. 组织过程资产更新

需要更新的组织过程资产包括偏差的原因、采取的纠正措施及其理由以及从项目进度控制中得到的其他经验教训。

七、工程项目进度计划制定

（一）进度计划编制的成果

1. 进度基准

进度基准是经过批准的进度模型，只有通过正式的变更控制程序才能进行变更，用作与实际结果进行比较的依据。它被相关干系人接受和批准，其中包含基准开始日期和基准结束日期。在监控过程中，将用实际开始和结束日期与批准的基准日期进行比较，以确定是否存在偏差。进度基准是项目管理计划的组成部分。

2. 工程项目进度计划

项目进度计划是进度模型的主要成果，展示了工作之间的相互关联，以及计划开始与结束日期、持续时间、里程碑和所需资源。即使在早期阶段就进行了资源规划，在未确认资源分配和计划开始与结束日期之前，项目进度计划都只是初步的一般要在项目管理计划编制完成之前进行这些确认。还可以编制一份目标项目进度模型，规定每个工作的目标开始日期与目标结束日期。项目进度计划可以是概括的（有时称为主进度计划或里程碑进度计划）或详细的。

3. 进度数据

项目进度模型中的进度数据是用以描述和控制进度计划的信息集合。进度数据至少包括进度里程碑、进度活动、工作属性，以及已知的全部假设条件与制约因素。经常可用作支持细节的信息，包括每个时段的资源需求（往往以资源直方图表示）、备选的进度计划（如经资源平衡或未经资源平衡的进度计划）以及进度的储备时间等。

4. 项目日历

项目日历中规定了可以开展进度活动的工作日和工作班次。它把可用于开展进度活动的时间段（按天或更小的时间单位）与不可用的时间段区分开来。在一个进度模型中，可能需要采用不止一个项目日历来编制项目进度计划，因为有些工作需要不同的工作时段。可能需要对项目日历进行更新。

5. 经修正的项目管理计划

项目管理计划中需要修正或更新的内容包括进度基准、进度管理计划等。

6. 项目文件更新

需要更新的项目文件包括：

（1）工作资源需求：资源平衡可能对所需资源类型与数量的初步估算产生影响，因而需要对工作资源需求进行更新；

（2）工作属性：制定进度计划过程中可能改变了资源需求和其他相关内容，需要对相应的工作属性进行更新；

（3）日历；

（4）风险登记册：需要更新风险登记册以反映进度假设条件所隐含的机会或威胁。

（二）制定进度计划的方法

制定进度计划的方法很多，最常用的方法有：关键线路法（CPM），计划评审技术（PERT），图示评审技术（GERT）等。

关键线路法是计划中工作与工作之间的逻辑关系肯定，且每项工作只估算一个肯定的持续时间的网络计划技术。它是沿着项目进度网络线路进行正向与反向分析，从而计算出所有计划工作理论上的最早开始与完成时间、最迟开始与完成时间，不考虑资源限制。由此计算而得到的最早开始与完成时间、最迟开始与完成时间不一定是项目的进度表，他们只不过表明计划工作在给定的工作持续时间、逻辑关系、时间提前与滞后量，以及其他已知制约条件下，应当安排的时间段与长短计划评审技术是计划中工作与工作之间的逻辑关系肯定，但每项工作的持续时间不肯定，一般采用加权平均时间估算，并对按期完成项目的可能性做出评价的网络计划方法。PERT 与 CPM 的根本区别在于它使用了加权平均时间估算，做出来的进度安排计划要比 CPM 使用最大可能估算做出的现实。

图示评审技术是工作和工作之间的逻辑关系和工作的持续时间都具有不肯定性（即某些工作可能根本不进行，而另一些工作则可能进行多次）而按概率处理的网络计划技术。

八、工程项目总投资组成

（一）工程项目总投资组成

工程项目总投资是指为完成工程项目建设并达到使用要求或生产条件，在建设期内预计或实际投入的总费用。生产性工程项目总投资包括建设投资和铺底流动资金两部分；非生产性工程项目总投资则只包括建设投资，建设投资由设备及工器具购置费、建筑工程费、安装工程费、工程建设其他费用、预备费和资金筹措费组成。

（二）建筑安装工程费用项目的组成

建筑安装工程费按照工程造价形成由分部分项工程费、措施项目费、其他项目费、规费、增值税组成，其中，分部分项工程费、措施项目费、其他项目费包含人工费、材料费、施工机具使用费、企业管理费和利润。

九、工程项目招标阶段的投资控制

（一）招标控制价的编制

招标控制价是招标人根据国家以及当地有关规定的计价依据和计价办法、招标文件、市场行情，并按工程项目设计施工图纸等具体条件调整编制的，对招标工程项目限定的最高工程造价，也可称其为拦标价、预算控制价或最高报价等。

（二）招标控制价的编制内容

采用工程量清单计价时，招标控制价的编制内容包括：分部分项工程费、措施项目费、其他项目费、规费和税金。

（三）招标控制价的编制程序

编制招标控制价时应当遵循如下程序：

（1）了解编制要求与范围；

（2）熟悉工程图纸及有关设计文件；

（3）熟悉与建设工程项目有关的标准、规范、技术资料；

（4）熟悉拟订的招标文件及其补充通知、答疑纪要等；

（5）了解施工现场情况、工程特点；

（6）熟悉工程量清单；

（7）掌握工程量清单涉及计价要素的信息价格和市场价格，依据招标文件确定其价格；

（8）进行分部分项工程量清单计价；

（9）论证并拟定常规的施工组织设计或施工方案；

（10）进行措施项目工程量清单计价；

（11）进行其他项目、规费项目、税金项目清单计价；

（12）工程造价汇总、分析、审核；

（13）成果文件签认、盖章；

（14）提交成果文件。

十、工程项目实施阶段的质量管理

（一）实施阶段质量管理的程序和依据

《建设工程项目管理规范》规定，项目质量管理应按下列程序实施：

（1）确定质量计划；

（2）实施质量控制；

（3）开展质量检查与处置；

（4）落实质量改进。

（二）实施阶段质量管理的工作内容

《建设工程项目管理规范》规定，施工质量控制应包括下列流程：

（1）施工质量目标分解；

（2）施工技术交底与工序控制；

（3）施工质量偏差控制；

（4）产品或服务的验证、评价和防护。

十一、工程项目试运行阶段的质量管理

（一）试运行阶段业主和承包方质量管理的工作内容

1. 试运行准备阶段质量管理工作

（1）编制试运行计划和方案。承包方负责编制试运行计划和操作手册，明确试运行过程的质量控制点和合格标准，业主方负责提供试运行所需各种资源。业主方根据承包方的试运行计划和各种资源的供应落实情况编制试运行方案，并取得承包方试运行经理的确认后发布实施。对于采用专利技术或邀请有关单位参与试运行时，试运行方案还应征求专利权人或邀请单位的意见，

（2）落实准备工作。承包方负责试运行现场的各项准备工作，包括现场清理、设备、管道内外部的清理以及电气、仪表等调试。确认各项准备工作已经完成，并达到规定的标准。业主方负责落实供应的资源，包括原材料、备品配件、燃料、水、电的供应。承包方要检查其质量和供应情况，以确认符合设计文件和试运行进度的要求。

（3）做好安全保障工作。试运行范围内的安全设施（如禁区的设置、系统之间的隔离、防毒、防火设施以及应急措施等）由业主方组织实施，承包方应指导、检查、确认其符合安全和其他规定。

（4）组织培训考核工作。试运行人员培训工作由业主方在承包方技术指导下组织。业主应会同承包方对参加培训的人员进行考核，并颁发证书。操作人员应持证上岗，承包方在运行前要予以检查和验证。

2. 试运行质量管理工作

（1）组织实施试运行工作。每项试运行工作都由业主方组织和指挥操作人员进行。

承包方应予指导、监督并确认试运行结果。承包方协助处理试运行出现的施工安装问题。其中重要设备的试运行应在制造厂专家指导和监护下进行，其成员编人主要岗位，负责指导并协助排除故障。使用专利技术时，专利权人也参加指导。

（2）严格执行试运行方案。试运行操作和合格标准应遵循和符合试运行方案的规定。严格控制风险。试运行中风险较大，必须将安全工作置于首位，循序渐进，不具备条件不得试运行，前一试运行工序的事故原因未查明，缺陷未清除，不得进行下一工序的试运行，决不能使风险后移。

（3）在试运行过程中，当发生不正常情况时，试运行指导人员应根据现场情况进行判断，相应做出调整工艺条件、减负荷、停止试运的决定。处理后应及时向业主报告。在紧急情况下，岗位人员具有紧急停止试运的权力。发生事故后，试运行指导人员应果断处理，切断事故源，防止事故扩大，并由责任方按国家规定及时提出事故报告。

（4）做好试运行记录。所有试运行项目均需填写试运行质量记录，并需承包方、业主的授权人员签字确认。试运行记录的格式、内容和份数按国家现行规定执行。业主应收集和保管试运行质量记录。承包方保存的试运行质量记录由项目试运行经理组织收集、整理、编目和归档。

（5）编写试运行总结报告。试运行总结报告由承包方试运行项目经理组织编制，经承包方、业主的授权人员共同签署确认。试运行总结报告内容应包括试运行项目、日期、参加人员、简要过程、试运行结论和存在的问题。报告的文字应简明扼要和准确。总结报告的格式和份数由承包方提出，业主确认。

职业健康安全与环境管理体系的建立步骤

（一）领导决策

职业健康安全（环境）管理体系的建立，需要最高管理者做出遵守有关法律、法规和其他要求的承诺及实现持续改进的承诺，以便获得各方面的支持及所需的资源保证。

（二）成立工作小组

职业健康安全（环境）管理体系的建立，首先要成立一个工作小组，从组织上给予落实和保证。工作小组的规模大小可视组织规模、管理水平和人员素质等因素来决定，其成员来自组织内部各个部门，工作小组的成员将成为组织今后职业健康安全（环境）管理体系运行的骨干力量。工作小组组长最好是将来的管理者代表，或者是管理者代表之一。

（三）人员培训

要对全体人员进行有针对性的培训，根据不同的培训对象，可能采取不同的培训方式，而培训内容和侧重点也可能会有所不同。

（四）初始评审

初始评审的目的是了解组织的职业健康安全与环境的管理现状，为组织建立管理体系搜集信息并提供依据。评审小组应对组织过去和现在的职业健康安全和环境的信息、状态进行收集、调查与分析，识别和获取现有的适用于组织的职业健康安全和环境的法律、法规、标准和其他要求，为职业健康安全管理体系的持续改进建立基础。

初始状态评审的主要内容包括：

（1）明确适用的有关职业健康安全与环境的法律、法规及其他要求，并对组织的遵守情况进行调查和评价；

（2）辨识工作场所中的危险因素和环境因素；

（3）评价现有措施或计划采取的措施消除危害或控制风险的有效性；

（4）评审现有的规定、过程和程序，分析其有效性和实用性；

（5）评审以往的事故，进行分析评价，并检查组织是否建立了相应的措施；

（6）评价现行组织机构、资源配备和职责分工等情况。

（五）体系策划与设计

组织实施初始状态评审之后，根据评审结果，结合组织现有的资源以及现有的技术水平，进行管理体系的整体策划和设计。这一过程的主要工作有：

（1）制定职业健康安全（环境）管理方针；

（2）制定职业健康安全（环境）目标、指标和管理方案；

（3）确定组织机构和职责；

（4）确定职业健康安全管理体系文件结构和各层次文件清单；

（5）为建立和实施职业健康安全（环境）管理体系准备必要的资源。

（六）管理体系文件编制

编制体系文件是组织实施职业健康安全与环境管理体系标准的重要基础工作，也是组织达到预定的目标，评价与改进体系，实现持续改进和风险控制必不可少的依据。

（七）文件发布和体系试运行

试运行的目的是要在实践中检验体系的充分性、适用性和有效性。一个健全的职业健康安全（环境）管理体系通过试运行应做到：安全事务事事有人管、人人有专责、办事有程序、检查有标准和问题有处理。

（八）管理体系的完善

为了保持管理体系实施的有效性，应对管理体系的实施进行主动型或被动型的监视和测量。在体系经过一段时间的试运行后，组织应对涉及职业健康安全（环境）方针和相应目标要求的活动、产品、服务、设施和设备，以及体系的各个要素和各个部门进行全面系统的内部审查，并持续收集、统计、分析有关职业健康安全（环境）管理目标的信息和数据，通过管理评审发现体系的问题，从而对管理体系进行优化或再造。

任务 1　智能家居系统工程调试

【任务导入】

任务描述：

小李毕业后，应聘某科技公司售后工程师岗位，该公司开展智能家居产品研发、生产与整体解决方案服务业务。面试时，售后技术主管要求小李展示智能家居系统工程调试技能。

任务目标：

掌握智能家居系统工程调试的主要内容和方法。

【任务分析】

智能家居系统工程调试能力是智能家居行业售后技术岗人员重要的技能，要求从业人员能够根据安装设计图纸和施工安装要求检查设备，根据调试大纲对系统中单台设备调试和系统联动调试，填写调试报告。本任务主要学习智能家居系统工程调试的主要内容和方法。

1. 调试常见故障与处理方法

（1）设备电源的问题。

当智能家居系统内设备出现不工作情况时，建议首先检查设备的供电电压是否合格。例如工作电压太低，主要原因可能是供电线路太长，例如超过 100 m，或者导线线径太小；或者电线质量差、电阻值高等，在供电线路产生较大的电压差，导致设备工作电压低于设备输入电压要求，设备不能正常工作。

（2）设备供电线路的问题。

在施工安装中，必须认真规范的接线，保证接线正确。如果操作不当或者不规范，很容易产生短路、断路、线间绝缘不良，甚至误接线等状况，这些电气接线故障将造成设备性能下降，或者会直接导致设备的损坏。

在智能家居系统中，各种设备连线较多，如音视频线、控制线、电源线等，如果接线不正确或者插接不牢固时，就会出现故障。例如报警探测器接线螺丝一般为 M3、M4 等小螺丝，必须使用仪表螺丝刀安装，并且不能用力过大，否则就会发生滑丝，产生虚接。

（3）设备的旋钮或开关的设置问题。

智能家居系统的开关或者旋钮，请按照说明书操作方法和使用要求，进行正确的设置和调整，如果发现质量问题，及时更换产品。

（4）设备与设备之间的连接问题。

① 通信接口或通信方式不对应。

② 驱动能力不够或超出规定设备连接数量。

【任务实施】

任务实施见表 10-1-1。

表 10-1-1　任务实施

操作步骤	操作内容	注意事项
	操作前	
1. 评估与沟通		
（1）评估	• 评估环境：按照 6S 标准之整理标准（SEIRI），进行清洁、安全、适合操作。 • 评估设备：设备的完整性和状态，以及工具、辅料、耗材情况。	
（2）沟通	• 明确客户需求、确认任务目标要求。	
2. 准备		
（1）环境准备	• 按照 6S 标准之整顿标准（SEITON），进行环境准备。	
（2）物品准备	• 编制调试大纲（调试的主要内容、开始和结时间、参加人员与分工等）。 • 编制竣工图，作为竣工资料长期保存，包括系统图、施工图。 • 编制竣工技术文件，作为竣工资料长期保存，如监控点数表、报警防区编号表等。 • 整理隐蔽工程照片，编写隐蔽工程验收单等。 • 电脑、万用表、测线仪、螺丝刀等	
（3）人员准备	• 按照设计图纸和施工安装要求，全面检查和处理遗留质量问题。例如接线错误、虚焊、未可靠接地、开路、临时绑扎的处理等。 • 按设计文件的规定，检查已经安装设备的安装位置、安装方式等是否正确。 • 按设计文件的规定，检查已经安装设备的规格、型号、数量、配件等是否正确。 • 在系统通电前，必须再次检查供电设备的输入电压、极性等。 • 检查吸顶安装、吊装、壁装的各类设备是否安装牢固，保证安全	
	操作中	
1. 调试内容		
第一步	• 应对有源设备逐台、逐个、逐点，分别进行通电检查，发现问题及时解决，保证每台设备通电检查正常后，才能对整个系统进行通电调试	操作中要求学校遵循 6S 管理标准之素养标准（SHITSUKE）和安全标准（SAFETY）。
第二步	• 智能家居系统调试内容，主要包括系统中单台设备的调试和联动控制的调试	

续表

<table>
<tr><th>操作步骤</th><th>操作内容</th><th>注意事项</th></tr>
<tr><td>第三步</td><td>• 单台设备调试。单台设备的调试主要包括系统中各类单台设备的基本功能和控制方式的逐台逐项调试。
• 照明系统灯具的开关与调光功能等的调试。
• 电器控制系统每台电器的本地控制与远程控制等的调试。
• 报警系统的探测器角度、灵敏度等的调试。
• 监控系统的摄像机监控角度、监控范围、录像、云台控制等的调试。
• 可视对讲系统的对讲、留言、监视、布撤防、呼叫管理机等的调试。
• 音响系统的音箱音量、音质等内容等的调试。
• 环境监测系统的温湿度传感器、风光雨探测器等的调试。
• 窗户与窗帘控制系统的电动窗、卷帘等的调试。
• 其他智能控制系统的调试</td><td rowspan="3">操作中要求学校遵循6S管理标准之素养标准（SHITSUKE）和安全标准（SAFETY）。</td></tr>
<tr><td>第四步</td><td>• 联动控制调试。主要对单个系统内的联动控制调试和多个系统间的联动控制调试，例如门禁系统、入侵报警系统、视频监控系统的联动控制调试，室内温湿度探测器、电动窗、电动窗帘、风光雨探测器的联动控制调试等</td></tr>
<tr><td>第五步</td><td>• 供电、防雷与接地设施的检查。检查系统的主电源和备用电源。应根据系统的供电消耗，按总系统额定功率的1.5倍设置主电源容量。检查系统运行状况，应能正常工作。检查系统的防雷与接地设施，确保接地电阻合格</td></tr>
<tr><td>第六步</td><td>• 填写调试报告。在智能家居系统调试过程和结束后，应根据调试记录，按下表的要求如实填写调试报告。调试报告经业主签字认可后，才能进入试运行。

智能家居调试报告表
<table>
<tr><td>工程单位
（业主姓名）</td><td></td><td>工程地址</td><td colspan="4"></td></tr>
<tr><td>使用单位
（业主姓名）</td><td></td><td>联系人</td><td></td><td>电话</td><td colspan="2"></td></tr>
<tr><td>调试单位</td><td></td><td>联系人</td><td></td><td>电话</td><td colspan="2"></td></tr>
<tr><td>设计单位</td><td></td><td>施工单位</td><td colspan="4"></td></tr>
<tr><td rowspan="3">主要设备</td><td>设备名称、型号</td><td>数量</td><td>编号</td><td>出厂年月</td><td>生产厂</td><td>备注</td></tr>
<tr><td></td><td></td><td></td><td></td><td></td><td></td></tr>
<tr><td></td><td></td><td></td><td></td><td></td><td></td></tr>
<tr><td>遗留问题记录</td><td></td><td>施工联系人</td><td></td><td>电话</td><td colspan="2"></td></tr>
<tr><td>调试情况记录</td><td colspan="6"></td></tr>
<tr><td>调试单位
人员（签字）</td><td colspan="2"></td><td colspan="2">建设单位（业主）
人员（签字）</td><td colspan="2"></td></tr>
<tr><td>施工单位负
责人（签字）</td><td colspan="2"></td><td colspan="2">建设单位（业主）
负责人（签字）</td><td colspan="2"></td></tr>
<tr><td>填表日期</td><td colspan="6"></td></tr>
</table></td><td>教师或学生扮演业主</td></tr>
</table>

续表

操作步骤	操作内容	注意事项
操作后		
1. 环境整理	按照 6S 标准之清扫标准（SEISO）、清洁标准（SEIKETSU）和安全标准（SAFETY），做如下环境整理工作： • 整理仪器、设备、工具。 • 清洁工位。 • 关闭电源。 • 打扫实训场所	
2. 实训报告	按照 6S 标准之素养标准（SHITSUKE）和安全标准（SAFETY），做如下报告整理工作： • 描述智能家居系统工程调试方法与内容。 • 填写智能家居系统调试报告	

【任务评价】

任务评价见表 10-1-2。

表 10-1-2 任务评价

序号	任务描述	评分标准	分值	得分
任务 1	智能家居系统工程调试	1. 调试前的准备工作 30 分：编制调试大纲、竣工图、竣工技术文件、隐蔽工程验收单等文件，调试前有对设备进行自检，满分，每错一处扣 10 分，扣完为止	30	
		2. 系统工程调试 40 分：各个设备单项调试和系统联调均正确，对接地、防雷、供电设备有检查，满分，每错一处扣 5 分，扣完为止	40	
		3. 填写调试报告 20 分：报告填写规范、有业主签字，满分，每错一处扣 5 分，扣完为止	20	
		4. 环境整理 10 分：调试完后整理仪器、设备、工具，清洁工位，关闭电源，满分，每错一处扣 5 分，扣完为止	10	
总得分			考核等级	

备注：考核满分为 100 分，60～69 分为及格；70～79 分为中等；80～89 分为良好；90 分及以上为优秀。

任务2　智能家居系统工程检验

【任务导入】

任务描述：

小李毕业后，应聘某科技公司售后工程师岗位，该公司开展智能家居产品研发、生产与整体解决方案服务业务。面试时，售后技术主管要求小李展示一次完整的智能家居系统工程检验过程。

任务目标：

掌握智能家居系统工程检验的主要内容和方法。

【任务分析】

熟悉智能家居系统工程检验的主要内容与方法是智能家居行业售后技术岗人员需要掌握的知识点，要求从业人员能够熟悉检验的一般规定，掌握对设备安装检验、线缆及敷设检验、系统功能及主要性能检验的方法。本任务主要学习智能家居系统工程检验的主要内容和方法。

智能家居系统工程的检验一般规定：

（1）智能家居系统中所使用的产品、材料应符合国家相应的法律、法规和现行标准的要求，并与正式设计文件、工程合同的内容相符合。

（2）检验仪器仪表必须经法定计量部门检定合格，性能稳定可靠，如测线器、万用表等。

（3）检验程序应符合下列规定。

① 提出检验申请，并提交主要技术文件、资料。

② 检验机构在实施工程检验前，应根据相关规范和上述工程技术文件，制定检验实施细则。

③ 实施检验，编制检验报告，对检验结果进行评述。

（4）由于智能家居系统中设备数量较少，因此对该系统中设备的检验应100%检验。

（5）检验中有不合格项时，允许改正后进行复测，复测仍不合格则判该项不合格。

【任务实施】

任务实施见表10-2-1。

表10-2-1　任务实施

操作步骤	操作内容	注意事项
操作前		
1. 评估与沟通		
（1）评估	• 评估环境：按照6S标准之整理标准（SEIRI），进行清洁、安全、适合操作。 • 评估设备：设备的完整性和状态，以及工具、辅料、耗材情况	
（2）沟通	• 明确客户需求、确认任务目标要求。	

续表

<table>
<tr><th>操作步骤</th><th>操作内容</th><th>注意事项</th></tr>
<tr><td>2. 准备</td><td></td><td></td></tr>
<tr><td>（1）环境准备</td><td>• 按照6S标准之整顿标准（SEITON），进行环境准备。</td><td></td></tr>
<tr><td>（2）物品准备</td><td>• 一套智能家居系统。</td><td></td></tr>
<tr><td>（3）人员准备</td><td>• 熟悉智能家居系统工程的检验方法。
• 熟悉智能家居系统。</td><td></td></tr>
<tr><td colspan="3">操作中</td></tr>
<tr><td>1. 设备安装位置的检验</td><td>• 检查设备的数量、型号、品牌、安装位置，应与工程合同、设计文件、设备清单相符合，设备清单及安装位置变更后应有变更审核单</td><td rowspan="5">操作中要求学校遵循6S管理标准之素养标准（SHITSUKE）和安全标准（SAFETY）。</td></tr>
<tr><td>2. 设备安装质量的检验</td><td>• 检查安装质量，要求安装牢固、横平竖直、位置正确，其余符合相关标准的规定</td></tr>
<tr><td>3. 线缆的检验</td><td>• 检查全部线缆的型号、规格、数量，应与设计文件、设备清单相符合</td></tr>
<tr><td>4. 线缆敷设的检验</td><td>• 检查综合布线的施工记录或监理报告，应符合相关施工规定。
• 检查隐蔽工程随工验收单，要求内容完整、准确</td></tr>
<tr><td>5. 系统功能与主要性能检验</td><td>• 对于智能家居系统工程，必须进行系统功能和主要性能的检验，一般按照相关国家标准的规定进行。智能家居系统检验项目、要求及测试方法应符合下表的要求。
智能家居系统检验项目、检验要求及测试方法
<table>
<tr><th>序</th><th colspan="2">项目</th><th>检验方法及测试方法</th></tr>
<tr><td rowspan="2">1</td><td rowspan="2">系统控制功能检验</td><td>本地控制</td><td>能够对系统内设备进行学习，并将学习的设备数据传输到本地服务器，实现对所有前端设备的本地控制</td></tr>
<tr><td>远程控制</td><td>能够将系统内已学习完成的设备数据传输到云服务器，实现对所有前端设备的远程控制</td></tr>
<tr><td>2</td><td>情景编辑</td><td colspan="2">通过本地或远程服务器，能够编辑与设置适用于多种场景的情景模式</td></tr>
<tr><td>3</td><td>联动功能</td><td colspan="2">通过本地或远程服务器，可实现系统内前端设备联动工作</td></tr>
<tr><td>4</td><td>自动控制功能</td><td colspan="2">系统内前端设备具备主动探测、主动报警、主动控制的功能</td></tr>
</table></td></tr>
<tr><td colspan="3">操作后</td></tr>
<tr><td>1. 环境整理</td><td>按照6S标准之清扫标准（SEISO）、清洁标准（SEIKETSU）和安全标准（SAFETY），做如下环境整理工作：
• 整理仪器、设备、工具。
• 清洁工位。
• 关闭电源。
• 打扫实训场所</td><td rowspan="2"></td></tr>
<tr><td>2. 实训报告</td><td>按照6S标准之素养标准（SHITSUKE）和安全标准（SAFETY），做如下报告整理工作：
• 描述智能家居系统工程的检验方法与内容。
• 编写工程检验报告</td></tr>
</table>

【任务评价】

任务评价见表 10-2-2。

表 10-2-2 任务评价

序号	任务描述	评分标准		分值	得分
任务 2	智能家居系统工程检验	1. 设备安装检验 30 分：设备安装位置、安装质量的检验方式及内容均正确，满分，每错一处扣 5 分，扣完为止		30	
		2. 线缆及敷设检验 30 分：线缆型号、规格、数量与设计图纸符合检验，综合布线施工过程、图纸、隐蔽工程随工验收单等检验方式及内容均正确，满分，每错一处扣 5 分，扣完为止		30	
		3. 系统功能与主要性能检验 30 分：系统功能与主要性能按照相关国家标准的规定进行，满分，每错一处扣 5 分，扣完为止		30	
		4. 环境整理 10 分：调试完后整理仪器、设备、工具，清洁工位，关闭电源，满分，每错一处扣 5 分，扣完为止		10	
总得分			考核等级		

备注：考核满分为 100 分，60～69 分为及格；70～79 分为中等；80～89 分为良好；90 分及以上为优秀。

任务3　智能家居系统的工程验收

【任务导入】

任务描述：

小李毕业后，应聘某科技公司售后工程师岗位，该公司开展智能家居产品研发、生产与整体解决方案服务业务。面试时，售后技术主管要求小李阐述智能家居系统工程验收的主要内容与方法。

任务目标：

（1）掌握智能家居系统工程验收的主要内容和方法。

（2）熟悉智能家居系统工程的设备维护基础知识。

【任务分析】

熟悉智能家居系统工程验收的主要内容与方法是智能家居行业售后技术岗人员需要掌握的知识点，要求从业人员能够熟悉验收的主要内容、主要依据标准、各类设备的验收要求，能编写工程竣工文件。本任务主要学习智能家居系统工程验收的主要内容和方法，熟悉智能家居系统工程的设备维护基础知识。

1. 工程验收的相关知识

详见《工程技术索引手册》“16 工程验收”。

2. 智能家居系统工程的设备维护基础知识

用户在使用智能家居设备时，应按照设备操作手册使用，避免因操作不当引起设备故障或直接损坏设备，例如对环境温度和湿度有要求的家居设备，使用时应注意当前环境温度和空气湿度，温度过热或过冷、湿度过大或过小都将影响设备的正常使用。同时，用户还应定期检查和维护智能家居设备，具体包括设备外壳的检查和维护、设备线缆的检查和维护以及设备功能的检查和维护。

（1）定期检查智能家居设备的外壳是否破损，及时更换或修补破损的灯罩，避免飞虫和灰尘进入设备内部。另外，还应定期清理设备外壳上的灰尘和水渍。

（2）定期检查智能家居设备的线缆接头是否连接良好，拧紧线缆连接处的螺丝，避免因接触不良造成设备工作故障。

（3）定期检查照明灯具、家电设备、智能开关、智能插座、摄像机、报警探测器、背景音乐主机、投影仪、音箱能否正常工作。

常见故障如下：

（1）灯具故障：灯具亮度不足、灯光闪烁、不能进行调光、工作时有较大电流声等。

（2）家电故障：电视无法正常开关机或开机后无节目、空调无法制冷或制热、热水器无法上水和出水、加湿器雾量太小、饮水机无法加热或制冷水等。

（3）智能开关和智能插座故障：无法实现定时开关、延时开关、状态与电能显示等功能。

（4）摄像机故障：图像过暗或过亮、不能进行录像、云台无法控制、图像延迟较大、非正常报警等。

（5）探测器故障：探测指示灯不亮、探测范围不足、灵敏度降低、探测延时过大等。

（6）音乐主机故障：无法开机、无法播放曲目等。

（7）投影机故障：无法开机、不能正常投影等。

（8）音箱故障：没有声音、音量过低、有杂音等。

【任务实施】

任务实施见表 10-3-1。

表 10-3-1 任务实施

<table>
<tr><th>操作步骤</th><th>操作内容</th><th>注意事项</th></tr>
<tr><td colspan="3">操作前</td></tr>
<tr><td>1. 评估与沟通</td><td></td><td></td></tr>
<tr><td>（1）评估</td><td>• 评估环境：按照 6S 标准之整理标准（SEIRI），进行清洁、安全、适合操作。
• 评估设备：设备的完整性和状态，以及工具、辅料、耗材情况</td><td></td></tr>
<tr><td>（2）沟通</td><td>• 明确客户需求、确认任务目标要求。</td><td></td></tr>
<tr><td>2. 准备</td><td></td><td></td></tr>
<tr><td>（1）环境准备</td><td>• 按照 6S 标准之整顿标准（SEITON），进行环境准备。</td><td></td></tr>
<tr><td>（2）物品准备</td><td>• 一套智能家居系统。</td><td></td></tr>
<tr><td>（3）人员准备</td><td>• 熟悉智能家居系统工程验收的相关知识。
• 熟悉智能家居系统。</td><td></td></tr>
<tr><td colspan="3">操作中</td></tr>
<tr><td>1. 智能家居系统的工程验收</td><td></td><td></td></tr>
<tr><td>第一步：熟悉工程验收的主要内容</td><td>• 验收是对工程的综合评价，也是乙方向甲方移交工程的主要依据之一。
• 验收的内容主要包括：施工安装质量；系统功能性能的检测；图纸文件等竣工资料的移交</td><td></td></tr>
<tr><td>第二步：工程的施工安装质量验收</td><td>• 智能家居系统中的同类设备应逐一逐台检查安装质量，包括安装位置和安装方式是否符合设计要求，吊顶安装和壁装设备是否牢固。
• 线缆敷设完毕后，根据实际情况进行检查，主要检查线缆规格是否符合设计要求和设备用电要求，检查线标是否清晰完整。
• 需要接地的设备应逐台检查接地情况，确保接地良好，保证用电安全。
• 工程明确约定的其他施工质量要求，应列入验收内容。包括合同、协议等约定</td><td>验收具体内容及要求：见《工程技术索引手册》“16 工程验收”</td></tr>
</table>

续表

<table>
<tr><th>操作步骤</th><th>操作内容</th><th>注意事项</th></tr>
<tr><td>第三步：工程系统性能的检测验收</td><td>系统性能的验收应符合以下要求：
• 统一的通信方式。
• 可定制性。
• 扩展性。
• 多对多的控制。
• 其他设计要求</td><td rowspan="3">操作中要求学校遵循6S管理标准之素养标准（SHITSUKE）和安全标准（SAFETY）。</td></tr>
<tr><td>第四步：工程各项功能的检查验收</td><td>• 照明系统。
• 电器控制系统。
• 安防监控系统。
• 场景系统。
• 其他各个子系统的功能检测。
• 其他设计要求等。
• 填写工程的系统性能和功能检测记录表

工程的系统性能和功能检测记录表
<table>
<tr><td colspan="2">检测项目</td><td>设计要求</td><td colspan="5">设备序号</td></tr>
<tr><td colspan="2">统一的通信方式</td><td>有线和无线结合</td><td>1</td><td>2</td><td>3</td><td>4</td><td>5</td></tr>
<tr><td colspan="2">可定制性</td><td>可支持定制个性化平台</td><td></td><td></td><td></td><td></td><td></td></tr>
<tr><td colspan="2">高度拓展性</td><td>支持系统功能的拓展</td><td></td><td></td><td></td><td></td><td></td></tr>
<tr><td colspan="2">多对多控制</td><td>各系统均可实现集中控制</td><td></td><td></td><td></td><td></td><td></td></tr>
<tr><td rowspan="3">照明系统</td><td>控制</td><td>支持本地、远程、集中控制</td><td></td><td></td><td></td><td></td><td></td></tr>
<tr><td>安全</td><td>开关具备过载保护功能</td><td></td><td></td><td></td><td></td><td></td></tr>
<tr><td>方便</td><td>支持一键控制</td><td></td><td></td><td></td><td></td><td></td></tr>
<tr><td rowspan="2">电器控制系统</td><td>预控制</td><td>支持本地、远程、集中控制</td><td></td><td></td><td></td><td></td><td></td></tr>
<tr><td>安全</td><td>插座具备过载保护功能</td><td></td><td></td><td></td><td></td><td></td></tr>
<tr><td rowspan="3">安防监控系统</td><td>实用</td><td>实时监测、抗干扰能力强</td><td></td><td></td><td></td><td></td><td></td></tr>
<tr><td>安全</td><td>具备防拆功能</td><td></td><td></td><td></td><td></td><td></td></tr>
<tr><td>可靠</td><td>报警信息准备无误</td><td></td><td></td><td></td><td></td><td></td></tr>
<tr><td rowspan="3">环境控制系统</td><td>实用</td><td>实时监测、抗干扰能力强</td><td></td><td></td><td></td><td></td><td></td></tr>
<tr><td>安全</td><td>具备防拆功能</td><td></td><td></td><td></td><td></td><td></td></tr>
<tr><td>方便</td><td>数字显示，支持远程控制</td><td></td><td></td><td></td><td></td><td></td></tr>
<tr><td rowspan="2">影音娱乐系统</td><td>控制</td><td>支持本地、远程、集中控制</td><td></td><td></td><td></td><td></td><td></td></tr>
<tr><td>实用</td><td>可设置多种模式，老少皆宜</td><td></td><td></td><td></td><td></td><td></td></tr>
<tr><td colspan="2">检测结论</td><td></td><td></td><td></td><td></td><td></td><td></td></tr>
</table></td></tr>
<tr><td>第五步：验收工程竣工文件</td><td>• 验收施工单位编写的竣工验收文件。验收竣工主要文件包含：工程设计图、施工安装图、系统原理图、设备参数配置表、系统布线图、设备说明书和合格证、施工质量检查项目和内容表、工程的系统性能和功能检测记录表、隐蔽工程验收文件。
• 移交文档。设计图纸及施工图纸的移交、产品说明书及使用手册的移交、保修资料的移交</td></tr>
</table>

续表

操作步骤	操作内容	注意事项
	操作后	
1. 环境整理	按照 6S 标准之清扫标准（SEISO）、清洁标准（SEIKETSU）和安全标准（SAFETY），做如下环境整理工作： • 整理仪器、设备、工具。 • 清洁工位。 • 关闭电源。 • 打扫实训场所	
2. 实训报告	按照 6S 标准之素养标准（SHITSUKE）和安全标准（SAFETY），做如下报告整理工作： • 描述智能家居系统工程的验收方法与内容。 • 编写工程验收报告	

【任务评价】

任务评价见表 10-3-2。

表 10-3-2　任务评价

序号	任务描述	评分标准	分值	得分
任务 3	智能家居系统的工程验收	1. 工程施工安装质量验收 30 分：设备逐台检查、线缆检查、接地检查、其他施工质量检查（合同、协议）规范，依据主要标准验收，满分，每错一处扣 10 分，扣完为止	30	
		2. 工程系统性能和功能验收 30 分：按照标准进行系统性能检测和各个子系统功能检测，满分，每错一处扣 10 分，扣完为止	30	
		3. 验收工程竣工文件 30 分：竣工验收文件齐全、文档移交完整，满分，每错一处扣 10 分，扣完为止	30	
		4. 环境整理 10 分：实训完后整理仪器、设备、工具，清洁工位，关闭电源，满分，每错一处扣 5 分，扣完为止	10	
总得分			考核等级	

备注：考核满分为 100 分，60～69 分为及格；70～79 分为中等；80～89 分为良好；90 分及以上为优秀。

任务 4　熟悉工程项目招投标

【任务导入】

任务描述：

小李毕业后，应聘某科技公司售前工程师岗位，该公司开展智能家居产品研发、生产与整体解决方案服务业务。面试时，销售主管要求小李简要介绍工程项目的招标和投标流程。

任务目标：

熟悉工程项目招投标流程。

【任务分析】

熟悉工程项目招投标流程是售前技术岗人员需要掌握的基础知识，要求从业人员能够熟悉招标的过程及相关规定，熟悉投标的流程及要求。本任务主要学习工程项目的招投标流程。

1. 工程招标

详见《工程技术索引手册》“14 工程招标”。

招标投标流程

2. 工程投标

详见《工程技术索引手册》“15 工程投标”。

【任务实施】

任务实施见表 10-4-1。

表 10-4-1　任务实施

操作步骤	操作内容	注意事项
操作前		
1. 评估与沟通		
（1）评估	• 评估环境：按照 6S 标准之整理标准（SEIRI），进行清洁、安全、适合操作。 • 评估设备：设备的完整性和状态，以及工具、辅料、耗材情况	
（2）沟通	• 明确客户需求、确认任务目标要求	
2. 准备		
（1）环境准备	• 按照 6S 标准之整顿标准（SEITON），进行环境准备。	
（2）物品准备	• 招标文件。 • 投标文件	
（3）人员准备	• 熟悉工程招标。 • 熟悉工程投标	

续表

操作步骤	操作内容	注意事项
	操作中	
1. 工程招标		
熟悉流程	• 熟悉招标流程，招标流程如图 10-4-1 所示 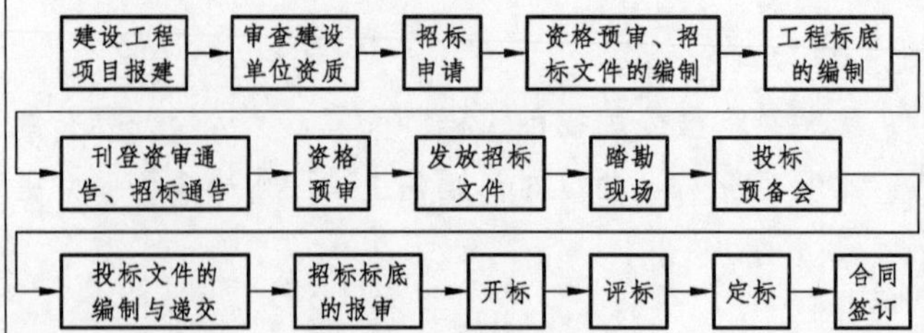 图 10-4-1　招标流程	
编制招标文件	• 工程综合说明。 • 建设资金说明。 • 投标邀请函。 • 投标方须知。 • 评标办法（评标、定标原则）。 • 合同条款及格式。 • 工程量清单。 • 必要的设计图纸。 • 技术标准和要求。 • 此部分为采购人与招标机构共同编制，是评标的重点。 • 投标文件格式——投标书制作依据此格式要求。 • 其他需要说明的事项	
编制标底	• 熟悉编制标底的主要程序。 • 熟悉编制标底应遵循的原则。 • 熟悉编制标底的主要依据	实际项目上可以委托具有编制标底资格和能力的中介机构代理编制
2. 工程投标		
熟悉投标程序	• 熟悉投标程序补充，如图 10-4-2 所示为投标程序的步骤 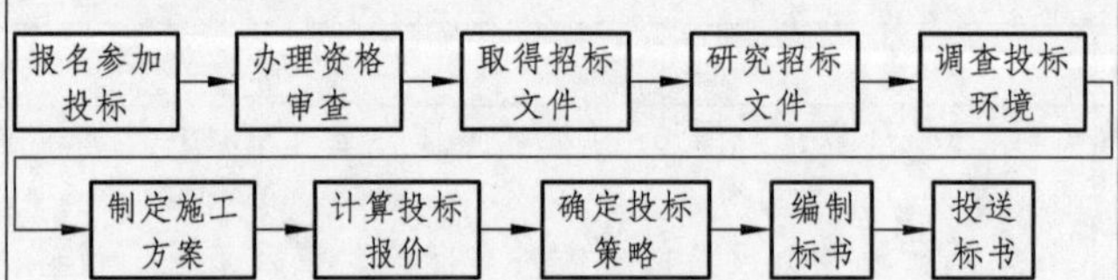 图 10-4-2　投标程序	
熟悉投标文件的编制方法	• 投标报价的计算过程计算标价前，应充分熟悉招标文件和施工图纸，同时应了解和掌握工程现场情况，并对招标单位提供的工程量清单进行审核。工程量确定后，即可进行标价的计算。标价的计算方法和标底的计算方法一样，也可采用工料单价法和综合单价法。 • 熟悉投标报价的决策（策略、注意事项、技巧）。 • 熟悉制作投标文件应该注意的问题。 • 熟悉开标的有关规定	

续表

操作步骤	操作内容	注意事项
熟悉评标	• 评标原则。 • 评标程序。 • 评标办法。 • 定标	
操作后		
1. 环境整理	按照 6S 标准之清扫标准（SEISO）、清洁标准（SEIKETSU）和安全标准（SAFETY），做如下环境整理工作： • 整理仪器、设备、工具。 • 清洁工位。 • 关闭电源。 • 打扫实训场所	
2. 实训报告	按照 6S 标准之素养标准（SHITSUKE）和安全标准（SAFETY），做如下报告整理工作： • 描述招标流程及相关文档的编制方法。 • 描述投标流程及相关文档的编制方法	

【任务评价】

任务评价见表 10-4-2。

表 10-4-2　任务评价

序号	任务描述	评分标准		分值	得分
任务 4	熟悉工程项目招投标	1. 熟悉工程招标 40 分：熟悉流程、原则、机构、文档编制方法等，满分，每错一处扣 10 分，扣完为止		40	
		2. 熟悉工程投标 40 分：熟悉流程、原则、机构、文档编制方法等，满分，每错一处扣 10 分，扣完为止		40	
		3. 环境整理 20 分：实训完后整理仪器、设备、工具，清洁工位，关闭电源，满分，每错一处扣 10 分，扣完为止		20	
总得分			考核等级		

备注：考核满分为 100 分，60～69 分为及格；70～79 分为中等；80～89 分为良好；90 分及以上为优秀。

课后习题

【选择题】

1. 智能家居系统工程的调试工作应由（　　）负责。

A. 供应商　　B. 第三方
C. 施工方　　D. 监理

2. 在智能家居系统工程调试中，单台设备的调试主要包括系统中各设备的（　　）和（　　）调试。

A. 基本功能　　B. 拓展功能
C. 布线方式　　D. 控制方式

3. 选用系统的主电源和备用电源时，应根据系统的供电消耗，按总系统额定功率的（　　）倍设置主电源容量。

A. 1　　B. 1.5
C. 2　　D. 3

4. 安防监控系统的探测器接线螺丝一般为（　　）等小螺丝，必须使用（　　）安装。

A. M3、M4　　B. M4、M5
C. T 型螺丝刀　　D. 仪表螺丝刀

5. 照明系统的控制方式有多种，主要有本地控制、遥控控制、场景控制、（　　）和（　　）等，还可设置定时控制、延时控制等多种自动控制方式。

A. 手动控制　　B. 被动控制
C. 远程控制　　D. 多点控制

6. 视频监控设备验收要求中规定，摄像机可进行录像和（　　）的操作。

A. 语音对讲　　B. 录像回放
C. 人脸识别　　D. 越界侦测

7. 电（光）缆敷设完毕，可根据实际情况定出抽查部分线缆，主要检查线缆规格是否符合设计要求和（　　）要求，检查（　　）是否清晰完整。

A. 设备用电　　B. 系统供电
C. 线标　　D. 商标印字

8. 智能设备的通信协议和方式多种多样，除了规定设备自带的通信方式，也可通过红外转发器和（　　）搭建可统一控制的智能家居系统。

A. 智能网关　　B. 通信协议转化器
C. 协调器　　D. 无线路由器

9. （　　）与（　　）结合，实现室内自动调光。

A. 门禁系统　　B. 照明系统
C. 视频监控　　D. 窗帘控制系统

10. 检查和维护设备线缆时，设备应处于（　　）状态。

A. 运行　　B. 待机
C. 断电　　D. 通电

【填空题】

1. 智能家居系统调试内容主要包括系统中________的调试和________的调试。

2. 调试产品前必须进行自检，在全系统通电前，必须再次检查供电设备的________、________等，防止损坏设备。

3. 当智能家居系统内设备出现不工作情况时，建议首先检查设备的________是否合格，常见的电源问题是受控设备的________。

4. 在施工安装中，电气接线故障将造成________，或者会直接导致________。

5. 设备与设备之间的连接的常见问题有________不对应，________或超出规定设备连接数量。

6. 智能家居系统工程在竣工验收前，需要对全部设备和性能进行检验，保证后续顺利验收，这些检验包括设备安装位置、________、________、运行性能等项目。

7. 检查安装质量时，要求________、________且位置正确，其余符合相关标准的规定。

8. 对智能家居系统工程进行检验时，必须对________和________的检验，一般按照相关国家标准的规定进行。

9. 设计图纸应标明系统名称、________、________、主要设备的尺寸和安装点位、设备之间的电气连接、供电方式及电源要求及接地要求等。

10. 智能家居工程的文档资料应包括________、施工图纸、________和产品保修卡。

【简答题】

1. 智能家居系统工程调试前的准备工作有哪些?

2. 简述智能家居系统的工程调试内容。

3. 智能家居系统工程验收依据的主要标准有哪些?

4. 简述智能家居系统工程的施工安装质量验收内容。

5. 在工程竣工验收前，施工单位应按要求编制竣工验收文件，竣工验收文件包括哪些内容？给出 5 个即可。

参考文献

[1] 何凤娇. 智慧家居产业发展策略研究[J]. 电信快报，2016（2）：20-25.

[2] 吴红辉. 腾宝红. 智能家居实践[M]. 北京：人民邮电出版社，2020.

[3] 王公儒. 智能家居系统工程实用技术[M]. 北京：中国铁道出版社，2019.

[4] 企想学院. 智能家居安装与控制项目化教程[M]. 北京：中国铁道出版社，2017.

[5] 蔡永亮. 综合布线实训指导书[M]. 北京：机械工业出版社，2012.

[6] 卢勤. 信息网络布线工程技术训练教程[M]. 大连：东软电子出版社，2014.

[7] 李宏达. 物联网工程布线技术[M]. 大连：东软电子出版社，2012.

[8] 付蔚. 王浩. 智能家居技术[M]. 北京：电子工业出版社，2016.

[9] 王公儒. 入侵报警系统工程实用技术[M]. 北京：中国铁道出版社，2018.

[10] 于恩普. 智能家居设备安装与调试[M]. 北京：机械工业出版社，2016.

[11] 刘少强. 现代传感器技术-面向物联网应用[M]. 2 版，北京：电子工业出版社，2016.

[12] 张静仁. 王斌. 智能家居基本原理及应用[M]. 武汉：华中科技大学出版社，2017.

[13] 王公儒. 网络综合布线系统工程技术实训教程[M]. 北京：机械工业出版社，2018.

[14] 王公儒. 可视对讲系统工程实用技术[M]. 北京：中国铁道出版社，2018.

[15] 曾文波. 智能家居项目化教程[M]. 北京：中国水利水电出版社，2018.

[16] 王公儒. 视频监控系统工程实用技术[M]. 北京：中国铁道出版社，2018.

[17] 游洋. 物联网技术应用教程[M]. 成都：西南交通大学出版社，2019.